U0198045

机器人科学
与技术丛书

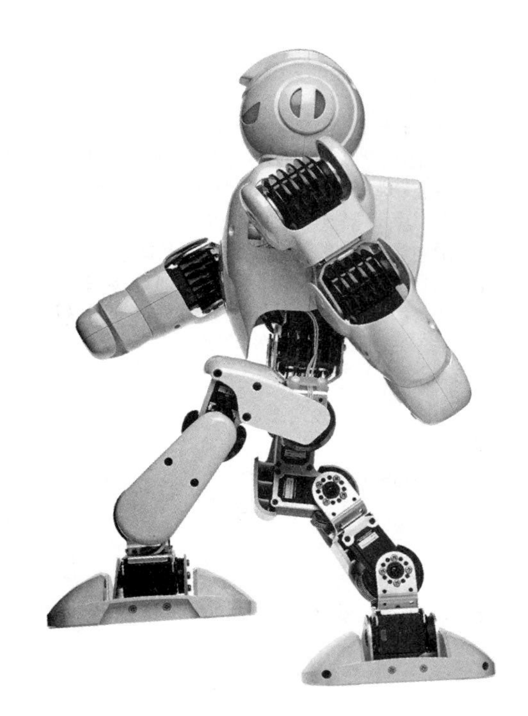

智能平衡移动机器人

（MATLAB/Simulink版·微课视频版）

甄圣超　孙浩　刘晓黎◎编著

清华大学出版社
北京

内容简介

本书全面介绍了智能平衡移动机器人的应用平台搭建、平台的硬件电路、数字控制系统和一系列开发移动机器人的应用。这些应用由浅入深可分为3部分：基础外设应用、基于机器人外设的进阶应用、基于机器人外设的综合应用，这3部分应用构成了读者学习平衡移动机器人技术的阶梯。本书在此基础上着重介绍了基于模型设计的开发方法、TMS320F28069控制芯片的特点、引脚与功能，以及Embedded Coder Support Packages for Texa Instruments C2000的硬件支持包。综合来看，读者可以方便快捷地实现基础应用、进阶应用和综合应用的学习，同时获得更多关于机器人平台硬件、软件等多个方面的综合知识。

本书适合作为高等院校机械、电气、自动化以及计算机专业高年级本科生和研究生的教材，同时可供对于基于模型的开发方法感兴趣的科研人员、从事MATLAB/Simulink开发的研究人员参考。

图书在版编目(CIP)数据

智能平衡移动机器人：MATLAB/Simulink版：微课视频版/甄圣超，孙浩，刘晓黎编著．—北京：清华大学出版社，2022.3
(机器人科学与技术丛书)
ISBN 978-7-302-59937-1

Ⅰ．①智…　Ⅱ．①甄…　②孙…　③刘…　Ⅲ．①移动式机器人　Ⅳ．①TP242

中国版本图书馆CIP数据核字(2022)第020402号

责任编辑：刘　星　李　晔
封面设计：李召霞
责任校对：焦丽丽
责任印制：曹婉颖

出版发行：清华大学出版社
网　　址：http://www.tup.com.cn，http://www.wqbook.com
地　　址：北京清华大学学研大厦A座　　**邮　　编**：100084
社 总 机：010-83470000　　**邮　　购**：010-62786544
投稿与读者服务：010-62776969，c-service@tup.tsinghua.edu.cn
质量反馈：010-62772015，zhiliang@tup.tsinghua.edu.cn
课件下载：http://www.tup.com.cn，010-83470236
印 装 者：三河市金元印装有限公司
经　　销：全国新华书店
开　　本：186mm×240mm　　**印　　张**：11.25　　**字　　数**：253千字
版　　次：2022年5月第1版　　**印　　次**：2022年5月第1次印刷
印　　数：1～1500
定　　价：69.00元

产品编号：089917-01

序言

FOREWORD

很多本科生、研究生或刚入行的工程师，在做课题或项目时，经常发现自己无从下手，很难正常地开展学习和工作。在这种情况下，一本深入浅出、循序渐进又融合多学科知识的学习资料，无疑可以更快地提升自己的工程实践能力。

21 世纪伊始，国家就开始大力培养新型的工程技术人才，21 世纪的新型人才到底应该“新”在哪里？我认为“新”应该体现在人才的创新能力和解决复杂工程问题的能力上。能力不是天生的。那么，应该怎样培养这些能力呢？想要提高这些能力，首先需要具备一些基础的专业知识，比如硬件设计、软件开发、控制算法设计等。我们有了这些知识之后，将这些知识融会贯通，自然就能解决一些复杂的工程问题。

《智能平衡移动机器人(MATLAB/Simulink 版·微课视频版)》这本书涉及基础硬件设计、软件开发、实时控制算法和多个应用开发项目，结合 MATLAB/Simulink 的强大仿真能力和代码生成功能，极大地减少了开发成本。作者结合自己多年的教学和实践经验，以及对人才培养过程中痛点的分析，并基于智能平衡移动机器人这个实践对象，写出了这本较为实用的书籍。平衡移动机器人是自不稳定的、多变量、高阶、非线性的复杂的被控对象，转向灵活，是学习、研究和工程应用很好的载体。这本书系统地介绍了智能平衡移动机器人的开发全流程，从基础应用到高级应用，阐述了基于模型设计(MBD)进行平衡移动机器人的开发，融合了单片机、C 语言编程、电动机技术、传感器与检测技术、理论力学、建模仿真、机器视觉、MATLAB/Simulink 等一系列技术，使读者能更好地将所学专业知识进行综合应用和融会贯通，提高电控系统的设计能力。读者不需要高深的理论功底，就能快速上手解决实际问题，提升综合研发能力。在掌握平衡移动机器人的基础外设和应用的同时，读者可以发挥自己的想象力，在智能平衡移动机器人上开发更多有趣的应用，在这个过程中逐步提高创新能力和解决复杂工程问题的能力，真正做到不但授之以鱼，更授之以渔。

相信本书能够帮助广大的学生和工程师提高自己的综合能力。

(张延亮，博士)

中科深谷集团首席专家

深谷学院院长

MATLAB机器人工具箱开发者

MATLAB中文论坛独立创始人

2022年1月

前言
PREFACE

移动机器人是机器人的一个重要分支。移动机器人具备优良的稳定性和快速移动能力等优点，适用于对机动性和负载能力有一定要求的场合。轮式机器人作为移动机器人的一种，将更广泛地应用到工业制造及物流运输等场景中，成为节省人力成本、提高生产运输效率、完成特殊环境工作的必不可少的核心力量。

智能平衡移动机器人，由于结构轻便、灵活、零转弯半径等方面的特点，在以上领域将更具优势。以此为基础的轮式机器人平台，将成为未来一段时间的研究热点。该平台的通用性与可拓展性可以为智能平衡移动机器人赋予更多的功能和应用场合，促进其进一步的研究与扩展，同时其控制理论与开发方法在类似移动机器人平台的设计过程中也具有拓展性和参考价值。

智能平衡移动机器人的研究与应用是一门实践性很强的学科，同时也具有坚实的理论基础。但以往关于平衡移动机器人的书籍往往存在两种倾向：一种是过于偏重理论推导和分析，与实际的工程实践与应用相脱节，难以引起读者(特别是初学者)的兴趣；另一种基本上是用户使用说明书，读者难以理解各种操作背后的理论知识，从而无法使其对智能平衡移动机器人的控制进行深入学习。

本书紧扣读者需求，采用循序渐进的叙述方式，深入浅出地论述了智能平衡移动机器人的热点问题、关键技术、应用实例和解决方案。此外，本书还分享了大量的程序源代码并附有详细的注解以及仿真模型搭建过程，有助于读者加深对智能平衡移动机器人控制相关原理的理解。

一、内容特色

与同类书籍相比，本书有如下特色。

1. 例程丰富，内容翔实

本书提供了多个应用案例，这些应用案例由浅入深可分为3部分：基础外设应用、基于智能平衡移动机器人模块的外设应用、基于智能平衡移动机器人的综合应用，这3部分应用构成了由浅入深的学习阶梯，便于读者一步一步达到最终的学习目标。此外，本书还提供了从零基础入门的ADC、TIM1～4、UART1～2、IIC、GPIO、SPI、SWD、EXTI的实验案例，以及平衡移动机器人的控制案例，融合多种传感器、伺服电机、显示屏、电池、计算机软件监控、PID控制算法，使读者能更好、更系统地掌握单片机技术的开发和应用，而不是孤立的一个程序。本书所提供的编程思想、经验技巧,也可为读者采用其他机器人进行编程控制提供借鉴。

2. 原理透彻,注重应用

将理论和实践有机地结合是进行智能平衡移动机器人研究和应用成功的关键。本书将智能平衡移动机器人控制的相关理论在硬件和软件方面进行了详细的叙述和透彻的分析,既体现了各知识点之间的联系,又兼顾了其渐进性。在本书第5、6、7章中详细介绍了智能平衡移动机器人的基础应用、进阶应用和综合应用等多个应用实例,这些实例不但可以加深读者对所学知识的理解,而且也展现了智能平衡移动机器人研究和应用的研究热点。本书真正体现了理论联系实际的理念,使读者能够体会到“学以致用”的乐趣。

多样化、实用化、详细化是本书介绍的实例的特点。本书讲解的实例涉及单片机、C语言编程、建模仿真、电动机技术、传感器与检测技术、理论力学、MATLAB、信号与系统等多个方面,既有经典实例(如,利用GPIO点亮一个LED灯),又有拓展实例(如,利用eCAP模块结合智能平衡移动机器人的超声波模块HC-SR04进行距离检测),既体现智能平衡移动机器人的基础知识(如,基础平衡控制系统框架搭建),又体现创新融合(如,利用红外循迹模块完成移动机器人循迹运动)。

3. 传承经典,突出前沿

本书提供了MBD工程开发方法:融合建模、仿真、实时控制、自动代码生成、硬件在环仿真、快速控制原型技术。MBD在降低产品成本、提高生产效率等多方面有着巨大的优势。此外,书中提供的众多实例都基于MBD进行开发,非常有助于提升读者的科研能力。

4. 图文并茂,语言生动

为了更加便于读者理解知识要点,本书配备了大量模型搭建过程截图,以便提升读者的兴趣,加深对相关理论的理解。在文字叙述上,本书摒弃了枯燥的平铺直叙,采用案例与问题引导式,有助于读者对原理的进一步理解。

二、结构安排

本书主要介绍智能平衡移动机器人控制的相关知识,共分为7章。全书的体系框架由甄圣超老师提出,全文由甄圣超老师修改审定。

- 第1章介绍了智能平衡移动机器人的背景、优势以及平台简介。
- 第2章介绍了智能平衡移动机器人平台的搭建以及软件的安装和应用。
- 第3章介绍了智能平衡移动机器人的硬件电路接口、主控制板电路、电源管理电路、电动机驱动电路、直流电动机驱动H桥电路、传感器和外设模块的原理和设计。
- 第4章介绍了智能平衡移动机器人所用的数字信号处理器TMS320F28069的特点和引脚与功能的数字控制系统,并对控制系统和系统控制器进行理论分析。
- 第5章介绍了智能平衡移动机器人芯片TMS320F28069内外设的使用原理,并以基础应用为例结合MATLAB/Simulink实现芯片外设的模型搭建及自动代码生成。
- 第6章介绍了进阶应用的相关MATLAB/Simulink模型搭建与仿真。

- 第7章介绍了智能平衡移动机器人平衡控制和红外循迹的基本原理，以及相关的MATLAB/Simulink的仿真实验，包括直立环和速度环的直立控制、红外循迹应用等。

三、配套资源

- 教学课件、工程文件、教学大纲等资料，关注"人工智能科学与技术"微信公众号，在"知识"→"资源下载"→"配书资源"菜单获取下载链接(也可以到清华大学出版社网站本书页面下载)。
- 微课视频(25集，共220分钟)，扫描书中各章节对应位置的二维码观看。

四、读者对象

- 对智能平衡移动机器人感兴趣的读者。
- 机械工程、电气自动化、电子信息、计算机相关专业的本科生、研究生。
- 相关工程技术人员。

五、致谢

在本书的编写过程中，得到了很多同学、同事的帮助，包括马牧村、吴赶明、黎秀玉、郝军舰、王君、张猛、权海铭、段汉松、陈现敏、袁增武、陈乔、王强、章亮、李家旺等，感谢他们的参与。

同时，本书的撰写也得到了清华大学出版社的支持，大到全书的架构，小到文字的推敲，清华大学出版社工作人员给予了我们极大的帮助，从而使本书的质量有了极大的提升。

限于编者的水平和经验，疏漏或者错误之处在所难免，敬请读者批评指正，联系邮箱见配套资源中。

编　者

2022年1月

目录
CONTENTS

第1章 绪 论

CHAPTER 1

1.1 背景介绍

1.1.1 智能平衡移动机器人介绍

智能平衡式轮式机器人的模型源自经典的倒立摆模型，其两轮同轴，主体有沿着轮轴旋转的不稳定趋势，因而控制其重心的位置、保持主体的平衡是其区别于其他轮式机器人的主要控制难点，尤其是在运动过程中保持自身平衡，这需要智能平衡机器人能够通过其外部感知器件迅速地检测出自身重心的偏移与绕轮轴方向倾斜角度的变化，并传输到主控制器去控制执行部件——电动机的迅速响应，从而能够及时抵消这种倾斜的趋势来保持可接受范围内的平衡。

1.1.2 智能平衡移动机器人应用

移动机器人是机器人的一个重要分支，移动机器人具备优良的稳定性和快速移动能力等优点，适用于对机动性和负载能力有一定要求的场合。轮式机器人作为移动机器人的一种，将更为广泛地应用到工业制造及物流运输等场景中，成为节省人力成本、提高生产运输效率、完成特殊环境工作的必不可少的核心力量。

智能平衡式的轮式机器人，由于结构轻便、灵活、零转弯半径等方面的特点，在以上领域将更具优势。而以此为基础的轮式机器人平台，将成为未来一段时间的研究重点，通过平台的通用性与可拓展性可以为智能平衡式机器人赋予更多的功能和应用场合，促进其研究与发展。同时电力驱动电动机的动力模式符合绿色化与电动化的发展趋势；灵活的控制方式使得其在载人或载物方面均有发挥的空间；基于模型等新型的软件开发手段能够实现更快的开发速度以及更低的维护成本。

1.1.3 基于模型设计与自动代码生成技术简介

计算机软件设计在近代科学发展与技术进步中起到了关键的作用，无论是之前的PC技术发展、桌面互联还是近年来蓬勃发展的移动互联，计算机技术无不起到至关重要的作用。计算机软件设计方法也随着相关技术的一步步提高面临着一次次的挑战。20 世纪 60 年代,人类面临第一次软件危机,其原因在于软件设计难度加大,设计成本提高,同时软件的可靠性也越来越难以保证,为解决这类问题,人们先后提出了面向对象技术以及“结构化程序设计”。但是近几年微处理器控制器的应用越发广泛,硬件设备的增长引发了软件代码的指数级增长,软件结构性变得复杂,安全性、可靠性也越发显得重要。高昂的人力成本,让传统的人工编程设计方法越发显现出其弊端。在不久的未来,自动驾驶、物联网、人工智能(AI)等新兴技术日趋成熟后,我们身边的许多硬件产品都会伴随着成千上万行的软件代码,自动驾驶等其他更加高端的技术领域的代码数量更多,而且复杂程度也有增无减,开发、维护都会伴随着大量的工作,特别是高集成度的项目要求团队开发的通用性及效率更高。而基于模型的设计与自动代码生成技术的快速高效、兼容性强、可复用、质量控制有保障等特性,恰恰能够更好地适应现代及未来的软件设计需求。

基于模型设计主要是指通过 MATLAB 或者 SCADE 等计算机软件工具对嵌入式的控制系统进行控制算法的建模与仿真,方便复杂系统设计的开展,以及应对集成度更高的设计要求。由此催生出的自动代码生成技术则能够直接由软件模型通过必要的工具及配置生成能够在目标处理器上运行的代码。其优势可以总结为以下 4 点。

(1) 图形化模型化的设计将更加便于上手,对工程师而言意味着学习时间成本更低,交流成本更低,维护起来也更加有效率,这一点好比流程图可以帮助我们更快地理解程序的开发框架一样,当模型能够完全替代传统代码时,效率将会有很大的提升。

(2) 软件开发中无法避免的一个问题便是 BUG(软件漏洞与错误)的引入,而尽快地发现并改正 BUG 便显得尤为重要,早期的验证便是很有效的方法,每个阶段都可以通过模型去做仿真,验证效果,这样不会因为前期的错误而在后期造成更大的损失。

(3) 自动代码生成技术能将很多软件工程师从烦琐、枯燥的编程工作中解放出来,并且大幅度地提高工作效率,同时也不用担心自动生成代码的质量与兼容性等问题,可以通过相应的工具进行完善,从而能够专注于更高层次的软件技术及算法的开发。

(4) 在基于模型的设计中可以实现相关技术文件的快速创建,由模型等信息就可以生成详细的代码报告,能够将整个系统软件的细节详细记录下来,也方便了工程师做整理与发布,形成技术规范,有助于项目管理过程。

1.2 智能平衡移动机器人优势

(1) 智能平衡移动机器人能够载重自身 10 倍以上的物体,并且在路面行驶摩擦力小,具有速度快、效率高的优点。

(2) 智能平衡移动机器人转弯灵活,越野和爬坡能力强,是很有前途的用于短途代步、物流运输的电动车辆,具有很好的应用前景。

(3) 智能平衡移动机器人软硬件知识丰富,是较好的教研载体,如直流有刷电动机、编码器、H 桥电路电动机驱动、动力电池、蓝牙通信、液晶屏、MPU6050 陀螺仪、WiFi 通信、手

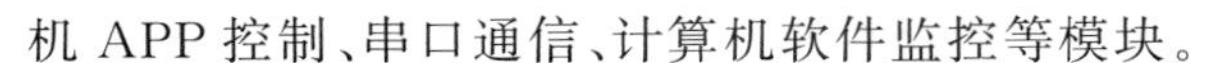

机 APP 控制、串口通信、计算机软件监控等模块。

(4) 智能平衡移动机器人结构轻便、灵活,能够实现零半径转弯。在许多工业应用中能够产生很好的效果。

(5) 智能平衡移动机器人能够以其自平衡移动底盘为载体,可以进行多种改造,例如,在机器人上添加机械臂实现移动抓取或者安装消毒等工具进行移动消毒。

1.3 本书内容

1.3.1 应用平台

智能平衡移动机器人应用平台分为 3 部分,包括软件部分、硬件部分和机械部分。

(1) 软件部分:计算机搭载的 MATLAB/Simulink 仿真软件、用于 TI C2000 系列 DSP 控制芯片代码生成的 Hardware Support Packages 硬件支持包、TI 官方集成开发环境及编译器 CCS9.0.1.00004、C2000 系列软件资源库 ControlSUITE 等其他必要的驱动程序与支持文档。

(2) 硬件部分:智能平衡式机器人硬件板卡,集成了仿真器的主控制板、电源板、驱动板、传感器模块板及使用 BoosterPack 标准的接口板。

(3) 机械部分:包括铝合金板若干、品牌充电宝一块、电动机、编码器、轮胎、安装支架、若干紧固件、排线、数据线等。

1.3.2 应用内容

本书提供多个应用案例,这些应用由浅入深可分为 3 部分:基础外设应用、基于智能平衡移动机器人模块的外设应用、基于智能平衡移动机器人的综合应用,这 3 部分应用构成了由浅入深的学习阶梯,便于读者一步一步达到最终的学习目标。

(1) 基础外设应用提供的应用如下所述。

- 时钟控制。
- GPIO 输出——LED 跑马灯。
- 定时器中断——Timer0 Interrupt。
- SCI 串口通信 GPIO 输入——按键应用。
- SCI 串口通信。
- ePWM 应用。
- eCAP 应用。
- ADC 电压采集应用。

(2) 基于智能平衡移动机器人模块的外设应用提供的应用如下所述。

- eCAP 应用——超声波测距。
- ePWM 应用——电动机调速。

- IIC 应用——MPU6050 数据读取。
- eQEP 应用——编码器信号采集。
- ADC 应用——线性 CCD 数据采集。

(3) 基于智能平衡移动机器人的综合性应用提供的应用如下所述。

- 智能平衡移动机器人平衡控制应用。
- 平衡控制进阶应用。
- 智能平衡移动机器人之圈内避障应用。
- 智能平衡移动机器人之红外循迹应用。

1.3.3 本书特色

(1) 融合单片机、C 语言编程、建模仿真、电动机技术、传感器与检测技术、理论力学、MATLAB、信号与系统等综合技术,对学生在本科阶段学习的知识是一次综合和升华,能更好地进行综合应用和融会贯通,提高用以上技术进行电控系统的设计能力。这是初级工程师、研究生、本科生进入项目开发的一次实战演练,经过这样的综合训练,有助于提升综合研发能力。

(2) 协助读者更好地掌握 TI DSP 技术:提供基础的实验案例,包括 ADC、TIM1～4、UART1～2、IIC、GPIO、SPI、SWD、EXTI 等模块;提供智能平衡移动机器人系统级的控制案例,包括多种外部传感器、伺服电机、通信模块、显示屏、计算机软件监控、PID 控制算法等,可以更好、更系统地使读者掌握单片机技术。

(3) 更深入掌握电子技术:包含二极管、三极管、MOSFET、逻辑门电路、MOSFET 驱动芯片、H 桥电路电动机驱动、稳压电源芯片、蓝牙和串口通信、液晶显示屏等技术,对电子技术的综合应用能力进行提升。

(4) 提升 C 语言编程能力:要实现陀螺仪和加速度计姿态传感器的读取、卡尔曼滤波信号处理、平衡控制、通信、控制指令接收等功能,代码有近 3000 行,通过上位机波形和控制参数发送软件代码,对 C 语言的综合开发能力也有较大提升。

(5) 自动控制技术:通过智能平衡移动机器人的建模、仿真和实时控制,能系统掌握自动控制技术的数学模型、时域、频域分析方法、PID 的原理和软硬件实现。这是初级嵌入式/单片机工程师进阶到中级工程师的重要标志。

(6) 提供 MBD 工程开发方法:融合建模、仿真、实时控制、自动代码生成、硬件在环仿真、快速控制原型技术,非常有助于提升科研能力。

1.4 本章小结

本章首先对智能平衡移动机器人进行背景介绍,提出基于模型设计与自动化代码生成技术,并且展示出智能平衡移动机器人较好的稳定性和快速移动的能力。然后将本书内容分为应用平台、应用内容和本书特色等方面进行介绍。

第2章 应用平台的搭建

CHAPTER 2

2.1 应用平台概述

2.1.1 硬件平台

由算法与模型的搭建而生成的代码需要在搭建的实验平台进行实验，而完成这套实验的硬件平台是必不可少的。本书的硬件平台由两部分组成。

1）电控部分

智能平衡移动机器人硬件部分包括：集成了仿真器的主控制板、电源板、驱动板、传感器模块板及Forest S1主控板。其中，主控制板负责运行控制程序以及实现控制信号的输出与外部电平信号的采集；电源板将锂电池的电压转换到主芯片、驱动芯片及其他传感器合适的工作电压；驱动板驱动电动机运行；传感器模块板主要包括陀螺仪加速度计传感器、超声波传感器、蓝牙通信模块及线性摄像头传感器；使用Forest S1主控板的引脚引出各种外设的功能接口，集成度更高，更加便捷。本书所述的移动机器人也可以使用树莓派作为控制系统，搭载摄像头进行视觉操作，如视觉循迹、视觉避障、视觉跟随等。但本书是基于MATLAB/Simulink进行移动机器人开发的，所以对基于树莓派和OpenCV的视觉操作内容不再详述。

2）机械部分

包括铝合金板若干、充电宝一块、电动机、编码器、轮胎、安装支架、若干紧固件、排线、数据线等。用于承载硬件部分的控制板可保证实验的稳定性和可靠性。

2.1.2 软件平台

（1）MATLAB/Simulink：Simulink是美国MathWorks公司推出的MATLAB中的一种可视化仿真工具。Simulink是一个模块图环境，用于多域仿真以及基于模型的设计。它支持系统设计、仿真、自动代码生成以及嵌入式系统的连续测试和验证。Simulink提供图形编辑器、可自定义的模块库以及求解器，能够进行动态系统建模和仿真。

（2）Code Composer Studio：其是代码调试器，代码设计套件，缩写为CCS，可提供强健、成熟的核心功能与简便易用的配置和图形可视化工具,使系统设计周期更短。Code Composer Studio 包含一整套用于开发和调试嵌入式应用的工具。它包含适用于每个 TI 器件系列的编译器、源码编辑器、项目构建环境、调试器、描述器、仿真器以及多种其他功能。

(3) controlSUITE: 其是 TI 为 C2000 开发者提供的资料库和参考工具包。其中 C2000 每个型号都有对应的样例、手册和设计指导,还有各种开发板平台的原理图、PCB 图和使用说明。

(4) Embedded Coder Support Packages for Texa Instruments C2000 硬件支持包: 能够生成一个实时可执行文件,并将其下载到 TI 开发板。Embedded Coder 自动生成 C 代码,并在方框图中插入 I/O 设备驱动程序。

2.1.3 MBD 开发流程

基于模型设计(Model-Based-Design,MBD)工程方法主要针对汽车、飞机、机器人等电控系统、雷达导航等信号处理系统、电力系统、通信系统等较复杂的需要单片机或计算机作为主处理器的控制系统设计,是综合采用物理建模、计算机仿真、自动代码生成、软件模型与控制器交互测试验证的一种先进的开发方法。如图 2.1 所示为 MBD 开发流程。

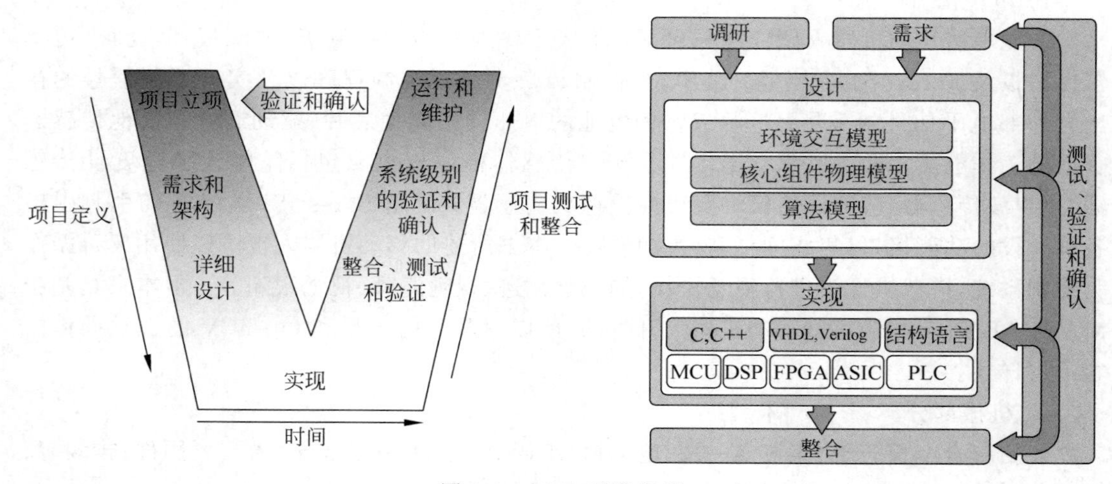

图 2.1 MBD 开发流程

在传统的产品开发过程中,各模块相对独立,首先是产品设计,接着是工艺设计,然后是工装设计,再进行产品制造,最后对产品进行检验和检测,各模块之间几乎互不干扰,很少有协同工作。这样的产品开发过程很大的一个弊端就是开发周期长,且质量没有保障。

随着数字化设计制造技术的广泛应用,尤其计算机技术的日益普及,基于模型设计(MBD)的数字化设计与制造技术已成为制造业信息化的发展趋势。作为全新的产品定义方法,MBD 在降低产品成本、提高生产效率等多方面有着巨大的优势,是未来设计技术的发展方向。

基于MBD开发的智能平衡移动机器人作为新工科教学研究的载体，不仅是一款用于学习平衡移动机器人原理及基本应用的实验室产品，也能够作为智能车竞赛的载体，在更高的规则标准下，进行更复杂的智能功能拓展和理论研究，实现更高的性能。MBD融合了建模、仿真、实时控制、自动代码生成、硬件在环仿真、快速控制原型技术，非常有助于提升科研能力。如图2.2所示为智能平衡移动机器人的开发流程。

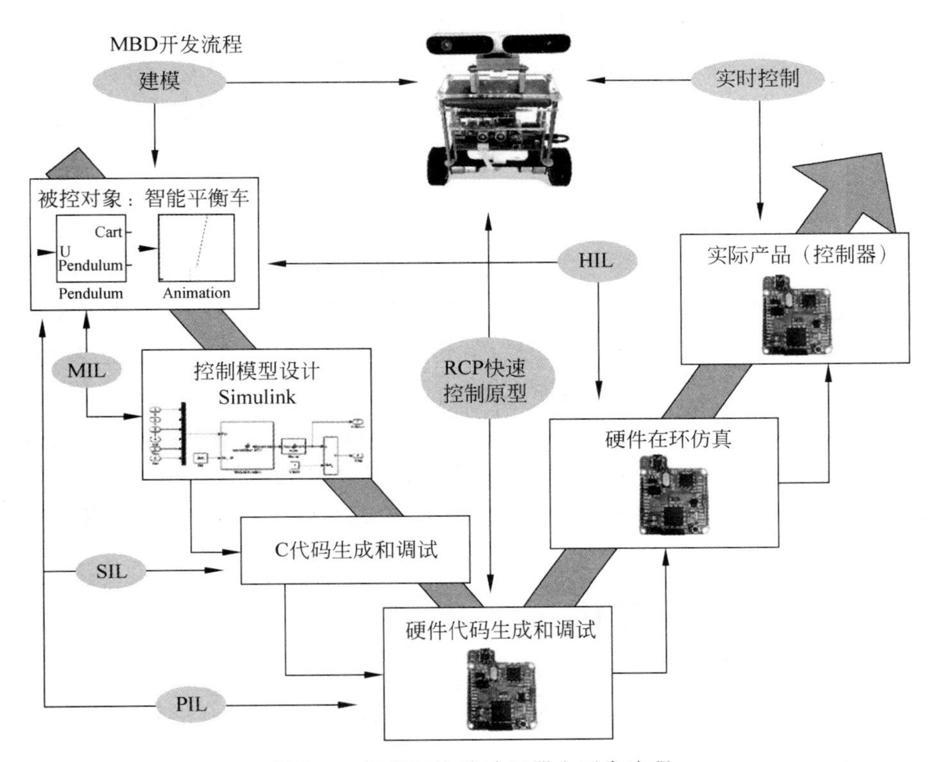

图2.2 智能平衡移动机器人开发流程

2.2 集成开发环境

2.2.1 开发环境介绍

基于模型的设计到代码生成的过程不同于普通的Simulink建模仿真，其涉及多个软件，均需要根据具体要求进行配置后使用，具体涉及的软件有下列几种。

(1) MATLAB R2020a、Simulink工具箱及对应芯片的硬件支持包：选用该版本相对新的MATLAB软件在对相关功能的支持方面有更好的表现，同时操作起来也更加便捷，R2020a仅支持64位操作系统，同时由于其运算能力的提升，要求系统至少有4GB运行内存；Simulink是依附于MATLAB的一个仿真工具箱，其具有模块精简、参数配置灵活、模型符合实际等优点，广泛应用于航空航天、信号处理、汽车、电动机控制、通信行业等，其有针对性的模块以及易上手的开发环境能够帮助行业技术人员快速完成设计及仿真等功能。

(2) Embedded Coder 支持包，该支持包由 MathWorks 公司与德州仪器公司(TI)共同开发提供，相比于传统用于生成代码的 RTW-Real Time Workshop 工具箱，其集成了 TI 的 Code Composer Studio、Analog Devices、Visual DSP++和其他第三方嵌入式开发环境，提供了配置选项和可以更好地控制生成代码的函数、文件和数据的高级优化选项，因此可以说它扩展了 MATLAB Coder 和 Simulink Coder(RTW)。Embedded Coder 提高了代码效率，并且能很方便地集成已有代码、数据类型和产品中的标定参数。使用 Embedded Coder 生成的代码，可以导出到第三方的开发环境中，可以在嵌入式系统中自动创建可执行文件。生成的代码可以在处理器上执行以验证性能，可以通过 PIL(Processor In Loop)仿真和代码剖析的方法来查看代码在硬件上的运行情况。

(3) Code Composer Studio 9.0.1.00004(以下简称 CCS 9.0.1)，该软件为 TI 官方开发的适用于其各系列 DSP 控制器的 IDE(集成开发环境)及编译器软件，其内部集成了 DSP 代码生成工具、数据传输工具、软件项目开发工具等，这里主要用于生成可以烧写进芯片的执行文件，这一功能是 MATLAB 本身所不具备的。

(4) ControlSUITE 3.4.5，这个软件相当于为了方便开发 TI 各系列芯片所提供的一个工具箱资料集，它包含了 C2000 系列及其他各系列芯片所需要的所有头文件与库文件。在实验中安装该软件的目的是在生成代码的过程中，MATLAB 能够从中直接找到编译时所需的头文件、库文件和支持代码。

视频讲解

2.2.2 软件安装及配置

1) MATLAB R2020a 安装过程

请先在 MathWorks 官网上购买正版 MATLAB R2020a 安装包以及获取 MathWorks 账号。安装过程如下所述。

(1) 双击打开 MATLAB_R2020a_win64 安装包，如图 2.3 所示。

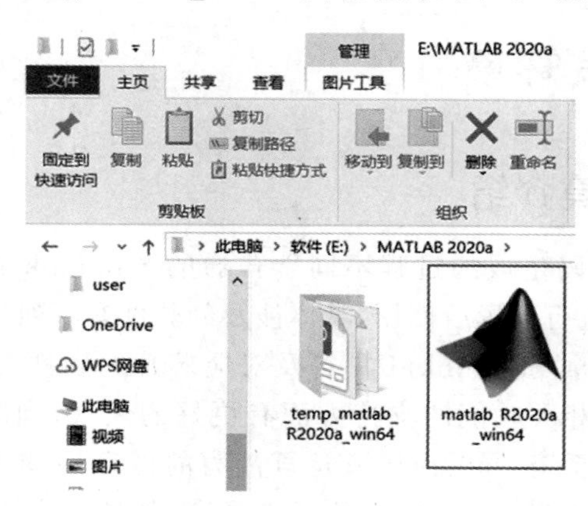

图 2.3 安装包运行

(2) 输入之前在 MathWorks 注册的电子邮件地址，如图 2.4 所示，单击“下一步”按钮。

图 2.4　电子邮件输入

(3) 输入账号电子邮件的密码，如图 2.5 所示，单击“登录”按钮。

图 2.5　密码输入

(4) 进入 MathWorks 许可协议界面,如图 2.6 所示,先选中“是”单选按钮,然后单击“下一步”按钮。

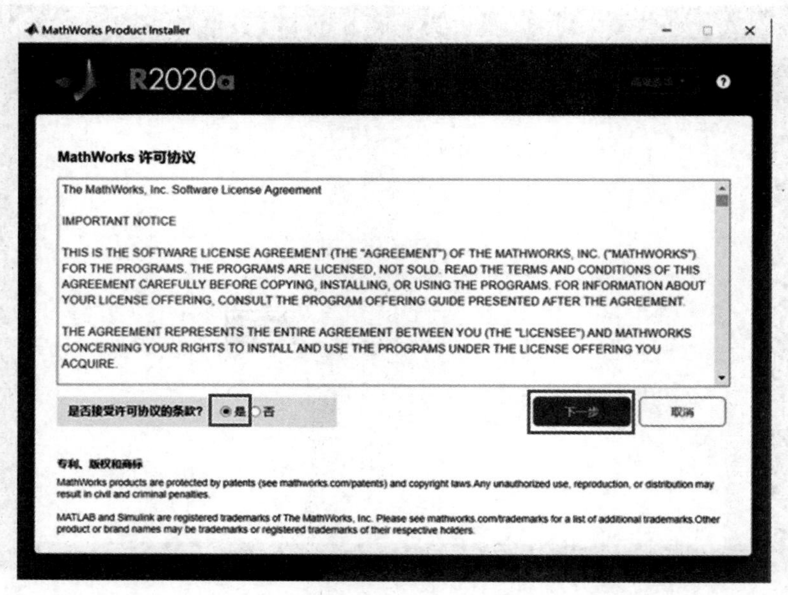

图 2.6　MathWorks 许可协议

(5) 进入确认用户界面,如图 2.7 所示,输入名字、姓氏、电子邮件和 Windows 用户名信息,注意不要出现汉字,然后单击“下一步”按钮。

图 2.7　确认用户界面

(6) 选择安装目标文件夹,如图 2.8 所示,然后单击"下一步"按钮。本次安装选择 D 盘,建议选择较大内存空间的磁盘,因为 MATLAB R2020a 占用空间较大。

图 2.8 选择目标文件夹

(7) 进入产品选择界面,如图 2.9 所示,根据工具箱中的产品进行选择,然后单击"下一步"按钮。

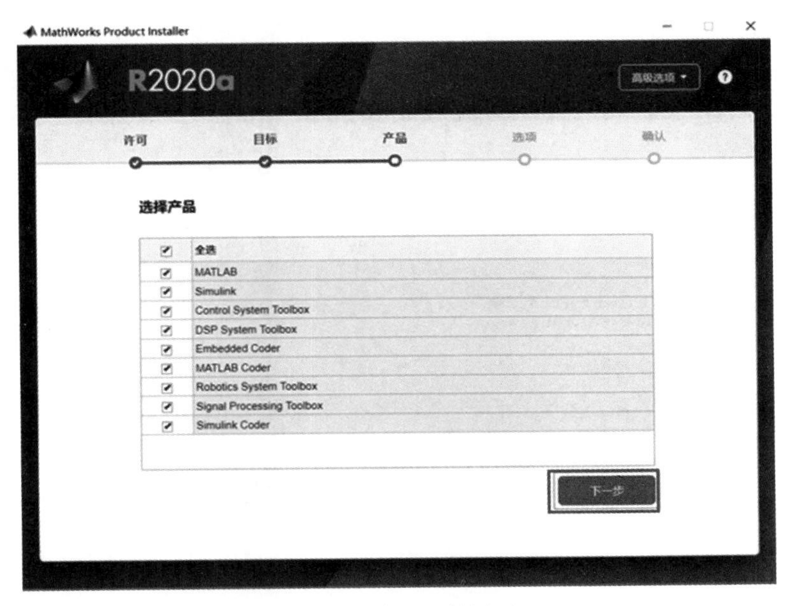

图 2.9 产品选择界面

(8) 进入“选择选项”界面，如图2.10所示，先选中“将快捷方式添加到桌面”和“通过向MathWorks公司发送用户体验信息来帮助改进MATLAB”复选框，然后单击“下一步”按钮。

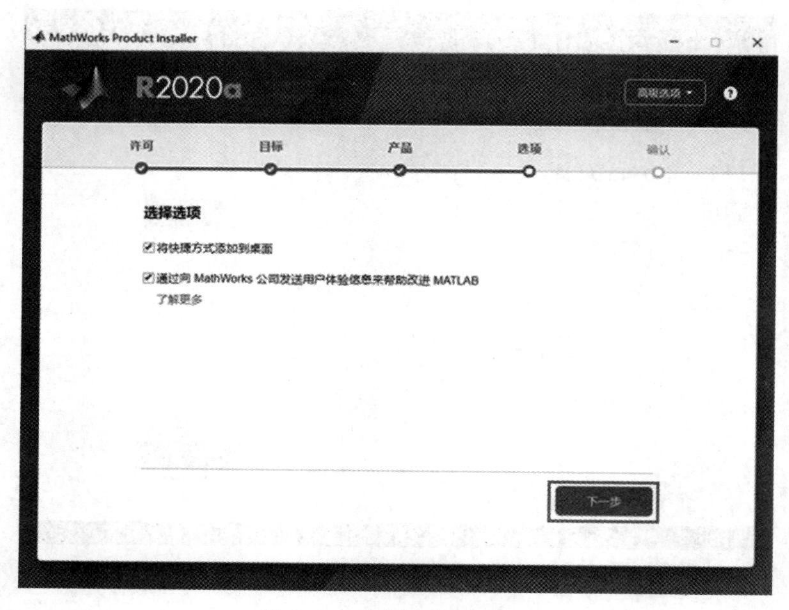

图2.10 “选择选项”界面

(9) 进入“确认选择”界面，如图2.11所示，单击“开始安装”按钮。

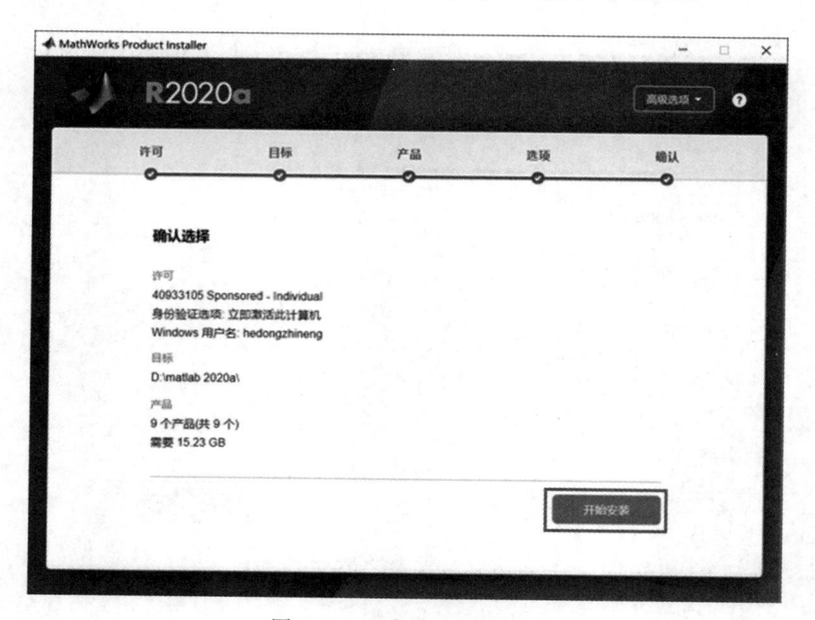

图2.11 “确认选择”界面

（10）等待安装完成，如图 2.12 所示，然后单击“关闭”按钮。

图 2.12　安装完成界面

如果安装完成后，在打开 MATLAB R2020a 时出现 License Manager Error-9 界面，单击图 2.13 中的 Troubleshoot 按钮，会进入 MATLAB Answers 界面，按照给出的方法进行激活。具体操作可参考网页 Why do I receive License Manager Error-9?。

2）Code Composer Studio 软件安装

Code Composer Studio 安装过程如下所述。

（1）在安装之前，先打开网页下载 Code Composer Studio 软件，下载此软件的网址是 http://processors.wiki.ti.com/index.php/Download_CCS#Code_Composer_Studio_Version_6_Downloads，然后找到“Code Composer Studio 9.0.1.00004，Donload Windows”并下载，下载完成后的安装包如图 2.14 所示。

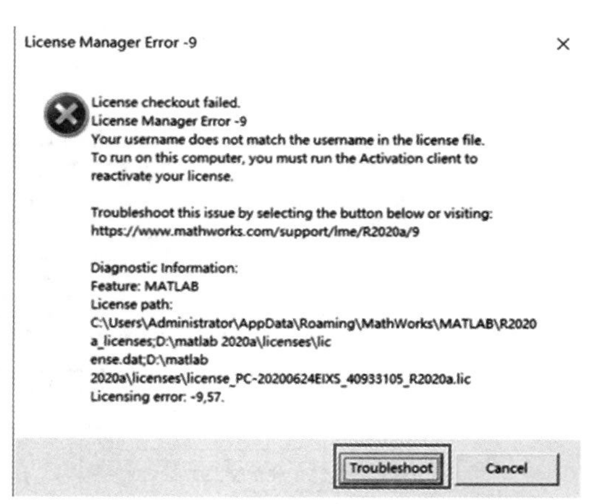

图 2.13　错误提示

（2）下载完后，解压，单击打开安装文件夹，运行如图 2.15 所示的应用程序文件。请注意安装包文件的目录不能包含中文。

（3）如图 2.16 所示，先选中 I accept the terms of the license agreement 单选按钮，然后单击 Next 按钮。

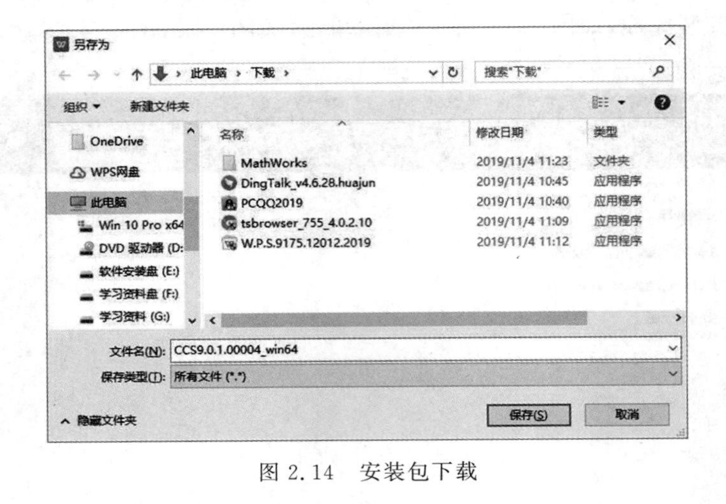

图 2.14　安装包下载

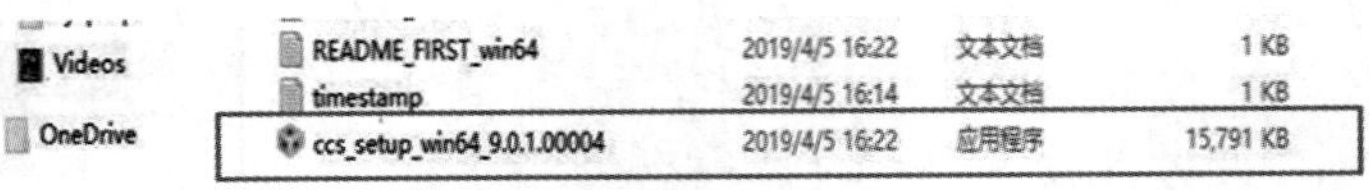

图 2.15　安装包运行

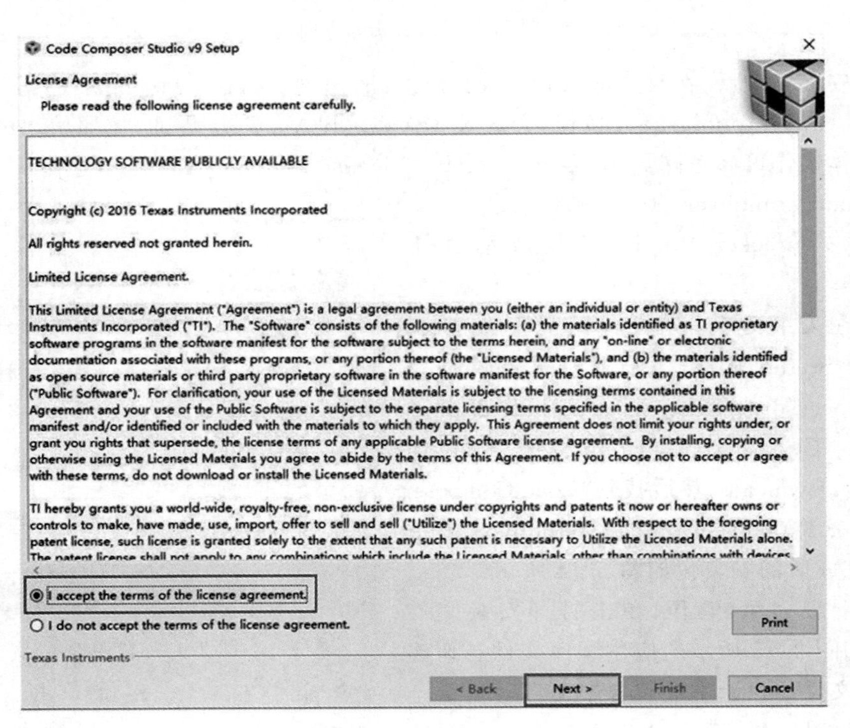

图 2.16　安装许可协议

(4) 选择安装路径，如图2.17所示，为方便后续MATLAB与CCS关联，最好保持默认设置(也可以安装在D盘)，名称就不要改动了，然后单击Next按钮。

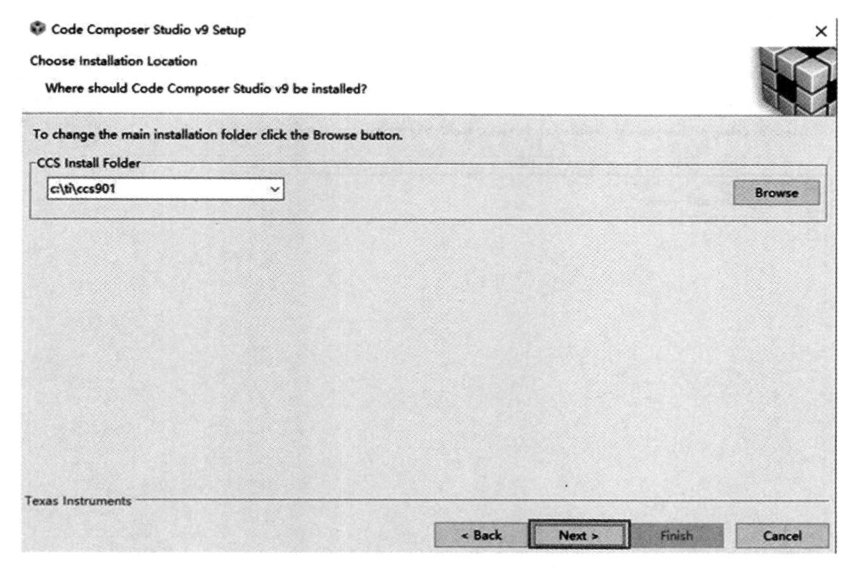

图2.17　选择安装路径

(5) 目前开发C2000系列的芯片仅选择C2000 real-time MCUs即可，如果有其他需求可多选，然后单击Next按钮，如图2.18所示。

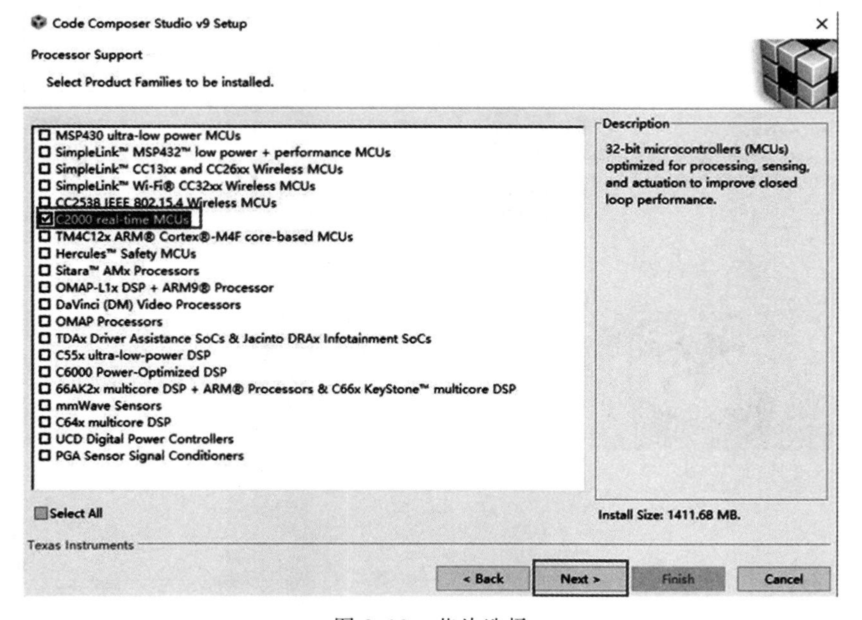

图2.18　芯片选择

(6) 仿真器驱动选择默认提供的,本书配备的智能平衡移动机器人常用的是 XDS100v2 的仿真器。其他功能在安装后期可在 CCS 内选择,并非必需选项,这里暂不安装。单击 Finish 按钮,如图 2.19 所示。

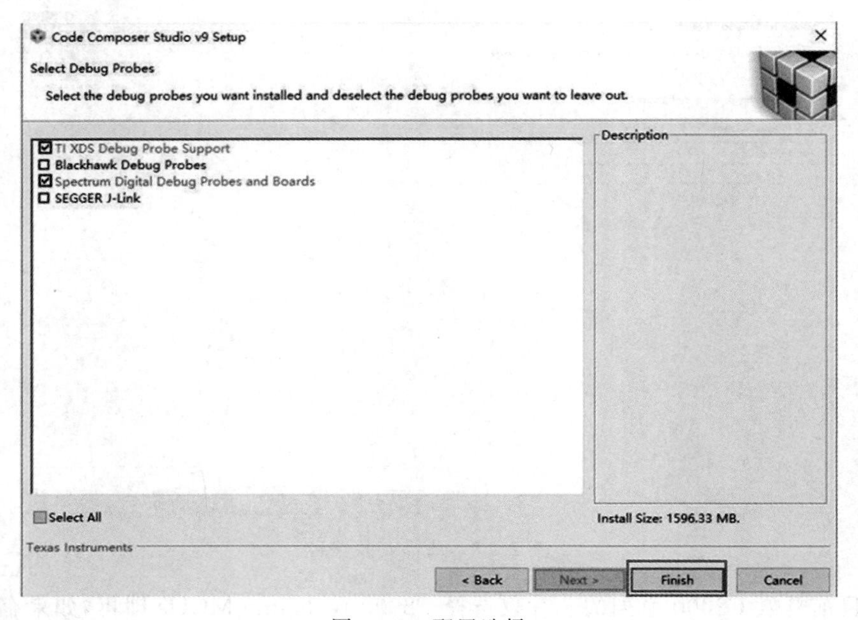

图 2.19　配置选择

(7) 等待安装结束。如图 2.20 所示,先选中 Launch Code Composer Studio 和 Create Desktop Shortuct 复选框,然后单击 Finish 按钮。

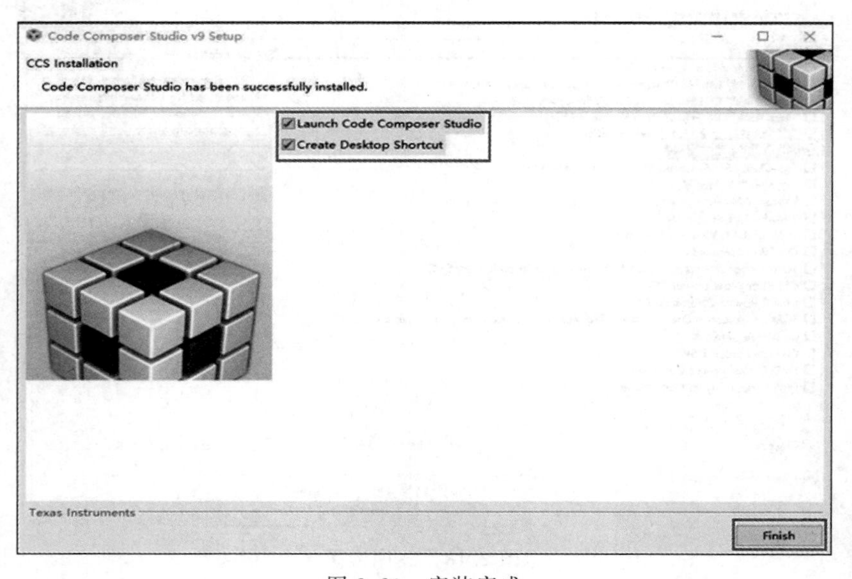

图 2.20　安装完成

3）controlSUITE 软件安装

controlSUITE 安装过程如下所述。

（1）安装 controlSUITE 是为了后期生成代码时，MATLAB 能够从中找到需要的库文件、头文件和支持代码。首先进行解压，如图 2.21 所示，打开 controlSUITE3.4.5setup，然后双击运行，选择和 CCS 同样的安装路径。

图 2.21 打开安装包

（2）首先单击 Next 按钮进入安装许可界面，如图 2.22 所示，选中 I accept the agreement 单选按钮，然后单击 Next 按钮。接下来选择安装路径，单击 Next 按钮，最后需要选中 Launch controlSUITE 复选框，单击 Finish 按钮即可完成安装。

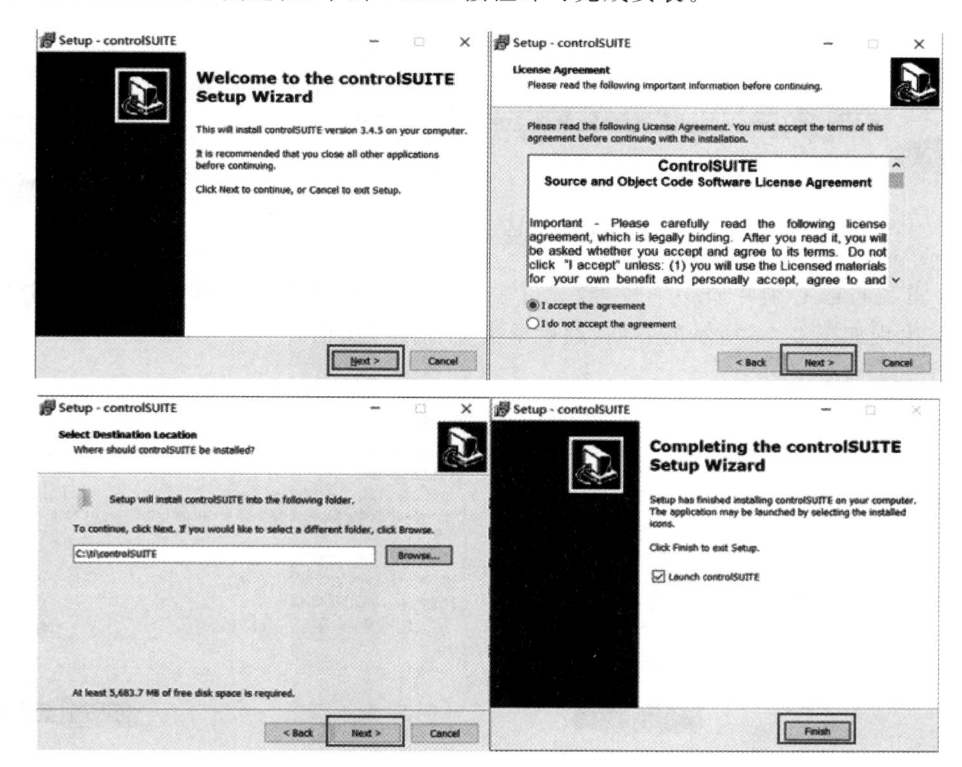

图 2.22 安装步骤

4）C2000 Simulink 开发工具箱

（1）打开 MATLAB R2020a，先单击“附加功能”的下三角按钮，然后单击“获取硬件支持包”选项，如图 2.23 所示，会打开如图 2.24 所示的界面，单击 Embedded Coder Support Packages for Texas Instruments C2000 Processors。

（2）打开硬件支持包，单击“安装”按钮，如图 2.25 所示。

图 2.23　获取硬件支持包

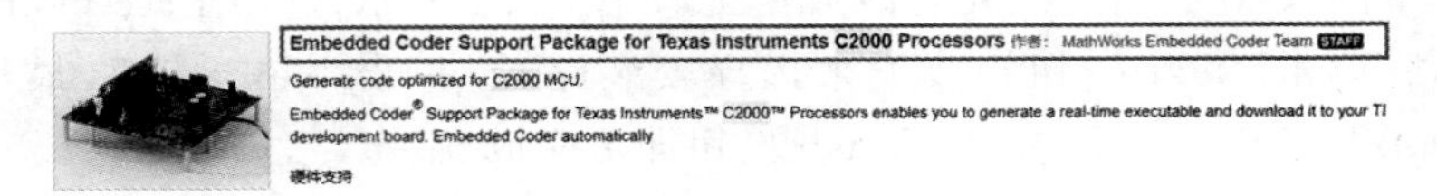

图 2.24　选择硬件支持包

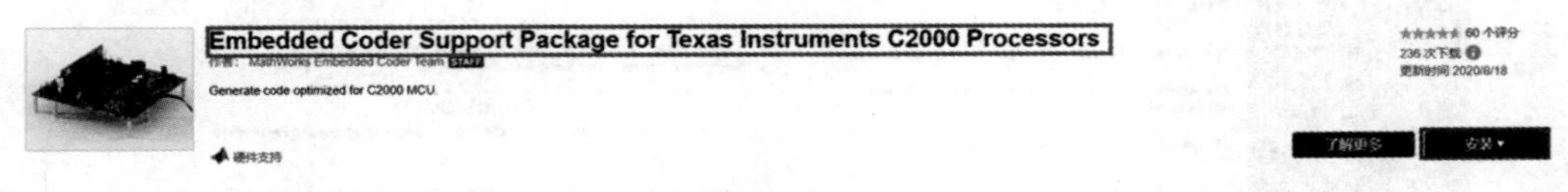

图 2.25　安装硬件支持包

(3) 首先自己必须注册一个账号,等待一会儿,出现如图 2.26 所示的界面,单击“我接受”按钮,出现如图 2.27 所示的界面,然后单击“下一步”按钮。

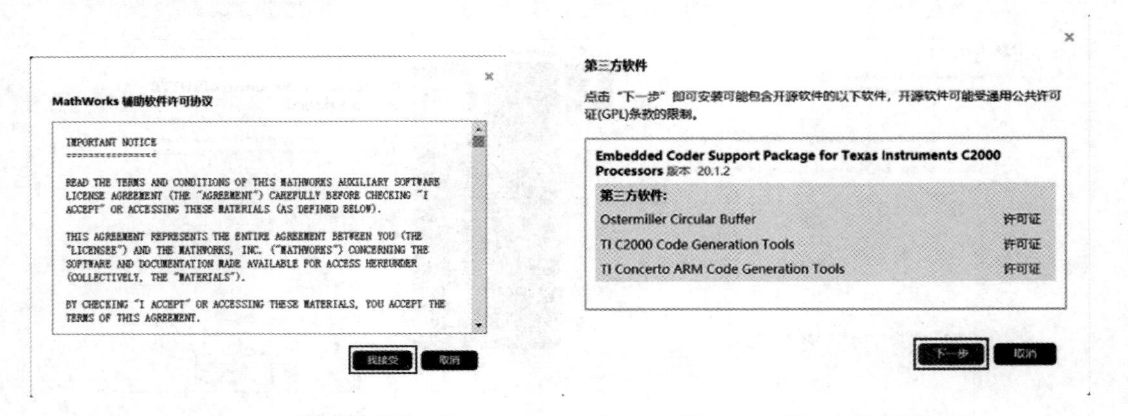

图 2.26　MathWorks 辅助软件许可议　　　　图 2.27　第三方软件许可证

(4) 如图 2.28 所示,等待下载安装。注意,请以管理员身份运行 MATLAB 再安装 C2000 支持包。

(5) 安装完毕后,单击“立即设置”按钮,如图 2.29 所示。

(6) 进入如图 2.30 所示的芯片配置界面后,取消选中 TI F2838x、TI Piccolo F28004x 和 TI F28044 对应的复选框,然后单击 Next 按钮。TI F2838x、TI Piccolo F2804x 和 TI

F28044 都是 TI 较新的芯片，不需要安装。

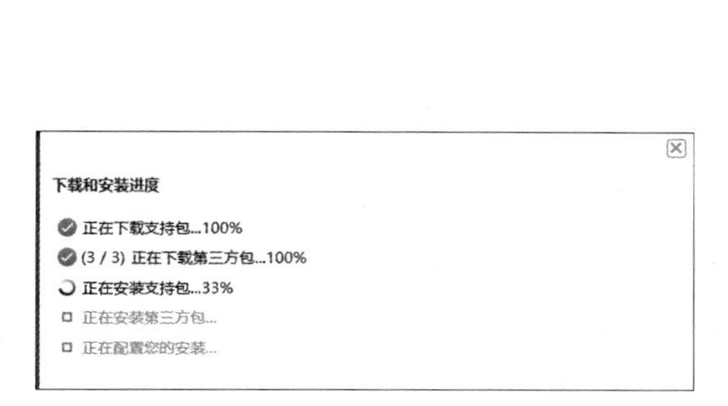

图 2.28　下载和安装进度

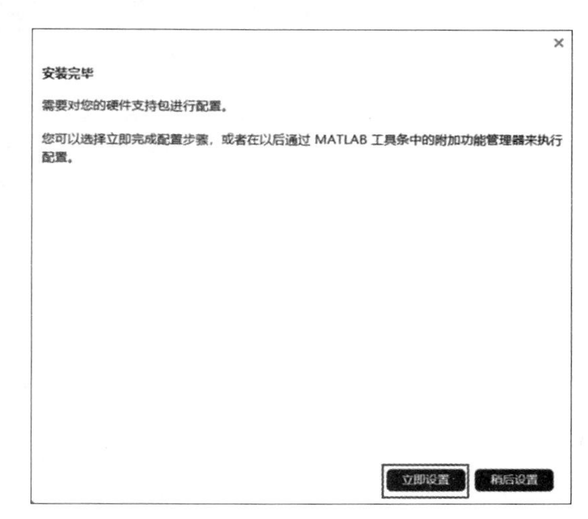

图 2.29　安装完毕

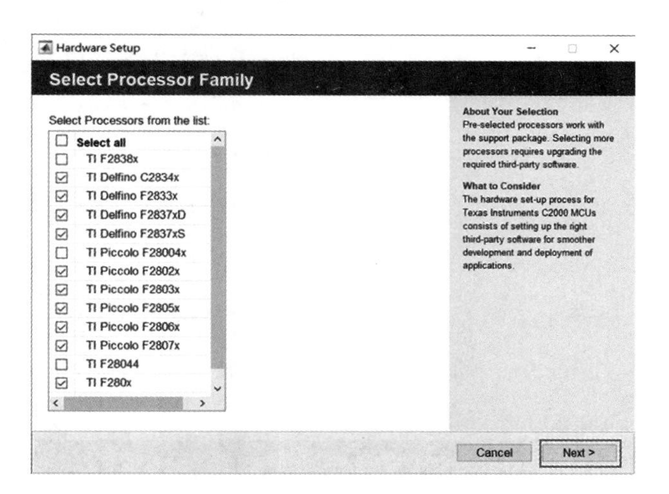

图 2.30　芯片配置

(7) 进入如图 2.31 所示的第三方软件需求界面，单击 Next 按钮。不安装 TI 最新的芯片，可以不安装 TI C2000Ware。

(8) 进入如图 2.32 所示的选择安装路径界面，会自动绑定 controlSUITE 的安装路径，单击 Next 按钮。

(9) 进入如图 2.33 所示的界面后，指定 CCS 的安装路径，单击 Browse 按钮，按照如图 2.34 所示的文件夹路径，选择安装路径，最后单击 Validate 按钮进行校验。之后单击 Next 按钮进入下一界面。

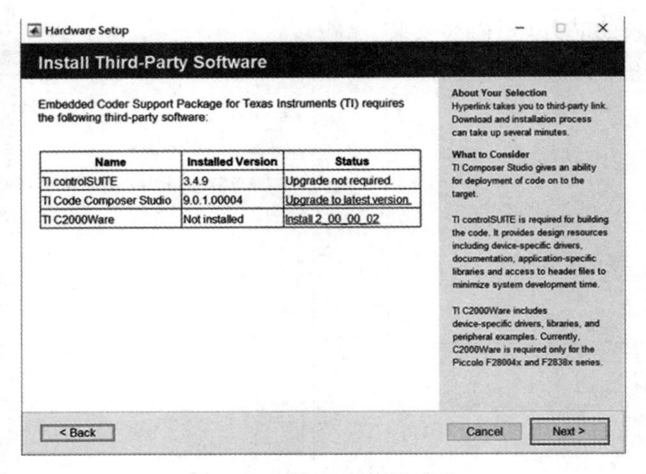

图 2.31　第三方软件需求

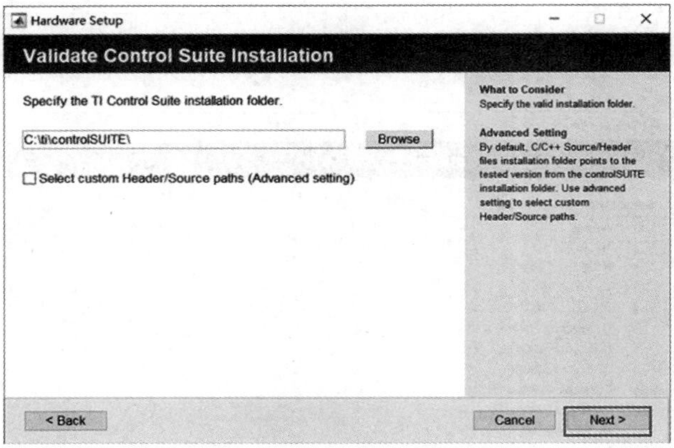

图 2.32　选择安装路径

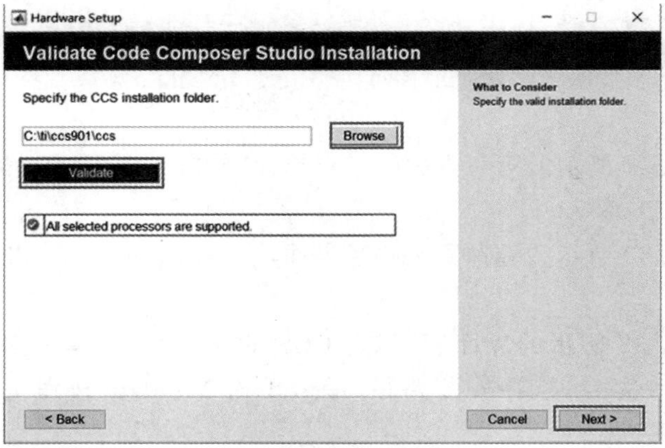

图 2.33　路径校验

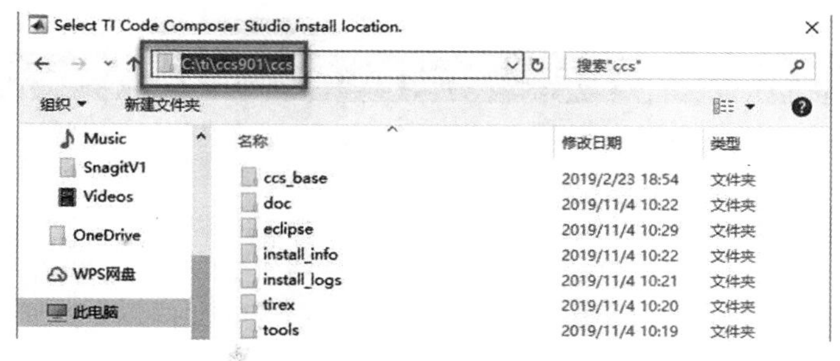

图 2.34　选择文件夹

(10) 在如图 2.35 所示的界面中需要注意的是 CGT 工具的选择,单击 Browse 按钮。如图 2.36 所示,可以在 C:\ti\ccs901\ccs\tools\compiler 目录下寻找安装的 CGT 工具,配置完成之后,单击 Validate 按钮进行工具链的验证。若出现未检测版本的提示也没关系,单击"确定"按钮,即可进入到如图 2.37 所示界面,再单击 Finish 按钮会自动跳转到如图 2.38 所示的界面,最后单击 Next 按钮安装成功。

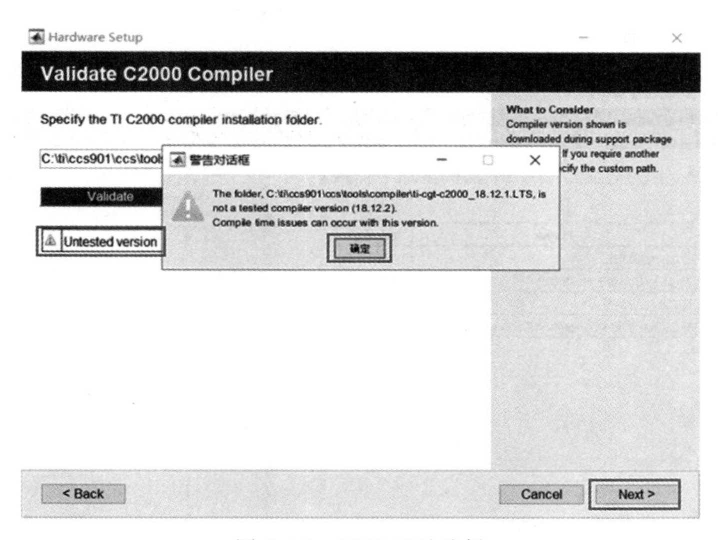

图 2.35　CGT 工具选择

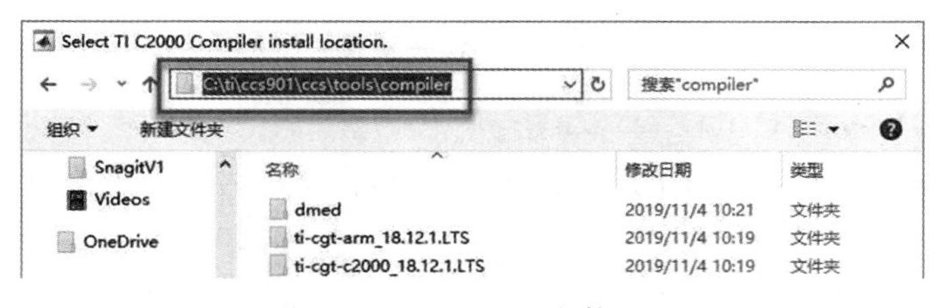

图 2.36　CGT 工具文件目录

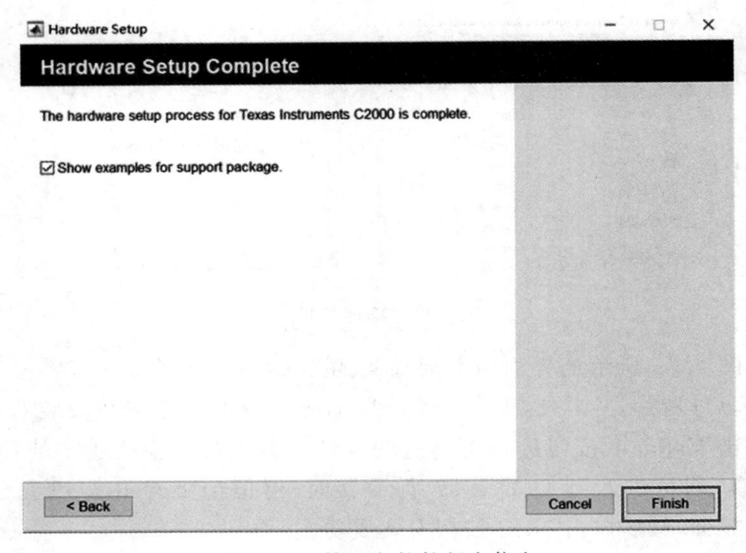

图 2.37　第三方软件版本信息

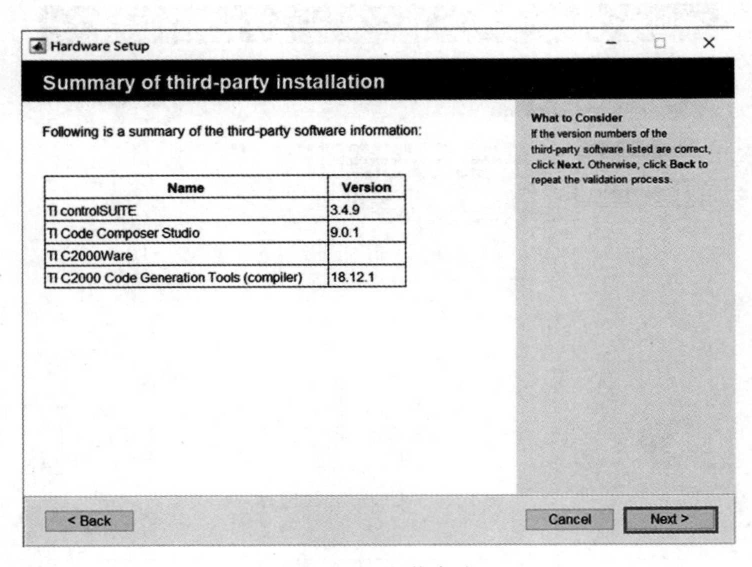

图 2.38　安装完成

5) 安装 MinGW-w64 C/C++

(1) 单击工具栏上的"附加功能"的下三角按钮,在弹出的下拉菜单中选择"获取附加功能"选项,如图 2.39 所示。

(2) 在如图 2.40 所示的界面中单击"安装"按钮。如图 2.41 所示,安装完毕,接下来单击"关闭"按钮。

图 2.39　获取附加功能

图 2.40　安装软件

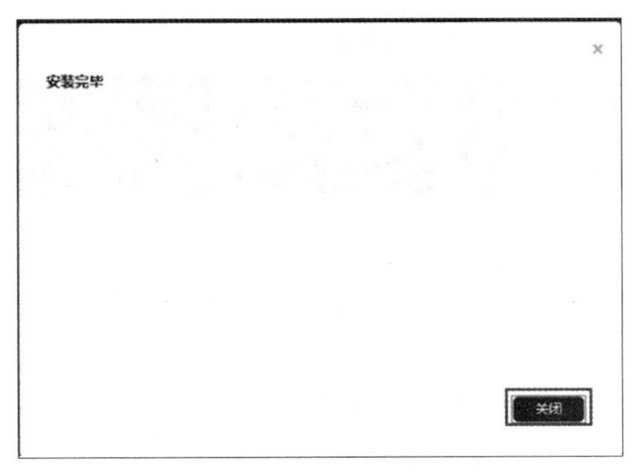

图 2.41　安装完成

2.2.3　软件应用基础

1）MATLAB 应用基础

双击 MATLAB 图标，得到如图 2.42 所示的软件界面图，确认软件可以正常运行。

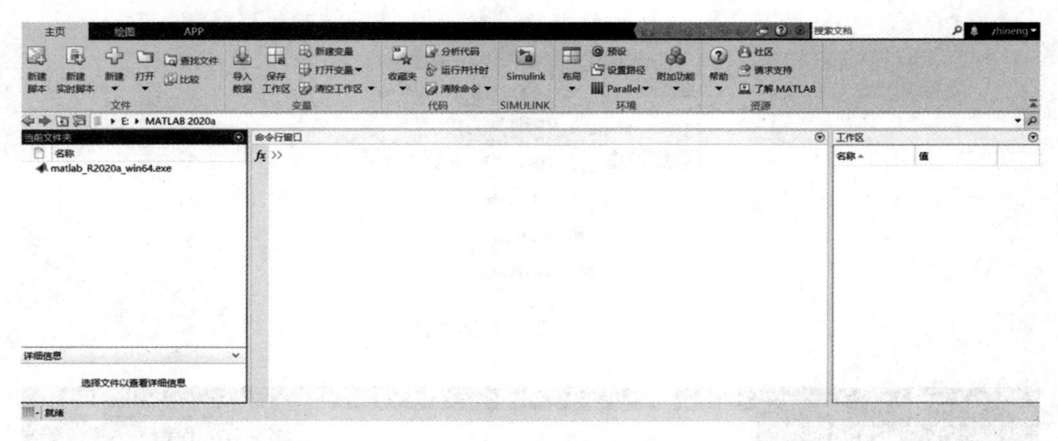

图 2.42　MATLAB软件界面

MATLAB操作界面主要由MATLAB主窗口、命令行窗口、当前文件夹窗口以及工作区窗口组成。主窗口包括功能区、快速访问工具栏以及当前文件夹栏。命令行窗口用于输入命令并显示命令的执行结果。

MATLAB提供了强大的帮助系统。例如,单击工具栏 ? 按钮,出现帮助界面,如图2.43所示,在搜索框中输入所要查询的关键字后按Enter键,就能得到详细的帮助信息。

图 2.43　帮助界面

单击帮助中的"示例"按钮,可以进入MATLAB自带的各种演示程序,如图2.44所示。这些演示程序对初学者是很好的学习工具,便于在不同的条件下完成算法的仿真,并显示形象的可视化结果。

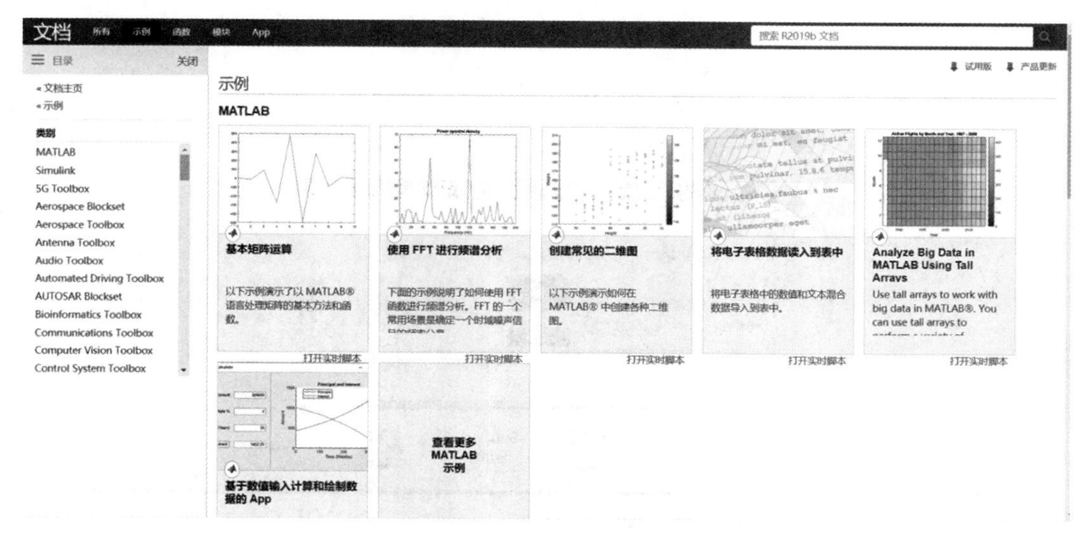

图 2.44　示例界面

2）Code Composer Studio 应用基础

双击 Code Composer Studio 9.0.1 图标，进入如图 2.45 所示界面，选择工作空间，单击 Launch 按钮。

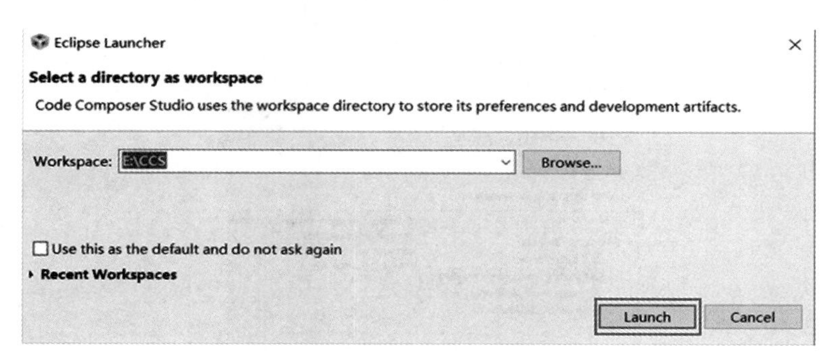

图 2.45　选择工作空间

得到如图 2.46 所示的软件界面，确认软件可以正常运行。

进入软件界面后，可以选中 New Project 和 Import Project。在如图 2.47 所示的新建项目界面建立空项目。设置完成后，单击 Finish 按钮。

接下来，增加外设与初始化头文件与源文件，主要过程为增加头文件，增加源文件，增加位域结构体支持源文件，设置包含选项，最后单击 build 按钮，该项目可以编译通过。

2.2.4　软件高级应用

1）Simulink 高级应用

一个典型的 Simulink 模型包括以下 3 种类型的模块：信号源模块、被模拟的系统模块

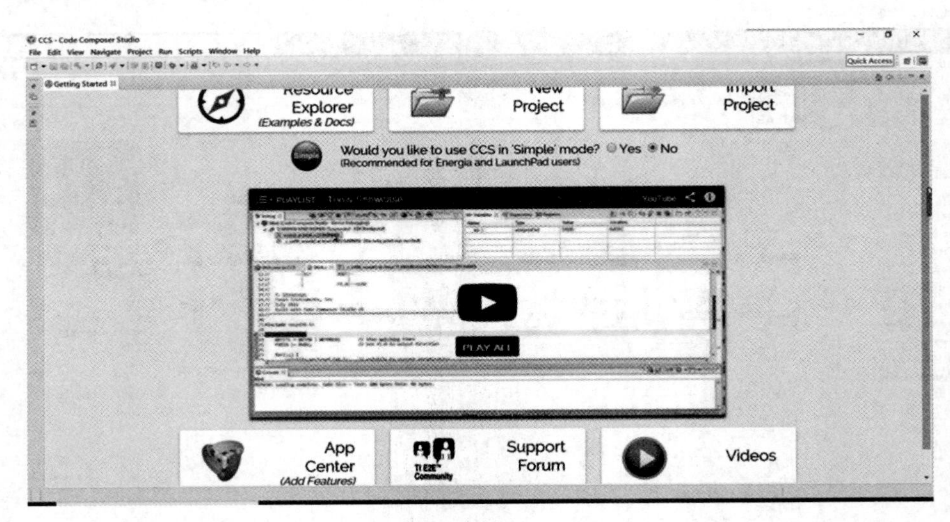

图 2.46　软件界面

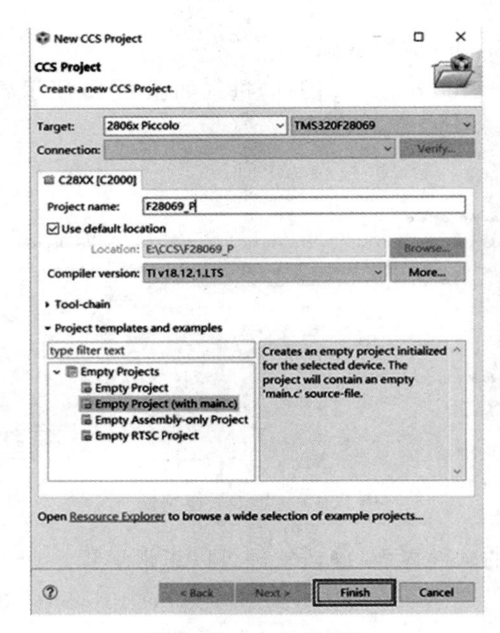

图 2.47　建立空项目

和输出显示模块。

信号源为系统的输入,它包括常数信号源、函数信号发生器和用户自己在 MATLAB 中创建的自定义信号。

系统模块作为中心模块是 Simulink 仿真建模所要处理的主要部分。

系统的输出由显示模块接收。输出显示的形式包括图形显示、示波器显示和输出到文件或 MATLAB 工作空间中 3 种。输出模块主要在 Sinks 库中。

首先，双击 MATLAB 图标打开软件，然后在软件界面单击 Simulink 图标。单击 Create Model 创建新的仿真工程，如图 2.48 所示。

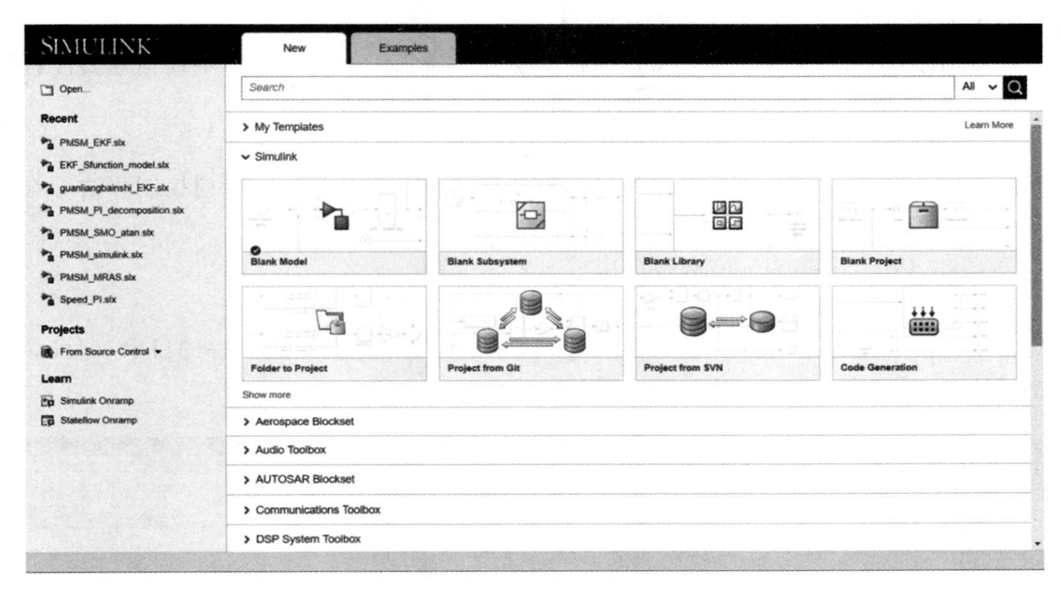

图 2.48 Simulink 界面

单击 Blank Library 图标，出现如图 2.49 所示界面，其中有各种模块，选择所需要的模块拖曳，然后对其进行连线。

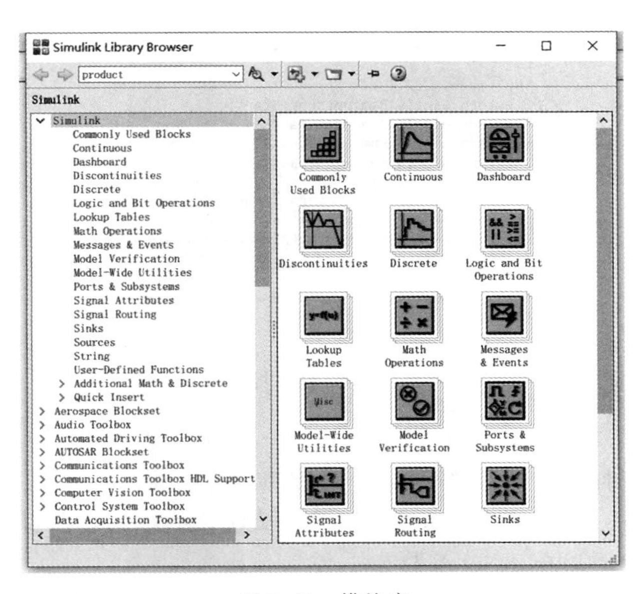

图 2.49 模块库

在选择所需要的模块并拖曳到界面之后，可以对其进行操作。例如，对于选中的模块如果需要旋转，可单击模块然后按 Ctrl+R 键，模块将顺时针方向旋转 90°。如需要改变模块的标签，可在标签的位置上双击，则模块标签进入编辑状态。编辑完标签后，在标签外的任意位置单击，则新的合法标签将被确认。

在使用模型时，加入模型注释可以使模型更容易读懂。在模型窗口中任何想要注释的位置双击，将会出现一个编辑框，在该框内输入想要注释的内容即可。

在完成模型的建立后，单击 Run 图标 ▶ 运行模型。

例如，智能平衡移动机器人的角度平衡控制算法、速度控制算法、转向控制算法等都是基于 Simulink 进行搭建的。

2) Code Composer Studio 高级应用

以两轮平衡移动机器人为例，讲解如何将已有的工程导入并运行。

在菜单栏 Project 选项卡中选择 Import CCS Projects，找到工程文件的目录，即可导入到左侧的 Project Explorer，如图 2.50 所示。

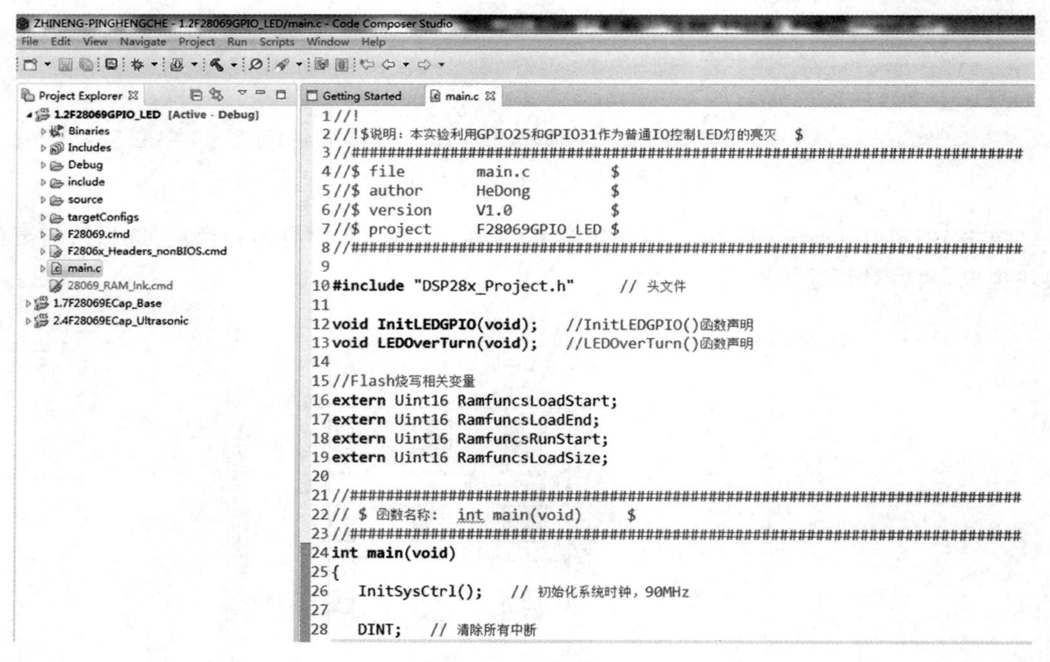

图 2.50 程序界面

CCS 的仿真调试功能十分好用，可以帮助用户发现程序中的问题，也可以帮助熟悉底层硬件的实际操作流程及现象，更好地学习 DSP 的开发与调试。

单击 CCS 工具栏上绿色的 Debug 按钮，就可以对工程文件进行编译、链接，生成可执行文件，然后下载到 TMS320F28069 控制芯片上。

注意，在单击 Debug 按钮与芯片进行连接前，先要确认仿真器已经连接，芯片已经上电，接着进入仿真界面，如图 2.51 所示。

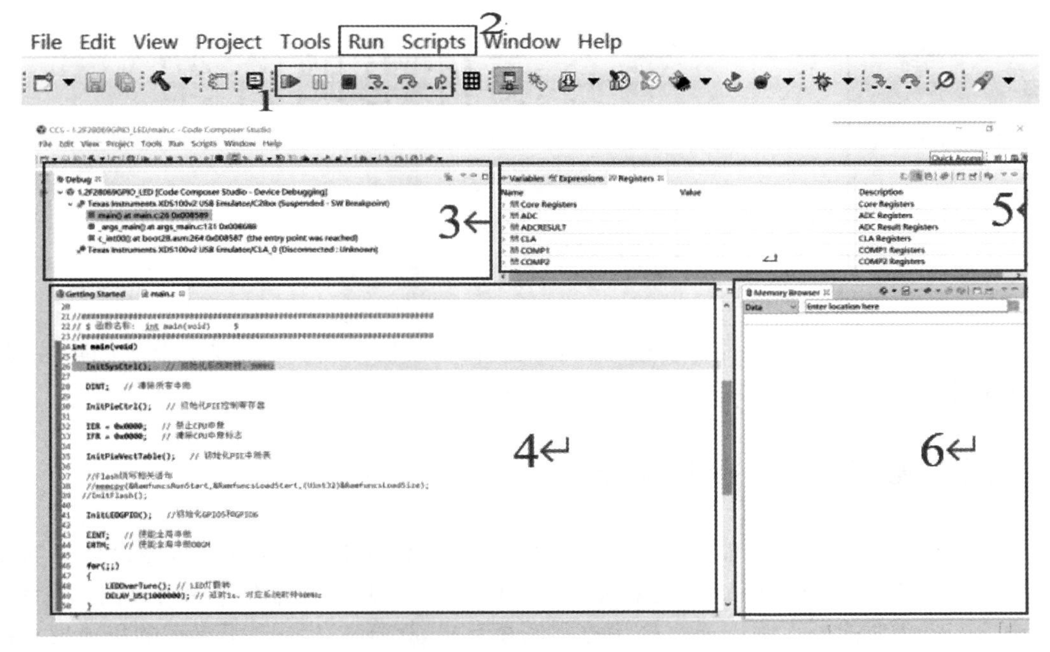

图 2.51　区域划分

1 号区域代表程序的运行开始、暂停和中止，以及单步运行、运行入函数、运行出函数。

2 号区域可以进行芯片的断开与连接操作，以及 1 号区域可以完成的功能。

3 号区域是仿真状态栏，观察仿真的状态。

4 号区域是程序界面，可以在其中设置断点，观察程序是否能顺利运行到断电，方便调试。

5 号区域有 3 个选项卡：Expressions 是用户可以在程序界面中添加全局变量到此处进行观测；Register 顾名思义是能够观测所有的芯片内部寄存器，这个区域右上角有个实时刷新的功能按钮，点开后就可以以一个较高的速度实时刷新来观测寄存器以及变量的值；Variables 用来观察局部变量。

6 号区域是内存观测区，输入变量内存地址就可以查到对应内存地址中的值。

2.3　本章小结

本章针对智能平衡移动机器人的应用平台搭建，首先对智能平衡机器人的应用平台从硬件、软件以及 MBD 开发流程 3 个方面进行概述，描述智能平衡机器人的搭建过程。其次通过对开发环境的介绍和所用软件的安装以及基本应用方法的介绍，方便在后续的实验中进行研究。

第3章 平台硬件电路介绍

CHAPTER 3

本章的主要内容包括智能平衡移动机器人平台统一硬件接口电路的设计，关键的主控板、电源板、驱动板及其他传感器及拓展模块电路的设计。

视频讲解

3.1 硬件电路接口设计

为了使智能平衡移动机器人达到更好的平衡控制效果，机器人的本体设计更为轻便、集中。机器人的硬件电路也进行集中化设计，整个机器人本体使用一块控制底板 Forest S1，使其功能外设都能通过这块控制底板引出，这样大大提升了整车的集成度和控制的灵活性。移动机器人控制底板 Forest S1 的原理图与安装示意图分别如图 3.1 和图 3.2 所示。

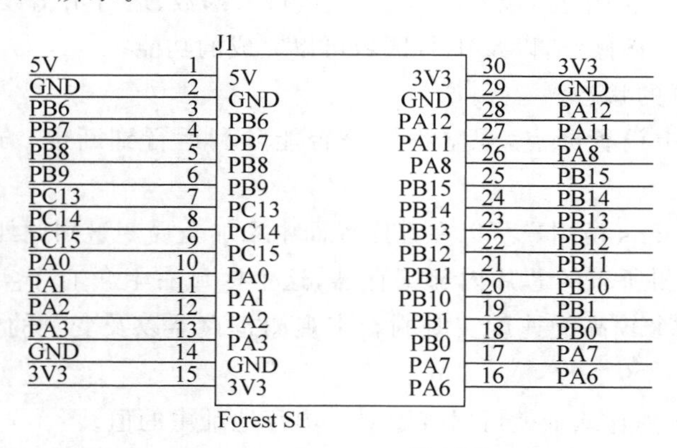

图 3.1　Forest S1 原理图

图 3.2　Forest S1 安装示意图

硬件电路主要模块包括：主控制器电路(包含了仿真电路)负责运行控制程序以及实现控制信号的输出与外部电平信号的采集，电源管理电路将锂电池的电压转换到主芯片、驱动芯片及其他传感器合适的工作电压，电动机驱动电路驱动电动机运行，传感器电路用于自身姿态和周围环境信息的采集以及其他拓展接口电路。

3.2 主控制板电路

主控制器主要包括仿真电路与主控芯片电路，使得主控制板在脱离其他模块的时候也能够独立进行仿真与程序的运行，所有需要的功能引脚通过 Forest S1 主控板的引脚引出，主控制板的独立设计使得移动机器人的元器件集成度更高，便于机器人移动时的平衡控制，其主控制板电路结构如图 3.3 所示。

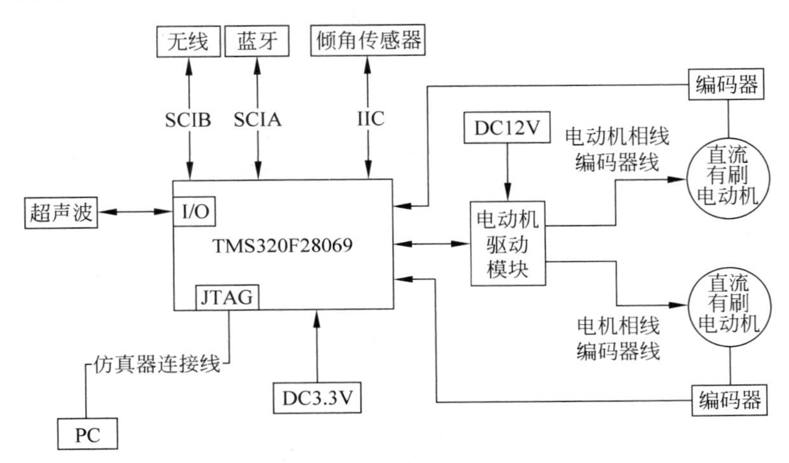

图 3.3 主控制板电路结构

通常在实时数字信号处理中，高层处理算法的特点是所处理的数据量与低层算法相比数据量少，但算法结构复杂，可以使用运算速度快、寻址方式灵活、通信机制强大的 DSP 芯片来实现。由于智能平衡式机器人本身结构上具有的不稳定性，要求姿态检测与相关控制量的计算能够达到一定的频率来实现更稳定的控制，为了实现更好的控制效率，控制器采用 TI C2000 系列 DSP 控制芯片 TMS320F28069 数字信号处理器，作为一种高效率的 32 位浮点 CPU，其特有的 eQEP 功能即正交解码单元使得读取编码器信号变得简单，使得电动机的速度与位置信号能够被准确采集，其余外设功能丰富，具体特性如下所示。

(1) 内核。

- 高效率 32 位浮点 CPU(TMS320C28x)。
- 主频 90MHz(11.11ns 周期时间)。
- 哈佛(Harvard) 总线架构。
- 快速中断响应及处理。
- 高编码效率(采用 C/ C++语言和汇编语言)。

(2) 运算。

- 浮点单元，具有本地单精度浮点运行功能。
- 可编程控制律加速器(CLA)。

- 32 位浮点数学加速器。
- 对 C28x 指令集进行了扩展以支持复数乘法及循环冗余校验(CRC)。

(3) 存储。

- 嵌入式内存。
- 高达 256KB 内存。
- 容量高达 100KB 的 RAM。

(4) 低功耗。

- 仅需单电源 3.3V 供电,无电源上电顺序要求。
- 低功耗操作模式。

(5) 时钟。

- 无须外部晶振,内部集成了两个独立的振荡器,每个振荡器频率为 10MHz。
- 单片晶体振荡器/外部时钟输入。
- 支持动态 PLL 比率改变。
- 看门狗定时器模块。

(6) 增强的控制外设。

- 可支持所有外设中断的外设中断扩展(PIE)模块。
- 3 个 32 位 CPU 定时器。
- 多达 8 个增强型脉宽调制器(ePWM)模块。
- 总共 16 个 PWM 通道[其中有 8 路能够支持高分辨率 PWM(HRPWM)通道]。
- 每个模块中独立的 16 位定时器。
- 3 个输入捕获(eCAP)模块。
- 2 个正交编码器(eQEP)模块。
- 16 通道 12 位 ADC,双通道采样以及保持采样率高达 3MSPS。
- 如果选择内部 3.3V 参考源,输入电压为 0~3.3V。

(7) 串行接口外设。

- 多达 2 个串行通信接口(SCI)模块。
- 两个串行外设接口(SPI) 模块。
- 一根内置集成电路(IIC)总线。

主控制电路首先将 USB 口的 5V 电压通过 TLV1117LV33 芯片转换到 3.3V 为主控 TMS320F28069 芯片以及 USB 转串口芯片 FT2232H 供电,仿真电路与主控电路通过多通道的数字隔离芯片 ISO7240、ISO7231 与主控电路进行电磁隔离,保证主控电路的稳定运行;其中 93LC56BT-IOT 为 2KB 的 Microwire 兼容串行的 EEPROM,用于存储烧写的仿真器固件。仿真电路如图 3.4 所示。

仿真电路采用的是 XDS100V2 仿真器,从名称中可以反映出版本,对 TI 全系列芯片兼容。通过 14 引脚的接口进行仿真调试,支持 TI 公司的官方编译器 CCS 系列 V6 及以上版本,兼容多种 PC 操作系统以及 MAC 系统。其特性有:支持 USB 2.0 高速接口,支持多种

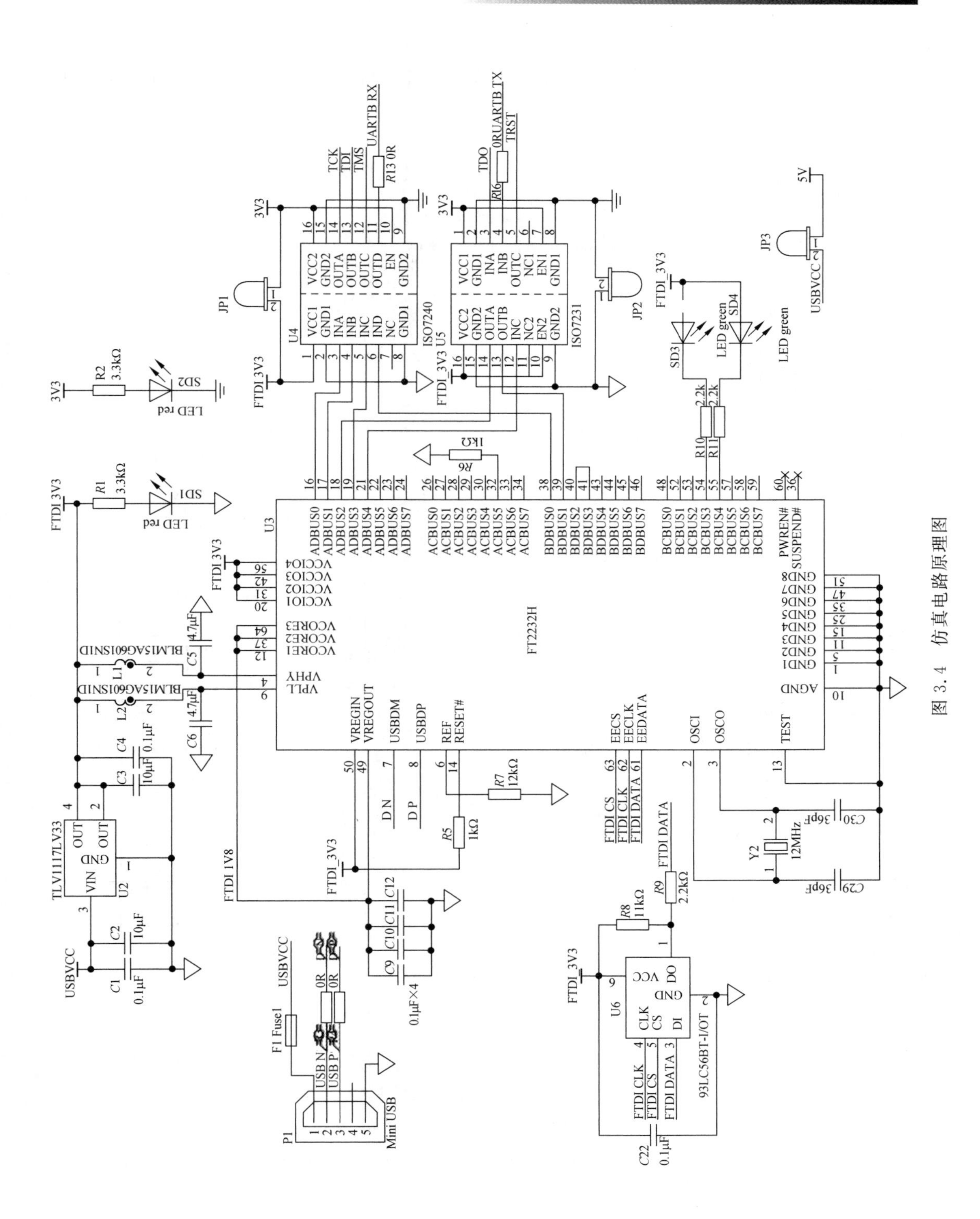

FT2232H
U3
ISO7240
U4
ISO7231
U5
JP1
JP2
JP3
3V3
FTDI_3V3
5V
USBVCC
TCK
TDI
TMS
UARTB RX
R13 0R
TDO
R16 0R
UARTB TX
TRST
VCC1
GND1
INA
INB
INC
IND
NC
VCC2
GND2
OUTA
OUTB
OUTC
OUTD
EN
NC1
NC2
EN1
EN2
SD1
SD2
SD3
SD4
LED red
LED green
R1 3.3kΩ
R2 3.3kΩ
R6 1kΩ
R7 12kΩ
R5 1kΩ
R8 11kΩ
R9 2.2kΩ
R10 2.2k
R11 2.2k
ADBUS0
ADBUS1
ADBUS2
ADBUS3
ADBUS4
ADBUS5
ADBUS6
ADBUS7
ACBUS0
ACBUS1
ACBUS2
ACBUS3
ACBUS4
ACBUS5
ACBUS6
ACBUS7
BDBUS0
BDBUS1
BDBUS2
BDBUS3
BDBUS4
BDBUS5
BDBUS6
BDBUS7
BCBUS0
BCBUS1
BCBUS2
BCBUS3
BCBUS4
BCBUS5
BCBUS6
BCBUS7
PWREN#
SUSPEND#
VCCIO1
VCCIO2
VCCIO3
VCCIO4
VCORE1
VCORE2
VCORE3
VPHY
VPLL
VREGIN
VREGOUT
USBDM
USBDP
REF
RESET#
EECS
EECLK
EEDATA
OSCI
OSCO
TEST
AGND
GND1
GND2
GND3
GND4
GND5
GND6
GND7
GND8
BLM15AG601SN1D
L1
L2
C5 4.7μF
C6 4.7μF
C1 0.1μF
C2 10μF
C3 10μF
C4 0.1μF
TLV1117LV33
U2
VIN
GND
OUT
FTDI 1V8
C9
C10
C11
C12
0.1μF×4
DN
DP
FTDI CS
FTDI CLK
FTDI DATA
Y2
12MHz
C29 36pF
C30 36pF
U6
93LC56BT-I/OT
CLK
CS
DI
DO
VCC
C22 0.1μF
P1
Mini USB
F1 Fuse1
USB N
USB P
0R

图 3.4　仿真电路原理图

处理器如 TMS320F28x、TMS320C28x、TMS320C54x、ARM9、ARM Cortex-A8、ARM Cortex-A9 和 Cortex-M3 等,支持断电检测,自适应时钟支持 Code Composer Studio V6 和更高版本,主控电路引出引脚如图 3.5 所示。

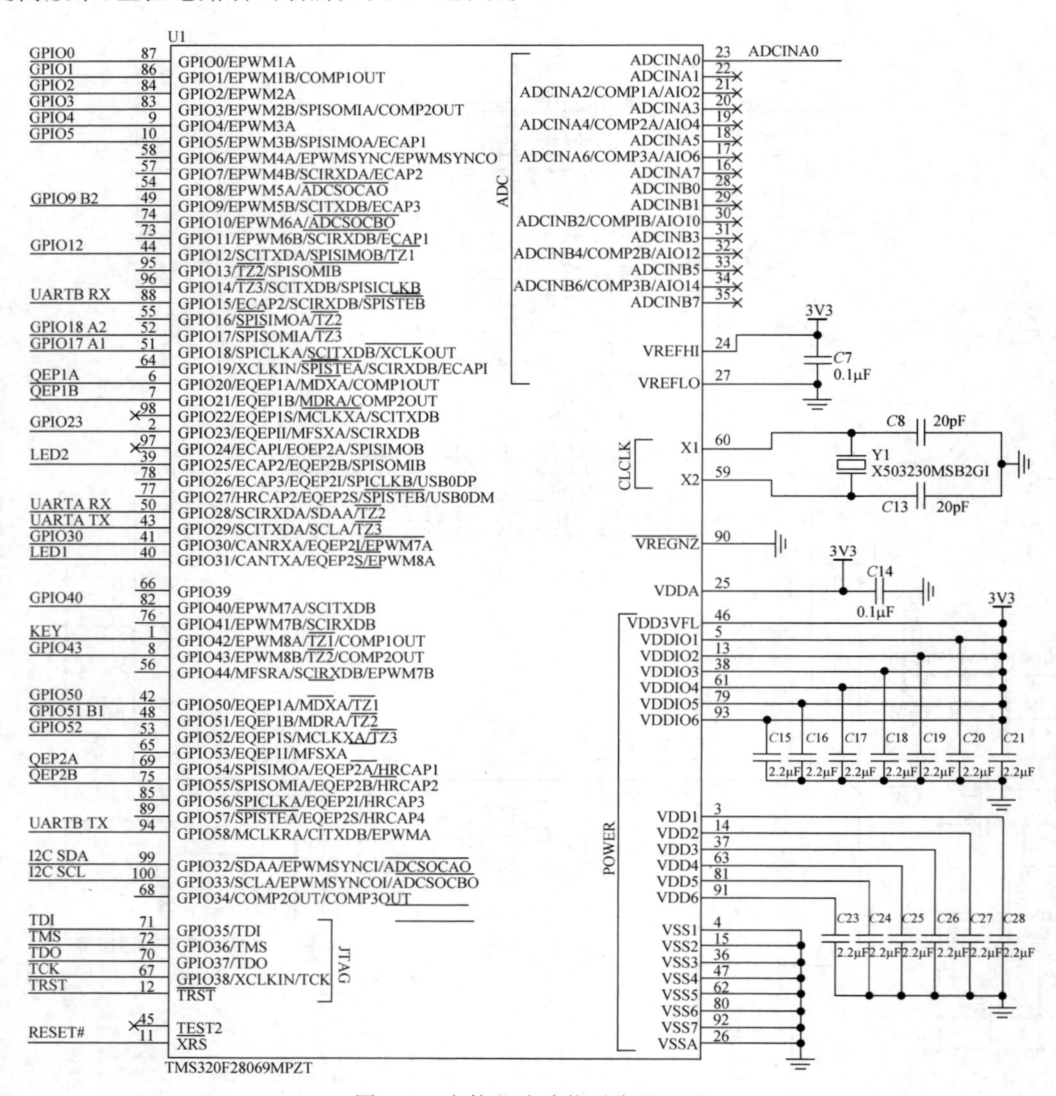

图 3.5 主控芯片功能引脚原理图

JTAG 相关引脚与 FT2232 相连,除了 LED 灯与 KEY 用到的 I/O 口以及 CAN connector 接口,其余功能引脚引到主控板的 P2 和 P3 处,具体引脚功能如图 3.6 所示,再通过与其他接口相同模块的连接来实现外部信号与主控芯片的相互传递。

其中,3.3V 用于主控板供电,使用开关 S5 来实现主控板 USB 电源未连接时通过外部电源管理电路来为主控板供电。

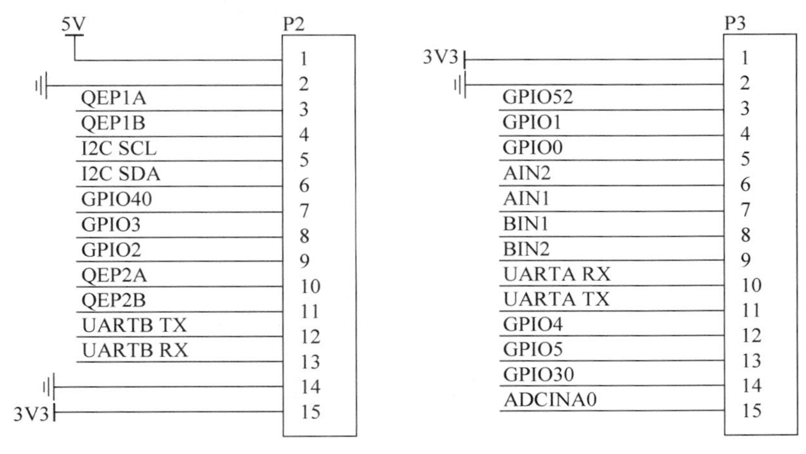

图 3.6　主控板原理图

3.3　电源管理电路

由于系统较为复杂，各模块的供电电压也有区别，需要利用电源模块来实现各部分硬件电路的不同电压供给，因此电源模块中包含多个电压转化电路。供电电池采用移动电源（充电宝）的原理简单，在外部电源供应的场合预先为内置的电池充电，即输入电能，并以化学能形式预先存储起来，当需要时即由电池提供能量及产生电能，通过电压转换器（直流-直流转换器，如图 3.7 所示）提供所需电压，电量约为 10000mAh，满电压约为 5.0V（输出升压至 12.0V），使用 XL2596S 将 12V 转化为 5V（如图 3.8 所示），使用 TLV1117LV33 将 5V 转化为 3.3V，用于主控板供电及其他电路的外接设备供电（如图 3.9 所示）。

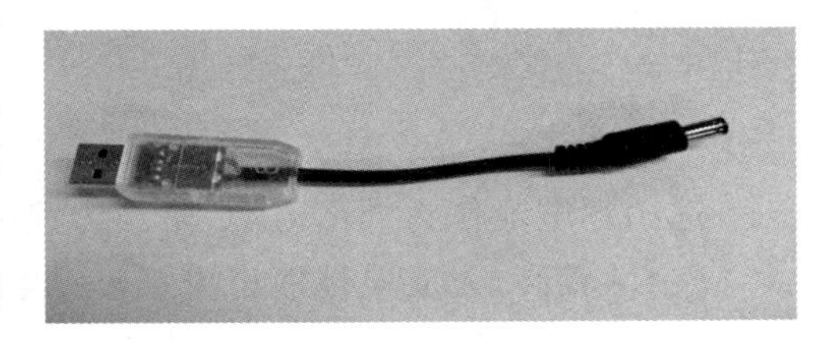

图 3.7　电压转换器

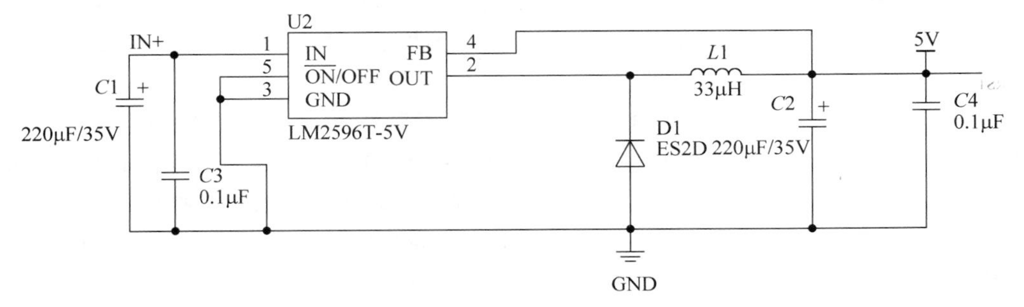

图 3.8　12V 转 5V 原理图

通过以上 3 部分电路，得到的 5V 与 3.3V 通过 Forest S1 引脚对外输出，如图 3.10(a)所示，而 12V 则单独通过 tb1 向电动机驱动板输出，如图 3.10(b)所示。

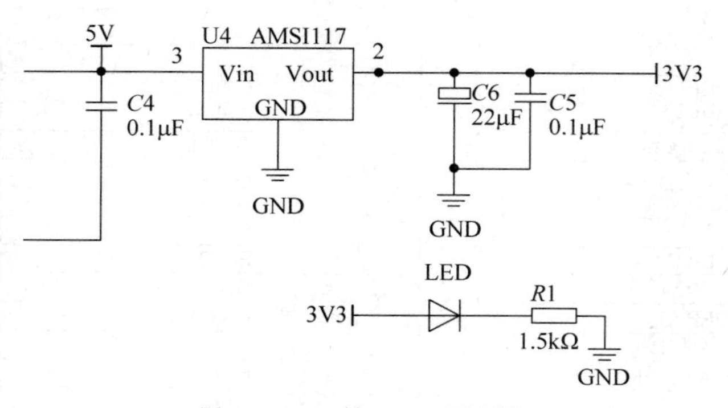

图 3.9　5V 转 3.3V 原理图

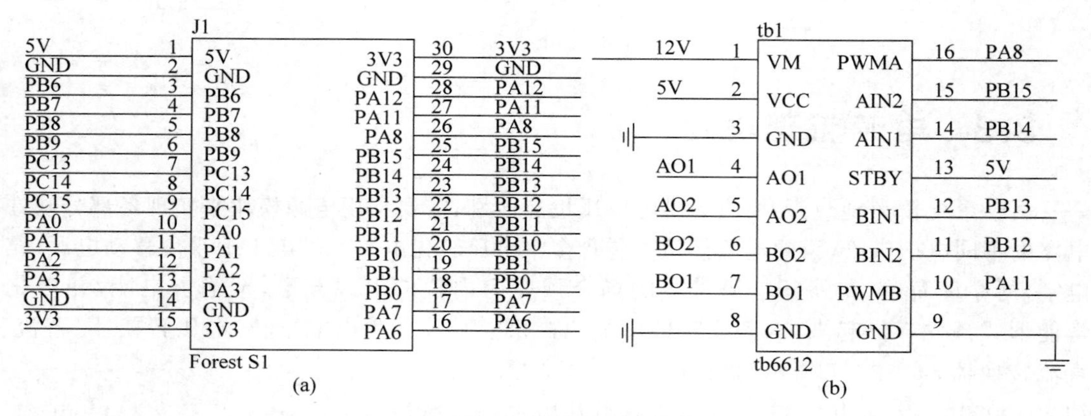

图 3.10　电源板接口原理图

选用锂电池作为外部电源，是因为锂电池没有记忆效应，充放电的次数较多，能量密度大，安全性较高，充放电性能也更好。锂电池或锂离子聚合物电池不管以重量计算或以体积计算，能量密度都是最高的。此外，锂电池或锂离子聚合物电池在充电及放电过程中的效率也较高。但是锂电池过充或过放很容易使电池永久损坏，所以需要有较精密的电子线路控制其充放电；而且锂电池在高温下会自燃，因此安全性及稳定性极为重要，需要提供可靠的安全保护电路防止任何导致超温的情况出现。

锂电池有硬的外壳，锂离子聚合物电池则没有，所以锂电池理论上会轻微略重，而锂离子聚合物电池由于没有硬壳，便于制成特定尺寸以配合外观，但锂离子聚合物电池在充满电后体积会略为膨胀变大，需要在设计时预留空间，免得电池内压力过大而造成危险。

如图 3.11 所示，电池电压由电阻分压，在 AD0 处采集到的电压为实际电池电压的 1/11，将采样值代入式(3.1)进行计算(这里 ADC 采样精度为 12 位)。

$$\text{Battery\_Voltage} = \text{Get\_Battery} \times 3.3 \times 11/4096 \tag{3.1}$$

再根据判断标准对测得的电量变量 Battery_Voltage 进行判断，当电量低于阈值时，设置拉低 GPIO56 来使得蜂鸣器工作，从而实现电量不足的报警。

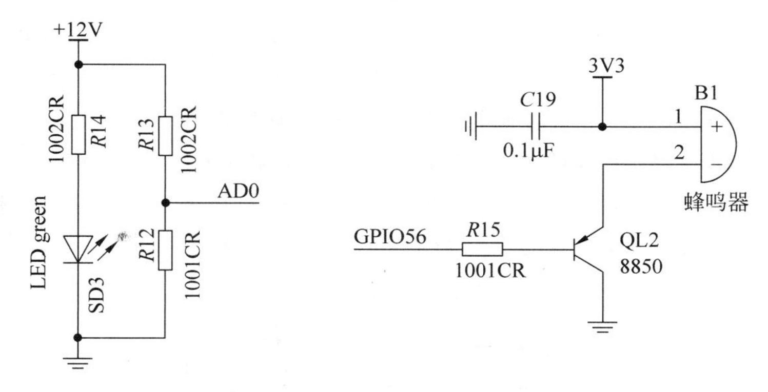

图 3.11　电压采集及报警电路

3.4　电动机驱动电路

直流电动机驱动的理想简化模型如图 3.12 所示。

图 3.12 中 U 为输入到电动机的电压源，电线与绕组中的电阻与电感分别用 R 与 L 表示，电动机转子旋转时产生的反电动势用 E 表示，电流 i 方向如图 3.12 所示，T 为带动负载旋转所需的扭矩。为了达到轮式机器人的平衡，最重要的是根据当时车身的姿态及车轮的速度来实时地对输出扭矩做调整，而电动机的负载扭矩由电流决定，可概括为如式(3.2)的线性关系式。

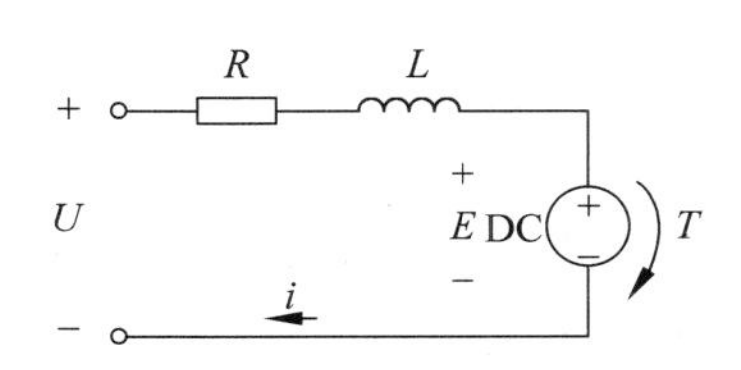

图 3.12　直流电动机驱动简化模型

$$T = k_i \times i \tag{3.2}$$

因此通过控制电流 i 就可以控制电动机的转矩，从图 3.12 中可以得到电压守恒方程式，如式(3.3)所示。

$$U = R \times i + L\frac{\mathrm{d}i}{\mathrm{d}t} + E \tag{3.3}$$

转速越快，切割磁感线速度越快，反电动势 E 越大，也可以用线性关系式(3.4)表示。

$$E = k_e \times w \tag{3.4}$$

对公式(3.3)做拉普拉斯变换可以得到式(3.5)。

$$I(s) = \frac{U(s) - k_e w(s)}{Ls + R} \tag{3.5}$$

由式(3.5)可以得到，排除固定的系数，电动机电流的大小与给定电压、实际转速、线圈电感与线圈电阻由以上关系共同决定，线圈的电感与电阻为系统常量，所以想要调节电动机转矩 T，可以通过调节给定电压从而改变电流来间接实现转矩的调整，至于转速 ω 也会随其他变量的变化而变化，所以不能作为调整的主体。

综上所述，电压控制是直流电动机驱动的主要任务。直流电动机的转速较高，需要通过一级或者多级的减速器来增加扭矩以及控制性能，这里使用的永磁有刷直流电动机额定功率为4.3W，额定电压为12V，额定电流为360mA，堵转电流为2.8A，额定转矩为1kg·cm，原始最大转速为10000rpm，实际空载转速为330±10rpm，减速器减速比为1比30。

由图3.13可以看出，在加速阶段，转速提升时的加速度基本与电枢电压呈线性关系，加速时间由电动机转动惯量、减速器传动比等因素决定，一般不超过一秒，当加速至恒速时，最大速度与电压之间同样显示出了正相关关系。

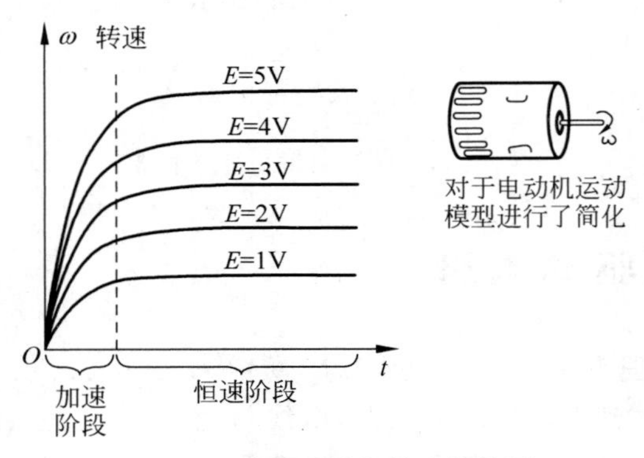

图3.13 直流电动机转速特性图

结合有刷直流电动机的原理，平衡移动机器人采用的是TI公司的TB6612系列的有刷直流电动机驱动芯片。TB6612电动机驱动芯片有两个全桥电路可以同时驱动两个直流无刷电动机，其中一个简单的PWM接口便可以方便地对控制器电路进行接入，峰值输出电流为2A，宽电源电压范围为2.7～10.8V。其控制框图如图3.14所示。

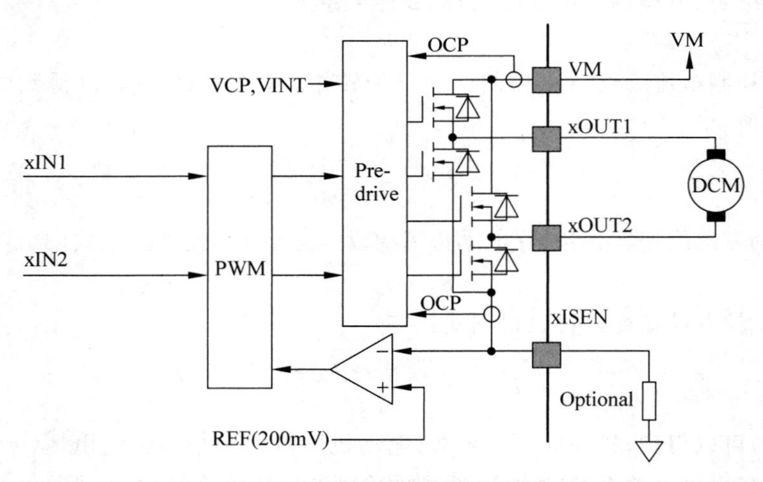

图3.14 电动机控制原理框图

AIN1和AIN2引脚控制着AOUT1和AOUT2的输出，同样，BIN1和BIN2控制着BOUT1和BOUT2的输出，其作为I/O口进行控制电动机时，控制逻辑如表3.1所示。

表 3.1　I/O 口模式电动机控制逻辑表

xIN1	xIN2	xOUT1	xOUT2	功　　能
0	0	Z	Z	平稳滑行/快速停止
0	1	L	H	反转
1	0	H	L	向前
1	1	L	L	制动/减速

当利用 PWM 作为输入控制电动机时，其控制逻辑如表 3.2 所示。

表 3.2　PWM 模式电动机控制逻辑表

xIN1	xIN2	功　　能
PWM	0	向前 PWM，快速停止
1	PWM	向前 PWM，缓慢减速
0	PWM	反转 PWM，快速停止
PWM	1	反转 PWM，缓慢减速

这里设置 TB6612FNG 工作在 PWM 输入模式，通过两路 PWM 信号的输入来实现电动机正反转及调速控制，其原理图如图 3.15 所示。

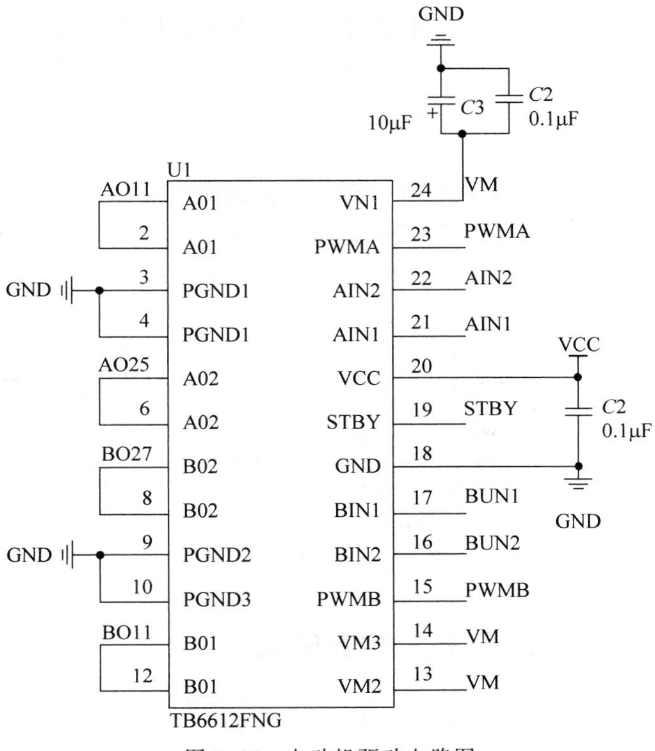

图 3.15　电动机驱动电路图

图 3.16 是电动机驱动板接口原理图。通过 AB 输入端口 GPIO 输出的高低组合切换不同的驱动电压,用于在后期实验时观察驱动电压对驱动效果的影响。

电动机驱动还包含电动机编码盘的测速信号读取,编码器是一种将角位移或者角速度转换成一连串电数字脉冲的旋转式传感器。应用较多的编码器主要是增量式编码器和绝对式编码器,二者的区别在于数据的信号处理有所不同,其次根据其检测原理有更加细致的划分,比如利用光电效应的编码器以及利用磁场原理的霍尔编码器,如图 3.17 所示。

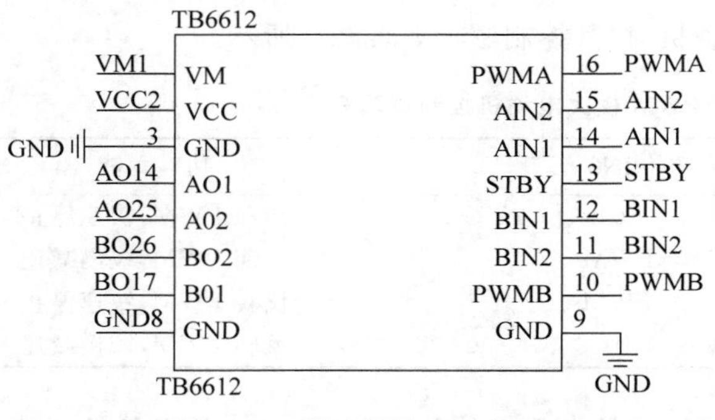

图 3.16　驱动板接口原理图

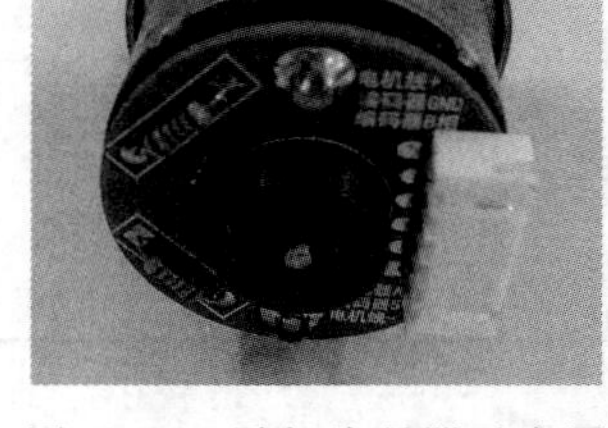

图 3.17　霍尔编码器示意图

本方案采用的是增量式霍尔编码器,通过 AB 两相正交的方波脉冲来传递直流电动机的方向以及位置信号,AB 两路信号的相位差经逻辑电路处理后可以判断转动方向,而通过对方波个数的计数可以得到电动机位置,电动机速度的判断借助定时器的中断功能配合编码器的输出脉冲信号来完成,具体方法是使用定时器规定检测周期,将周期内的脉冲个数作为速度的代替值。

将电动机编码器 AB 相信号引入 eQEP 模块,其接口电路如图 3.18 所示。其中 AO1、AO2 为 TB6612FNG 的输出信号,5V 用于给霍尔编码器供电,AB 两路的编码器信号线接入 QEPA 和 QEPB 接口。

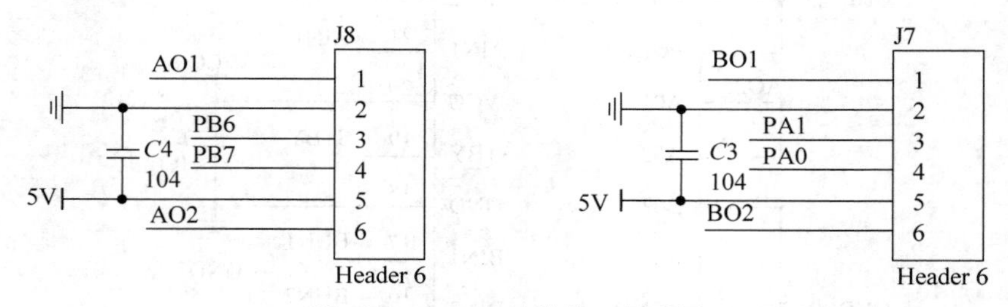

图 3.18　eQEP 功能接口原理图

3.5　直流电动机驱动 H 桥电路

如图 3.19 所示为一个典型的直流电动机控制电路。以“H 桥式驱动电路”为名是因为它的形状酷似字母 H。4 个三极管组成 H 的 4 条垂直腿,而电动机就是 H 中的横杠。如

图 3.20 所示，H 桥式电动机驱动电路包括 4 个三极管和一个电动机。要使电动机运转，必须导通对角线上的一对三极管。根据不同三极管对的导通情况，电流可能会从左至右或从右至左流过电动机，从而控制电动机的转向。

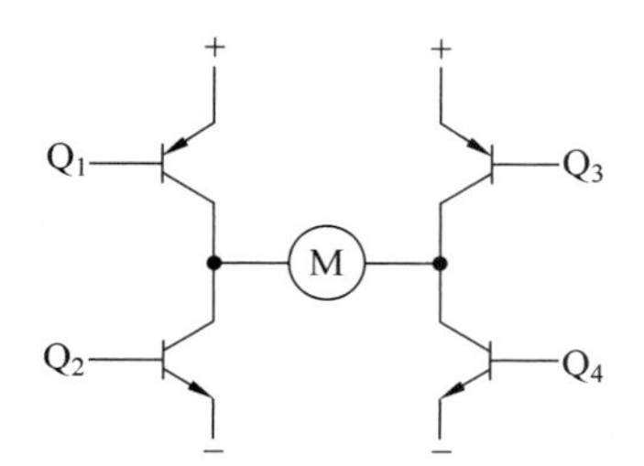

图 3.19　直流电动机控制电路

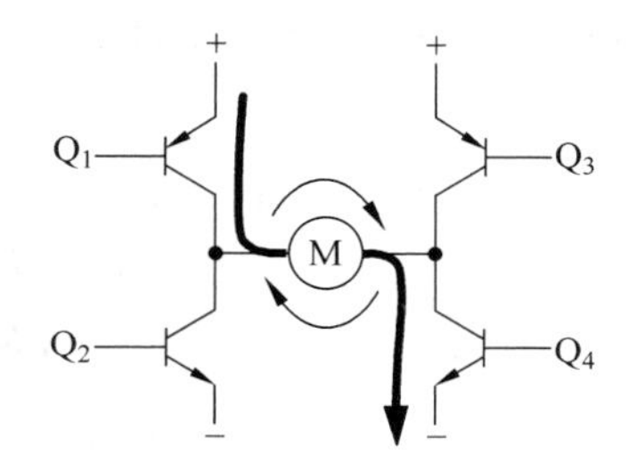

图 3.20　H 桥电路驱动电动机顺时针转动

要使电动机运转，必须使对角线上的一对三极管导通。例如，如图 3.20 所示，当 Q_1 管和 Q_4 管导通时，电流就从电源正极经 Q_1 从左至右穿过电动机，然后再经 Q_4 回到电源负极。如图 3.20 中电流箭头所示，该流向的电流将驱动电动机顺时针转动。当三极管 Q_1 和 Q_4 导通时，电流将从左至右流过电动机，从而驱动电动机按特定方向转动(电动机周围的箭头指示为顺时针方向)。图 3.21 所示为另一对三极管 Q_2 和 Q_3 导通的情况，电流将从右至左流过电动机。当三极管 Q_2 和 Q_3 导通时，电流将从右至左流过电动机，从而驱动电动机沿另一方向转动(电动机周围的箭头表示为逆时针方向)。

使能控制和方向逻辑驱动电动机时，保证 H 桥上两个同侧的三极管不会同时导通非常重要。如果三极管 Q_1 和 Q_2 同时导通，那么电流就会从正极穿过两个三极管直接回到负极。此时，电路中除了三极管外没有其他任何负载，因此电路上的电流就可能达到最大值(该电流仅受电源性能限制)，甚至烧坏三极管。基于上述原因，在实际驱动电路中通常要用硬件电路方便地控制三极管的开关。如图 3.22 所示就是基于这种考虑的改进电路，它在基本 H 桥电路的基础上增加了 4 个与门和 2 个非门。4 个与门同一个“使能”导通信号相接，这样，用这一个信号就能控制整个电路的开关。而 2 个非门通过提供一种方向输入，可以保证任何时候在 H 桥的同侧腿上都只有一个三极管能导通。与本节前面的示意图一样，如图 3.22 所示不是一个完整的电路图，特别是图中与门和三极管直接连接是不能正常工作的。

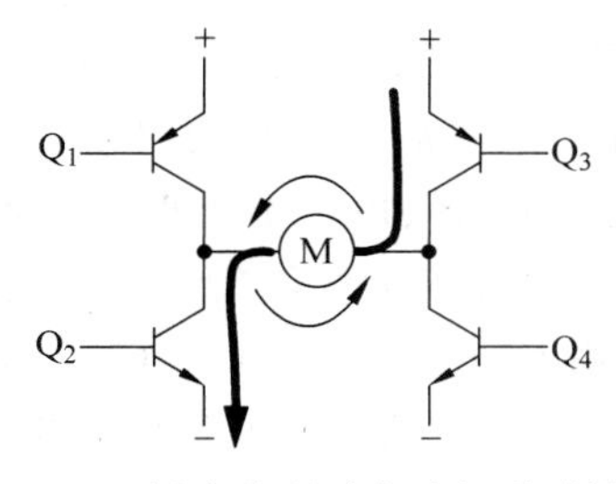

图 3.21　H 桥电路驱动电动机逆时针转动

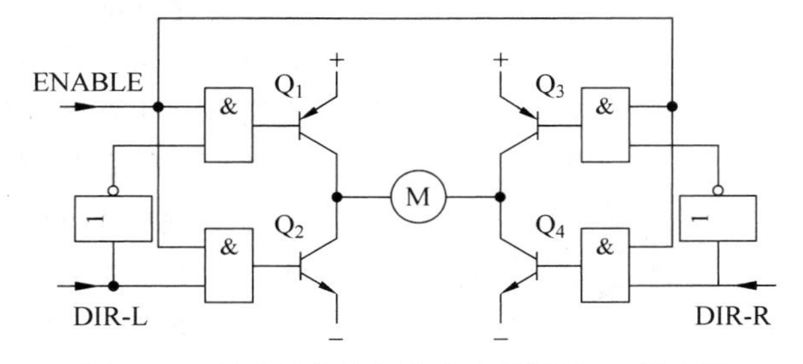

图 3.22　具有使能控制和方向逻辑的 H 桥电路

采用以上方法，电动机的运转就只需要用3个信号控制：2个方向信号和1个使能信号。如果DIR-L信号为0，DIR-R信号为1，并且使能信号是1，那么三极管Q_1和Q_4导通，电流从左至右流经电动机(如图3.23所示)；如果DIR-L信号变为1，而DIR-R信号变为0，那么Q_2和Q_3将导通，电流则反向流过电动机。

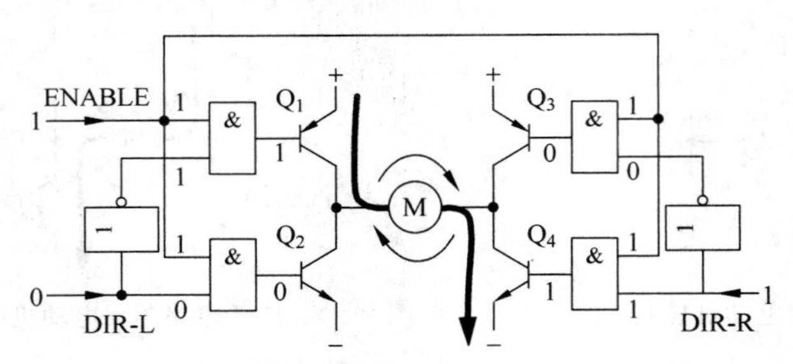

图3.23 使能信号与方向信号的使用

实际使用的时候，用分立元件制作H桥电路是很麻烦的，好在现在市面上有很多封装好的H桥集成电路，接上电源、电动机和控制信号就可以使用了，在额定的电压和电流内使用非常方便可靠。常用的有L293D、L298N、TA7257P、SN754410等。

3.6 传感器与外设模块

主要用到的传感器包括陀螺仪加速度计传感器、超声波传感器、蓝牙通信模块及线性摄像头传感器。

3.6.1 基于陀螺仪与加速度计的姿态测量

智能平衡式移动机器人的一大特性便是在自不稳定的条件下保持平衡，而维持平衡是通过检测车身倾角而调整电动机转速与转矩来实现的，在这一过程中姿态检测尤为重要，本方案使用的是Invensense公司的MPU6050系列芯片(如图3.24所示)，集成了三轴加速度计和陀螺仪，可实现对各个方向角度和速度的解算。通过IIC接口可以进行3个方向的加速度信号和角速度信号的读取。

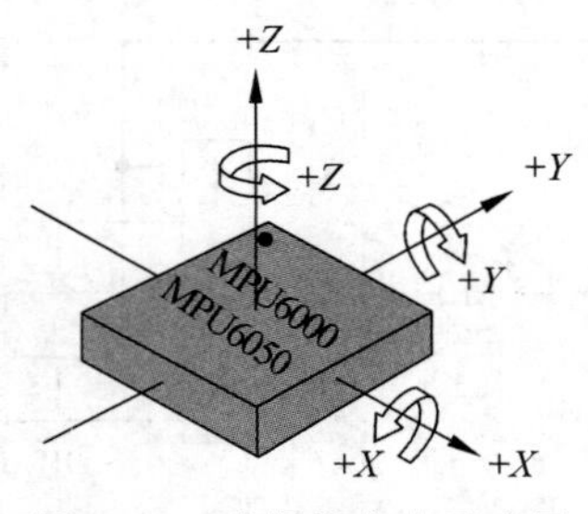

图3.24 陀螺仪方向示意图

要计算出车体的倾角，可以通过重力加速度在其他轴上产生的分量来计算出角度，即测量X轴或Y轴某一轴向的加速度就可以计算出倾角，因为在传感器静止水平的时候，X轴与Y轴不会有输出，而在其产生一定的倾角时才会使重力加速度g在X轴或Y轴上产生分量，而且该轴倾斜的角度和重力分量的大小相关。所以只要利用C语言中的atan2(x,y)函数，计算X轴与Z轴平面或者Y轴与Z轴平面的当前方位角，同时将其值转化为角度值，计算方法如式(3.6)和式(3.7)所示。

$$Angle\_X = atan2(Accel\_Y, Accel\_Z) \times 180/PI \tag{3.6}$$

$$Angle\_Y = atan2(Accel\_X, Accel\_Z) \times 180/PI \tag{3.7}$$

但是这个角度会受到车体运动加速度值所带来的误差影响,从而导致角度计算的精度不够;具体分析如下:假设轮式机器人的倾角为β,传感器Z轴朝上水平安装在轮式机器人上,运动方向为水平时候的Y方向,如果不考虑运动时产生的加速度值,加速度计测量到的Y轴的值即为式(3.8)。

$$a_y = \sin\beta \times g \tag{3.8}$$

而实际运动情况下Y轴的加速度还应考虑平衡移动机器人的运动加速度a',因此得到式(3.9)。

$$a_y = \sin\beta \times g + \cos\beta \times a' \tag{3.9}$$

a'代表了线加速度与角加速度的和,这样无法准确地计算出倾角。所以仅仅是加速度计不足以得到准确的结果,这里选用的传感器MPU6050还包含了陀螺仪的检测单元,能够输出三轴角速度信息,通过角速度值,可以进行积分得到角度值,因而也就避免了加速度计算角度产生的误差。假设在一个5ms的定时中断服务函数中执行式(3.10)。

$$Angel\_X = Angel\_X - Gyro\_X \times 0.005 \tag{3.10}$$

式中,Gyro_X为陀螺仪输出的X轴方向的角速度。MPU6050输出的陀螺仪的原始数据是$-32\,768 \sim 32\,768$,可以根据式(3.11)转换成以(°)/s为单位。

$$Gyro\_X = Gyro\_X/k \tag{3.11}$$

其中,k和初始化时的量程有关,可以在MPU6050的手册中查到,当初始化为±2000°/s时,$k=16.4$,如图3.25所示。

6.1 Gyroscope Specifications

VDD = 2.375V-3.46V, VLOGIC (MPU-6050 only) = 1.8V±5% or VDD, T_A = 25°C

PARAMETER	CONDITIONS	MIN	TYP	MAX	UNITS	NOTES
GYROSCOPE SENSITIVITY						
Full-Scale Range	FS_SEL=0		±250		°/s	
	FS_SEL=1		±500		°/s	
	FS_SEL=2		±1000		°/s	
	FS_SEL=3		±2000		°/s	
Gyroscope ADC Word Length			16		bits	
Sensitivity Scale Factor	FS_SEL=0		131		LSB/(°/s)	
	FS_SEL=1		65.5		LSB/(°/s)	
	FS_SEL=2		32.8		LSB/(°/s)	
	FS_SEL=3		16.4		LSB/(°/s)	

图3.25 MPU6050量程设置(数据手册截图)

但积分运算在不断累加的过程中很容易积累误差,而角速度信号会在干扰等情况下产生一些微小的偏差,如果经过积分运算,就会使得偏差增大,从而使得信号失真,就算传感器静止放置,通过积分运算得出的角度值,经观察也很可能呈现随时间增加的情况,所以仅使用陀螺仪数据,无法得到准确的角度。另一种方法是将两种测量数据通过数学方法相融合得到最终的值,常用的方法有以加权平均为原理的一阶互补滤波,高级的方法有卡尔曼滤波。互补滤波具体实现见式(3.12)。

$$Angle = k_1 \times Angle\_m + (1 - k_1) \times (Angle + Gyro\_m \times dt) \tag{3.12}$$

Angle是融合后的角度值,Angle_m是加速度测量得到的角度,Angle+Gyro_m×dt

是陀螺仪积分得到的角度,dt 为采样周期,单位是 s。k_1 是滤波器系数,这里选取 0.02。

下面通过一个实验来对比 3 种测量方法的实际效果,将安装了 MPU6050 的机器人在桌面上直立,然后轻轻拍打桌面。将计算值通过串口输出到上位机,通过上位机可以观察到 3 条曲线,如图 3.26 所示。其中顶部是通过陀螺仪积分获得的角度,折线是加速度计测量的角度,折线所包含的是两者通过算法融合得到的角度。

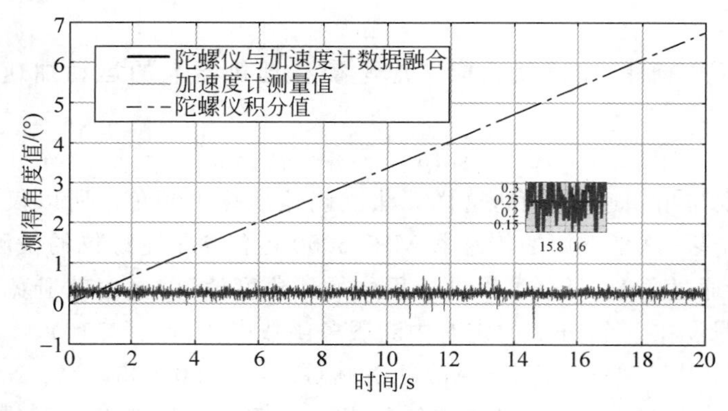

图 3.26　数据采集效果对比

可以看到,陀螺仪积分得到的角度因为自身的零点漂移,误差随着时间变化在每一个时间周期中逐步增加,误差越来越大,最终偏离真实值。加速度计测量的角度信号在受到外界干扰的情况下,会有很大的毛刺。而通过算法融合得到的角度值则非常稳定,变化范围也很小。数据融合的要点在于,将加速度计及陀螺仪两种传感器的固有弱点相互抵消,加速度计容易采集到的某一时刻加速度的瞬时值,而陀螺仪的积分会放大温度漂移静态误差,瞬时值需要通过滤波器过滤掉,而陀螺仪的误差不能够被长时间的积分反复累计,所以需要互补滤波器来实现加速度计对陀螺仪计算角度的纠正,将陀螺仪测得的数据作为主要的计算依据,由于加速度计会将运动速度计入因而不够精确,但是在每个循环周期反复积分时给其一定的比重,就能够矫正偏差的累计,最终得到相对精确的测量值。硬件上,MPU6050 模块通过 IIC 接口与主控芯片进行通信,该模块采用市面通用的 8 引脚直插模块,方便维修更换,传感器电路以及接口电路如图 3.27 所示,由于其电路中设计了稳压模块,输入电压可以为 3.3～5V,这里接入 5V,AD0 是当总线连接了多个 IIC 从设备时,通过该位来为从机选择一个地址。当 MPU6050 设置为从机模式的时候,通过 AD0 位来选择 8 位地址中的最低位,其余 7 位是固定的 0x68,由 WHO AM I 寄存器决定,XCL 引脚与 XDA 引脚为 MPU6040 作为主机时候的时钟线与数据线,本书的方案中 IIC 设备仅有 MPU6050,并且工作在从机模式,因而接口电路只需要连接电源和地,另外连接 IIC 接口的 SCL 与 SDA 引脚即可,INT 为中断引脚,这里没有用到,保持悬空。

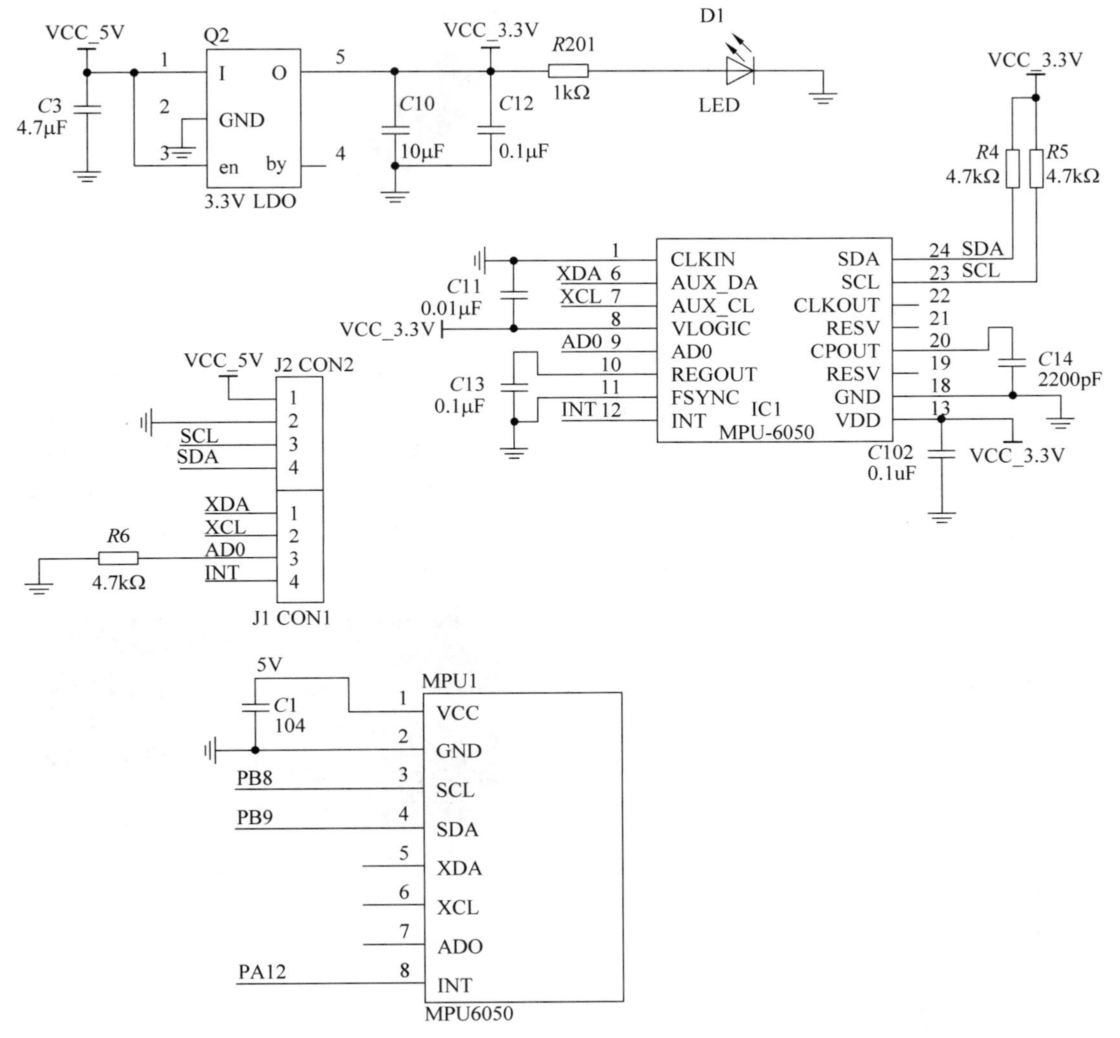

图 3.27 陀螺仪模块原理图及接口电路

3.6.2 蓝牙通信模块

通过蓝牙串口可以观测车轮的速度等信息，蓝牙串口采用的是德州仪器的 CC2541 系列芯片，支持 AT 指令，功耗低，收发灵敏度高，具有宽泛的电源电压范围，不使用外部前段而支持长距离应用，可以通过蓝牙 4.0 协议快速地与手机、计算机等设备建立连接，从而接收串行数据，实现远程遥控。使用成熟模块时，仅需要将串口 SCIA 的两个引脚与模块相连，如图 3.28 所示。

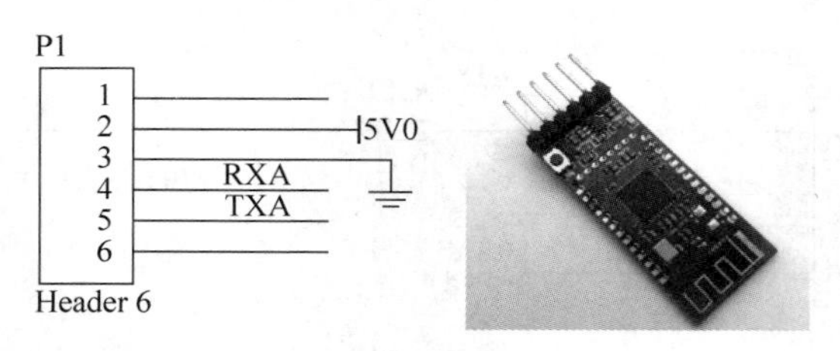

图 3.28　蓝牙串口接口与实物图

3.6.3　OLED 显示模块

OLED 即有机发光二极管(Organic Light-Emitting Diode),又称为有机电激光显示(Organic Electroluminesence Display,OELD)。OLED 由于同时具备自发光、不需背光源、对比度高、厚度薄、视角广、反应速度快、可用于挠曲性面板、使用温度范围广、构造及制程较简单等优点,被认为是下一代的平面显示器新兴应用技术。OLED 显示技术具有自发光的特性,采用非常薄的有机材料涂层和玻璃基板,当有电流通过时,这些有机材料就会发光,而且 OLED 显示屏幕可视角度大,并且能够节省电能。OLED 模块接口实物图和显示屏如图 3.29 所示。

图 3.29　OLED 模块接口实物图

OLED 模块的 8080 接口方式需要如下一些信号线。

- CS：OLED 片选信号。
- WR：向 OLED 写入数据。
- RD：从 OLED 读取数据。
- D[7：0]：8 位双向数据线。
- RST(RES)：硬复位 OLED。
- DC：命令/数据标志(0,读写命令；1,读写数据)。

3.7　本章小结

本章根据智能平衡式机器人平台的特性与应用要求,提出统一硬件接口标准、模块化搭接实现平台的硬件系统设计。主要完成的任务包括以下方面。

- 集成仿真器的主控制板电路与硬件设计。
- 用于多个设备独立供电的电源管理板电路与硬件设计。
- 可调节驱动电压的电动机驱动板电路与硬件设计。
- 陀螺仪加速度计、蓝牙、OLED 显示在内的传感器与外设模块电路与硬件设计。

第4章 数字控制系统

CHAPTER 4

本章将开始进行智能平衡式机器人的控制器设计，由于智能平衡式机器人的自不稳定性，控制起来可以类比于一级倒立摆系统，因而可以借鉴相关的控制方法，常见的方法有反馈线性化方法，除此之外，还有非线性PID控制自适应控制与自抗扰控制；后来也有研究提出传统方法缺乏对外界干扰和参数改变的鲁棒性能，提出对于参数变化和干扰都无法产生控制效果影响的滑模变结构控制，本章考虑到使用MATLAB/Simulink模型直接生成控制代码，为减少控制的复杂程度与提高代码的效率，采用较为简单的双闭环PID控制思想来具体实现平衡模型。首先分析系统的平衡控制，整个系统通过陀螺仪加速度计传感器的数据计算角度，根据编码器信号计算速度信息，将角度和速度作为系统输入量提供给控制芯片并计算出电动机的控制量，最后以PWM信号的方式输出给驱动芯片，驱动执行部件——有刷电动机进行运动。如图4.1所示，基础平衡量由角度偏差值计算得到，但平衡量不足以维持平衡，故加入速度控制量与转向控制量，三者线性叠加得到最终的电动机PWM控制量进行输出。

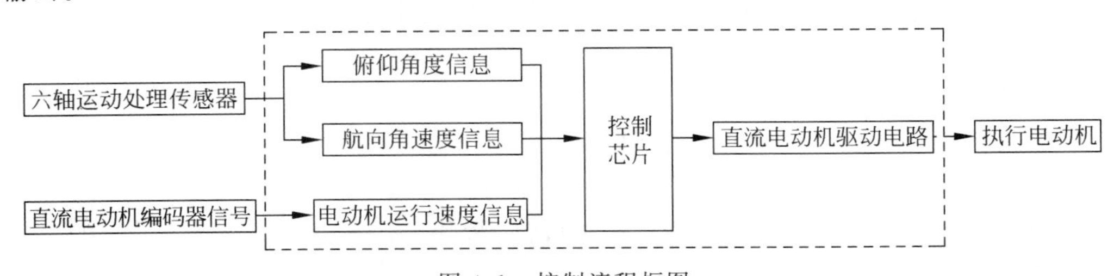

图4.1 控制流程框图

4.1 数字信号处理器介绍

4.1.1 TMS320F28069芯片特点

1. 高效率32位浮点CPU(TMS320F28069)

• 主频90MHz(11.11ns周期时间)。

- 16×16 和 32×32 MAC 运算。
- 16×16 双通道 MAC。
- 哈佛(Harvard)总线架构联动运算。
- 快速中断响应及处理统一内存编程模型。
- 高编码效率(采用 C/C++语言和汇编语言)。

2. 浮点单元,具有本地单精度浮点运行功能

- 可编程控制确认加速器(CLA)32 位浮点数学加速器。
- 代码执行不依赖于主 CPU。

3. 数学校验

- Viterbi 复杂数学循环校验单元(VCU)。
- 对 C28x 指令集进行了扩展以支持复数乘法。
- Viterbi 运算及循环冗余校验(CRC)。

4. 嵌入式内存

- 高达 256KB 内存。
- 容量高达 100KB 的 RAM2KB 的 OTPROM。
- 6 通道 DMA。

5. 供电

- 仅需单电源 3.3V 供电。
- 无电源上电顺序要求。
- 内部集成上电复位和欠压复位低功耗操作模式。

6. 时钟

- 无需外部晶振,内部集成了两个独立的振荡器,每个振荡器频率为 10MHz。
- 单片晶体振荡器/外部时钟输入。
- 支持动态 PLL 比率改变。
- 看门狗定时器模块时钟丢失检测电路。

7. 中断

- 可支持所有外设中断的外设中断扩展(PIE)模块。
- 支持 3 路外部输入中断信号。
- GPIO0～GPIO31 均可配置为外部输入引脚。
- 3 个 32 位 CPU 定时器。
- 多达 8 个增强型脉宽调制器(ePWM)模块。
- 总共 16 个 PWM 通道[其中有 8 路能够支持高分辨率 PWM(HRPWM)通道]。
- 每个模块中由独立的 16 位定时器。

8. 多类功能模块

- 3 个输入捕获(eCAP)模块。
- 4 个高分辨率输入捕获(HRCAP)模块。

- 2 个正交编码器(eQEP)模块。
- 16 通道 12 位 ADC,双通道采用以及保持采样率高达 3MSPS。
- 如果选择内部 3.3V 参考源,输入电压为 0～3.3V。

9. 片上温度传感器

- 128 位安全密钥/锁用于保护安全内存块。
- 可保护固件逆向工程。

10. 串行端口外设

- 两个串行通信接口(SCI)模块、两个串行外设接口(SPI)模块。
- 一根内置集成电路(IIC)总线。
- 一根多通道缓冲串行端口(McBSP)总线、一个增强型控制器局域网(eCAN)。

4.1.2 处理器引脚及功能

TMS320F28069 分为 80 引脚和 100 引脚两种,平衡移动机器人控制板采用 100 引脚形式,由于引脚复用,因此所有外设不可同时使用,引脚及功能框图见本书配套资料。

4.2 控制系统简介

首先分析模型来确定控制原理,简化机械模型如图 4.2 所示。

假设整体质量为 M,中心距离车轴高度约为 L,相对垂直面倾斜角度为 θ,运动加速度为 $a(t)$,同时车身有个角加速度 $F(t)$,可以分析其受力方程如式(4.1)所示。

$$L\frac{\mathrm{d}^2\theta(t)}{\mathrm{d}t^2}=g\sin\theta(t)-a(t)\cos\theta(t)+L*F(t) \tag{4.1}$$

在接近平衡的时候,角度 θ 可以认为很小,因此可以将 $\sin\theta(t)$ 和 $\cos\theta(t)$ 简化为式(4.2)。

$$L\frac{\mathrm{d}^2\theta(t)}{\mathrm{d}t^2}=g*\theta(t)-a(t)+L*F(t) \tag{4.2}$$

当平台趋于静止平衡的时候,加速度应该为 0,此时:

$$L\frac{\mathrm{d}^2\theta(t)}{\mathrm{d}t^2}=g*\sin\theta(t)+L*F(t) \tag{4.3}$$

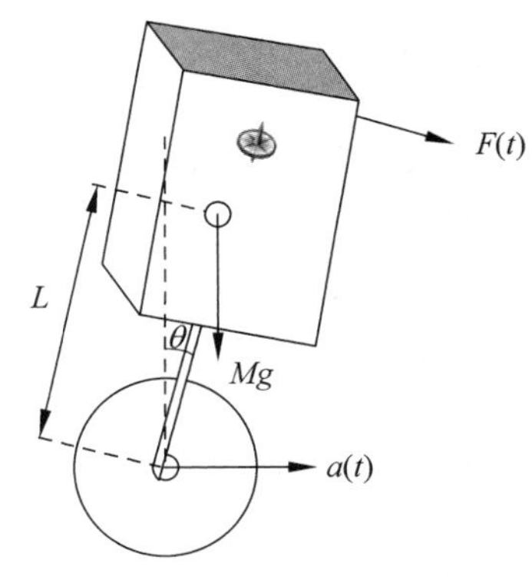

图 4.2　轮式平衡移动机器人简化模型

对应可以求出系统传递函数:

$$H(s)=\frac{\theta(s)}{F(s)}=\frac{1}{s^2-\frac{g}{L}} \tag{4.4}$$

由上面的公式可以知道,该系统一共有两个极点,分别为 $\pm\sqrt{g}L$,但是根据奈奎斯特判据，其中一个极点位于 s 平面的右半面会引起系统的不稳定性，为了消除这种情况，可以采用加入反馈环节的方法，能够有效避免闭环过程中的参数波动所产生的扰乱系统控制效果的影响，同时能够减小系统时间常数和非线性的影响。反馈控制器可以是 PI，可以是 PD，也可以是 PID，这里考虑到角度控制环节中，由于角度信息由陀螺仪加速度计采集，这类惯性测量仪器容易有信号噪声和零点漂移，为了防止这些误差被积分环节进一步扩大，因而决定引入比例和微分反馈。此时系统如图 4.3 所示。

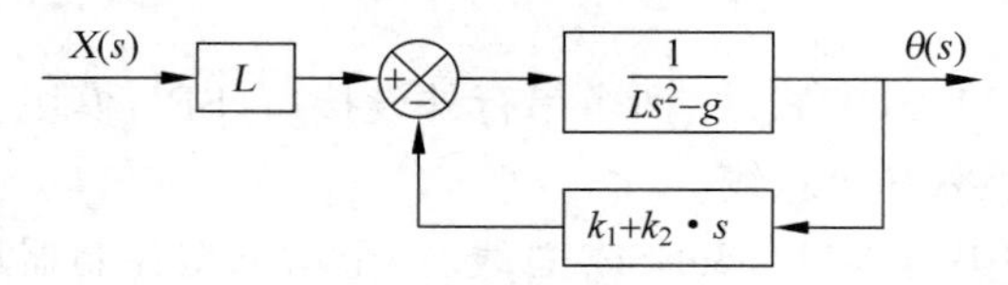

图 4.3 比例微分控制系统

系统传递函数变为式(4.5)的形式。

$$H(s)=\frac{\theta(s)}{F(s)}=\frac{1}{s^2+\frac{k_2}{L}s+\frac{k_1-g}{L}} \tag{4.5}$$

此时系统的两个极点可表示为式(4.6)的形式。

$$S_P=\frac{-k_2\pm\sqrt{k_2^2-4L(k_1-g)}}{2L} \tag{4.6}$$

从式(4.6)可知，当 $k_1>g$，$k_2>0$ 时，满足两个极点位于 s 平面左半平面的稳定条件，在整个角度环路中，k_1 与 k_2 的阶分别代表了角度与角速度，因此可以得出结论，控制平衡的控制量由角度与角速度计算而来。由于控制器的离散特性，需要将以上结论进行另一种形式的转化。我们通过直接分析其平衡规律也可以得到同样的结论，首先因为产生倾角进而产生控制量，前倾的时候车轮也要向前运动，后倾则车轮向后，所以认为电动机控制量与倾角之间存在比例关系如式(4.7)。

$$x=k_1\theta \tag{4.7}$$

但是当 θ 为 0 时，按照式(4.7)控制量 x 也为 0，此时由于绕轴的转动惯量的存在而产生的惯性使得车体并不能维持这种平衡状态，需要引入一种阻尼力来保持平衡，这时候便可引入一个与角速度相关的阻尼器，控制量的计算变为式(4.8)的形式。

$$x=k_1\theta+k_2\theta' \tag{4.8}$$

同样可以得到这样一个 PD 控制器，其控制原理如图 4.4 所示。

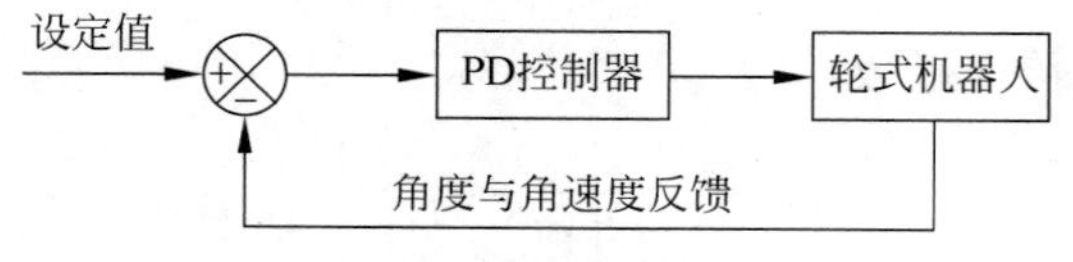

图 4.4 控制器逻辑图

4.3 系统控制器

4.3.1 速度控制器

在保持平衡的前提下做速度控制是一件较为复杂的事，因为改变速度的同时不能影响基本的平衡控制，故不能将速度的控制效果直接加到电动机速度的改变中去；因此，为了简化控制量与控制结果之间的关系，我们将速度控制看作是与角度相关的平衡控制的外环控制，即将直立控制的目标值看作是速度控制的结果，因为倾角决定了速度，向前倾斜的程度与轮式机器人在该方向上的运动速度是正相关的，由于倾角的存在导致平衡控制中的偏差存在，因而需要加速去消除倾角的存在从而维持平衡状态。从上述分析中可以得到如图 4.5 所示的控制原理图。

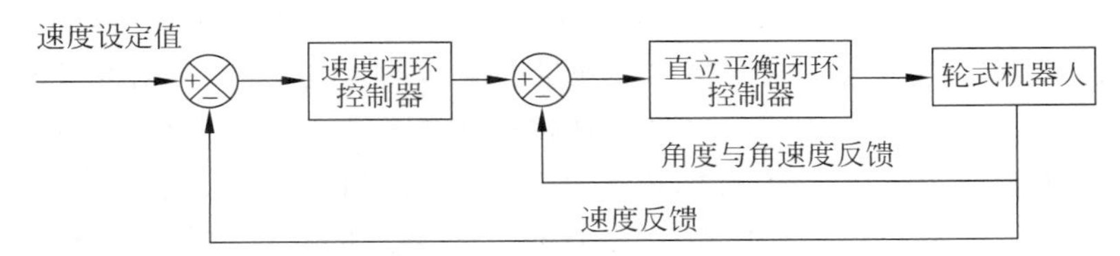

图 4.5　速度控制器原理图

这里的速度反馈主要是利用编码器信号由 eQEP 功能模块的读取实现，由图 4.5 可以看出，原先直立平衡中的输入量变成了速度控制的输出量，由此形成一个串级控制系统，由于前面平衡控制器采用的是 PD 控制，这里为了消除系统的静态误差，提高响应速度以及抗扰能力，选定速度控制器为 PI 控制器。

$$x = k_p * (\theta - x_1) + k_d * \theta' \tag{4.9}$$

$$x_1 = k_{p_1} * e(k) + k_{i_1} * \sum e(k) \tag{4.10}$$

其中，式(4.9)为直立平衡控制，式(4.10)为速度控制，θ 代表角度，θ'代表角速度，$e(k)$是实际速度与设定速度的偏差，偏差求和代表积分，可见两式可以进行结合，从而达到简化系统的目的，将式(4.10)代入式(4.9)，可得出式(4.11)。

$$x = k_p\theta + k_d\theta' - k_p[k_{p_1}e(k) + k_{i_1}\sum e(k)] \tag{4.11}$$

再由式(4.11)，可以看出两者的控制可以进一步拆分为一个负反馈的角度控制与正反馈的叠加结果，如图 4.6 所示。

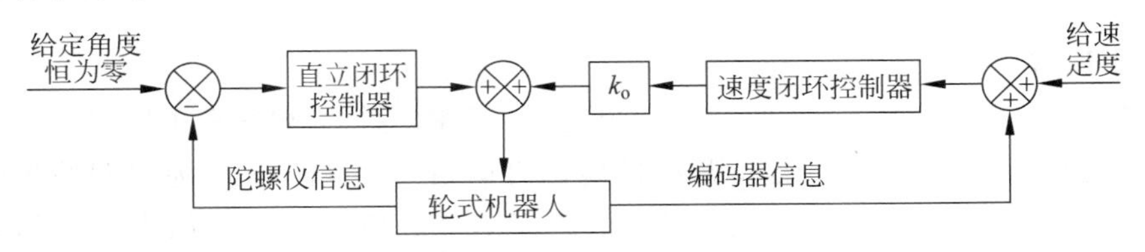

图 4.6　叠加控制原理图

4.3.2 方向控制器

由于智能平衡式机器人特有的两轮同轴的机械特性,导致其方向控制主要来自两轮的差速控制。在只有平衡控制和速度控制且没有外部传感器的情况下,想让改底盘结构保持走直线是一个比较难的问题,而对轮式机器人而言,我们在平衡控制和速度控制的基础上,加上一个转向控制,就能够使得它保持短距离的直线行驶,而转向控制是建立在直立平衡控制和速度控制的基础之上的,不能影响正常的直立平衡控制。这里主要实现平衡控制,对于转向的精度要求不高,对于转向环可以使用P(比例)控制器或者P(比例)D(微分)控制器,由于转向环主要起辅助作用,不需要过高的响应速度,所以采用比例控制即可。方案主要是使用Z轴陀螺仪的角速度数据与设定的目标转向角速度做偏差来计算控制量进行P控制,其避免了通过车轮编码器信号来判断转向时无法考虑打滑的缺点以及陀螺仪数据用于计算转向角时可能产生的误差累积情况,采用瞬时的读数判断偏差,优点是算法简单,但也存在对高频信号采样失真的缺点。对本书中设计的智能平衡式机器人而言,平衡角度环与速度环是保持平衡的关键,因而响应速度要求必须足够高,否则无法实现平衡的任务。而转向环的作用是在平衡移动机器人行驶的过程中,在保持平衡的基础上跟随给定的Z轴角速度,因此,可以通过实验证明设定Z轴目标角速度为零能否保持机器人直线运动,这个直线精度受到的影响很多,但不妨碍基础功能实现,因此转向环上的比例控制器已经足够实现预期的效果。

4.3.3 系统控制框架

本节将提出一种可拓展性的轮式机器人平台系统设计,考虑例如CD摄像头循迹、App控制与超声波避障等拓展功能,实现整体控制效果,体现平台属性。控制流程主要分以下3部分。

1. 系统初始化

进行系统中断的配置,全局中断的开启,I/O口初始化,PWM初始化,QEP初始化,IIC通信的初始化以及MPU6050的初始化,最后打开Timer0的中断及串口中断。

2. 串口中断程序

设计串口中断程序,可以实现诸如App控制和参数下载、模式切换等拓展功能,根据蓝牙串口接收到的指令,用于实现设置相应的如前进、转向、调速、停止等运动执行标志位以及模式切换的功能,运动执行标志位作为速度控制量或转向控制量计算时的参考,实现基本的运动控制以及系统启停;模式切换用于主中断中选择算法的执行种类,实现不同功能及情景上的运动控制。

3. 主中断程序

主要中断流程设计如图4.7所示。系统主要程序的运行需要精确的时钟周期来保证平衡控制的稳定运行,这里用到的是单片机的定时Timer0来实现5ms为周期的陀螺仪信号读取、编码器信号读取、PWM控制量的计算、启停信号的检测以及摄像头信号的读取和中线值计算的过程。蓝牙串口发送来的控制信号通过串口中断接收，在速度控制量计算时介入，定速自主循迹则通过图像采集模块得到的电压值进行中线识别，根据转向控制量计算出两轮的电动机差速 PWM 控制量，自主循迹与 App 控制两种模式不同时执行。进入定时器中断程序后，首先是读 IIC 接口的陀螺仪角度及角速度数据，用于后面平衡控制量的计算，读取 QEP 接口的编码器信息计算出速度，用于后面速度控制量的计算，然后判断按键标志位或者蓝牙接收的启动标志位，如果顺利检测到，则进行下面的模式选择及控制量计算。

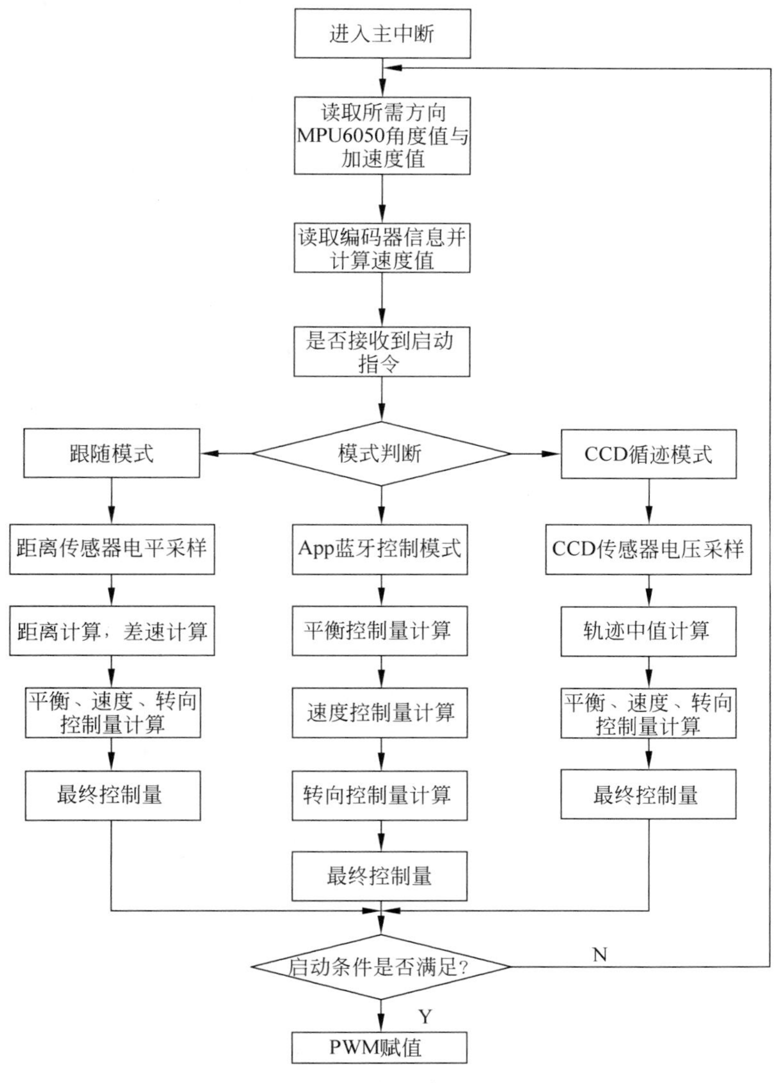

图 4.7　中断程序流程图

4.4 本章小结

本章根据实现平衡的基本要求将控制系统分为三大主要控制部分，并分别对其进行了理论分析、公式推导与最终控制器的设计。其中，角度平衡控制使用PD控制器；速度控制根据串级控制理论分析，作为外环控制，使用PI控制器；转向控制器采用比例控制，其作用是辅助前两项控制。本章最后部分设计了一种实现基础平衡控制及拓展应用的程序运行框架。

第5章 基础应用

CHAPTER 5

本章主要介绍智能平衡移动机器人 TMS320F28069 片内外设的使用，了解片内外设的基本原理，并结合 MATLAB/Simulink 实现 TMS320F28069 单片机外设的模型搭建实验环境及自动代码生成。

5.1 GPIO

TMS320F28069 有 54 个 GPIO，对应芯片输出的 54 个引脚。这些引脚分为 A、B 两组：A 组包括 GPIO0～GPIO31，B 组包括 GPIO32～GPIO58，其中 B 组的引脚中不含 GPIO45～GPIO49 引脚。每个引脚都有自己的复用功能，可以根据使用手册进行配置。

GPIO 在当作通用 I/O 口使用的时候，可以通过 GPxDIR 配置 I/O 口的方向（1 为输出，0 为输入）。GPxMUXn 用于配置 GPIOn 的复用功能，GPxPUD 用于配置 I/O 口的上拉功能（0 为使能上拉），也可以使用量化寄存器 GPxQSEL 对输入信号进行量化限制，从而消除数字量 I/O 引脚的噪声干扰。

此外，还有 4 种方式可对 GPIO 引脚进行读写操作：可以通过 GPxDAT 寄存器独立读/写 I/O 口信号；使用 GPxSET 寄存器写 1 对 I/O 口进行置位操作；使用 GPxCLEAR 寄存器写 1 对 I/O 口进行清零操作；使用 GPxTOOGLE 寄存器写 1 对 I/O 口进行电平翻转操作。需要注意的是，以上操作写 0 时均无效。

5.1.1 GPIO_OUTPUT 控制 LED 灯

视频讲解

作为第一个应用案例，以“点亮一个 LED 灯”开始。硬件上的蓝色 LED 灯对应的引脚为 GPIO31，与红色 LED 灯对应的引脚为 GPIO25，如图 5.1 所示。由于这两个 LED 灯都是共阴连接方式，当 GPIO 为高电平（置 1）时，则 LED 灯被点亮；当 GPIO 为低电平（置 0）的时候，则 LED 灯熄灭。首先对整个模型进行配置[①]。

打开 Simulink 的模型在 Simulation 工具栏下打开模型配置参数（Model Configuration

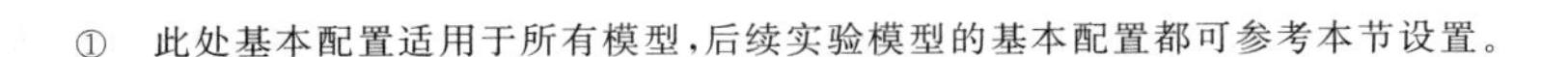

① 此处基本配置适用于所有模型，后续实验模型的基本配置都可参考本节设置。

Pararmeters)界面或者直接单击 工具,如图 5.2 所示。

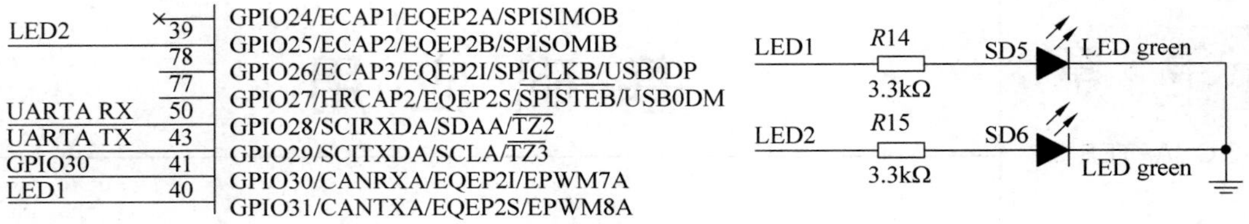

LED2 39 GPIO24/ECAP1/EQEP2A/SPISIMOB
78 GPIO25/ECAP2/EQEP2B/SPISOMIB
77 GPIO26/ECAP3/EQEP2I/SPICLKB/USB0DP
UARTA RX 50 GPIO27/HRCAP2/EQEP2S/SPISTEB/USB0DM
UARTA TX 43 GPIO28/SCIRXDA/SDAA/TZ2
GPIO30 41 GPIO29/SCITXDA/SCLA/TZ3
LED1 40 GPIO30/CANRXA/EQEP2I/EPWM7A
GPIO31/CANTXA/EQEP2S/EPWM8A

LED1 R14 3.3kΩ SD5 LED green
LED2 R15 3.3kΩ SD6 LED green

图 5.1　LED 灯引脚连接图

图 5.2　模型参数配置

首先配置 Solver 选项卡,如图 5.3 所示,设置 Stop Time 为 inf。Solver selection 为定步长离散解算器,也就是 Type 选择 Fixed-tep,并选择 discrete(no continuous states)。定步长设置根据实际情况确定,默认为 auto,单位为秒,此定步长相当于定时器 0 的中断时间间隔。

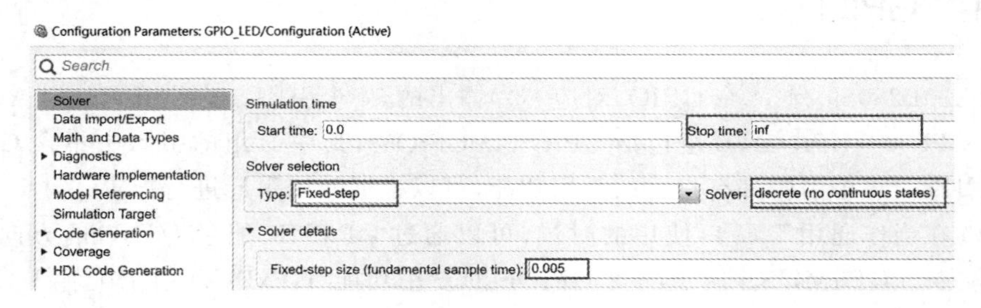

图 5.3　解算器配置

在配置过程中需要注意的是,解算器类型必须选择固定点解算器。固定点 Solver 中提供了多种算法,此模型由于没有连续状态,所以可以选择 discrete 方法。步长默认为 auto,在简单的通用嵌入式代码生成过程中此参数没有实际作用,可以采用默认或设置 0.005s。而在针对目标芯片定制的代码生成过程中,硬件驱动工具箱往往会将步长 step size 作为其外设或内核中定时器的中断周期,使得生成的算法代码在硬件芯片中以同样的时间间隔执行。由于解算器步长为整个模型提供了一个基础采样频率,故被称为基采样率(base-rate)。

在 Diagonostics 选项卡的 Data Validity 选项中,将 Multitask data store 配置为 none。

在 Hardware Implementation 中选择 Hardware board 为 TI Piccolo F2806x 或者 TI Piccolo F2806x(boot from flash),前者为将程序烧写到 RAM 中,适合调试,程序在芯片掉电后丢失;后者为将程序烧写到 Flash 中,适合运用到实际应用中,掉电后不丢失,提供的示例模型选择为后者。这时 Simulink 会在 Device type 中自动选定 TI C2000 系列。然后配置该界面下 Build action 为 Build,load and run(默认)。Device Name 为 F28069。选中 Use custom linker command file 复选框,如图 5.4 所示。然后在 Clocking 选项中,外部晶振默认为 10MHz,将系统时钟配置最高为 90MHz,LSPCLK 低速时钟外设设置为

SYSCLKOUT/4 分频，如图 5.5 所示。其他外设模块按自己需要配置。

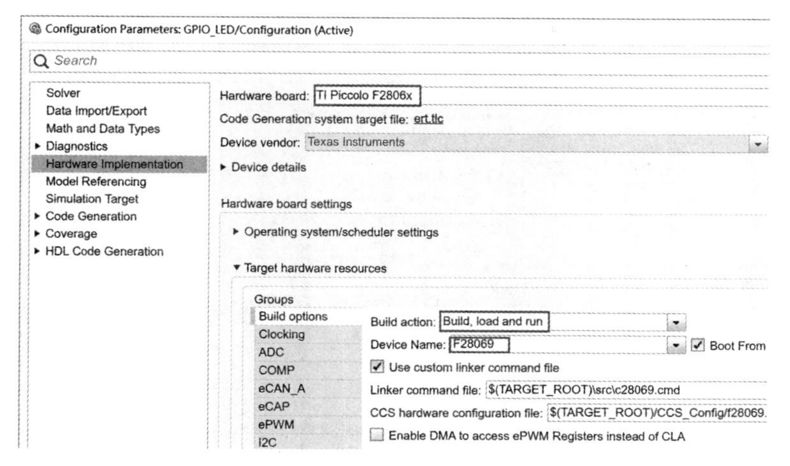

图 5.4　硬件配置

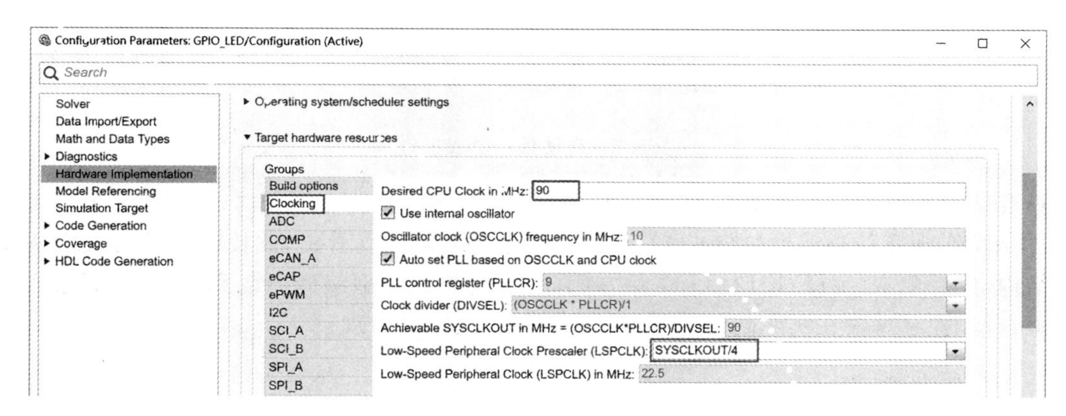

图 5.5　时钟配置

在 Code Generation 选项卡中使用的 Toolchain 为 Texas Instruments Code Composer (C2000)。在 Code generation objectives 的 Prioritized objectives 中将执行效率、ROM 效率、RAM 效率设置为优先的代码生成目标，如图 5.6 所示。在 Report 中选中 Generate model Web view 复选框，使生成的代码可以进行模型与代码之间相互的跟踪，如图 5.7 所示。

以上便完成了一个模型最基本的配置。

在 Simulink 界面上，搭建点亮一个 LED 灯的模型，系统步长为 0.005s，Counter Limited 设置 Upper limit 为 400，Compare To Constant 设置 Constant value 为 200，将 GPIOx 选择为 GPIO31，如图 5.8 所示，LED 流水灯模型如图 5.9 所示。

整个控制效果为：当计数值大于或等于 200 时，也就是大概有 $0.005\times200=1$s GPIO31 是置 1 的，另外 1s 是置 0 的。这样便实现了一个 LED 灯一亮一灭的效果。

要想实现流水灯的实验，可搭建如图 5.10 所示的模型。在下载模型之前也可以通过仿

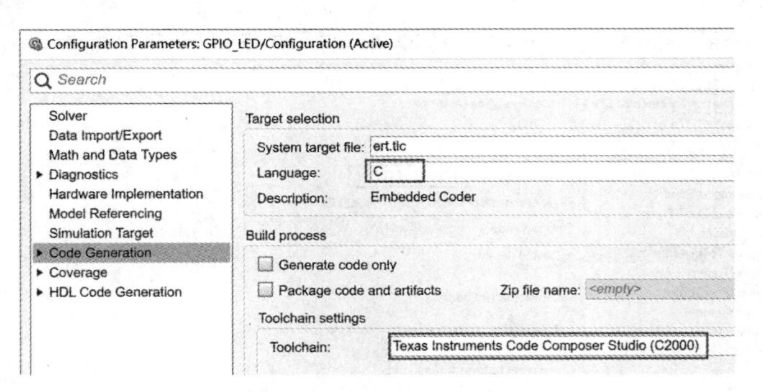

图 5.6　自动代码生成配置

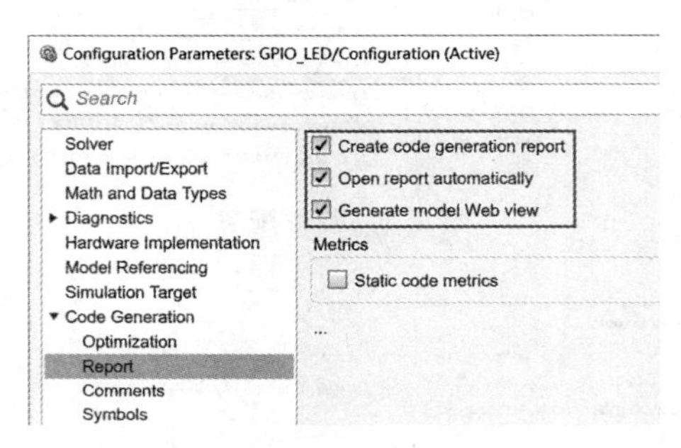

图 5.7　自动代码生成报告

真查看是不是预计的控制效果，如图 5.11 所示，加入 Scope 模块，单击“运行”按钮或者按 Ctrl+R 键，观察仿真结果如图 5.12 所示。由仿真结果可以看出，此控制模型为我们所要的结构，然后单击“编译”按钮或者按 Ctrl+B 键将此模型编译下载到主控板，观察实验现象，验证控制算法在实际硬件上运行时是否跟仿真结果一致。

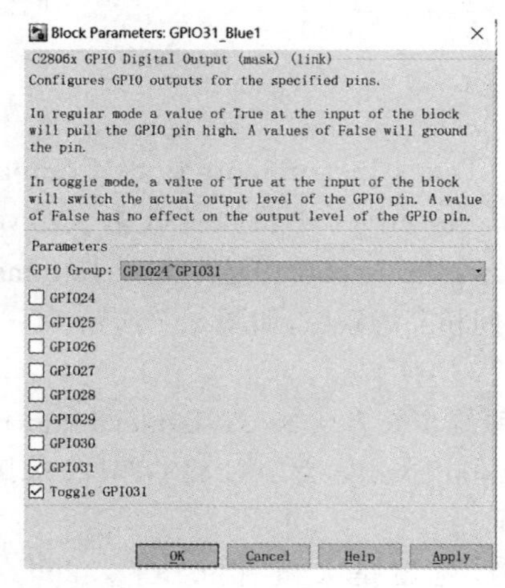

图 5.8　GPIO 模块配置

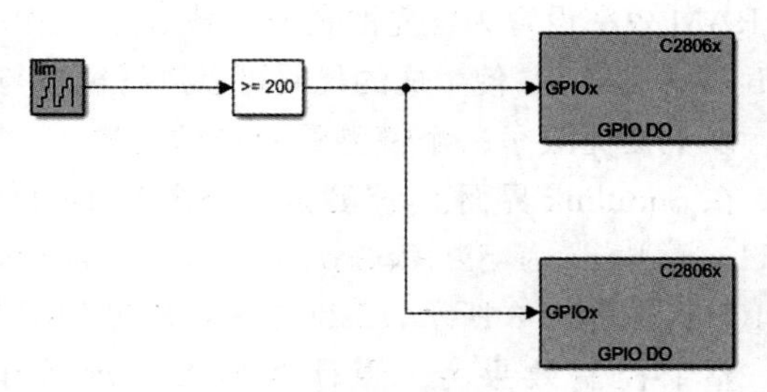

图 5.9　LED 流水灯模型

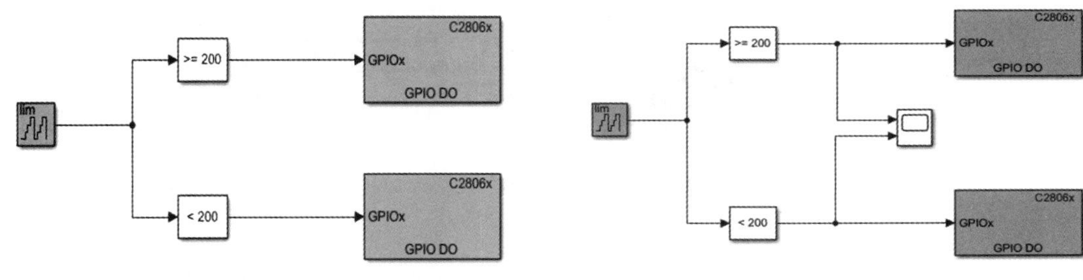

图 5.10 LED 流水灯模型

图 5.11 LED 流水灯模型

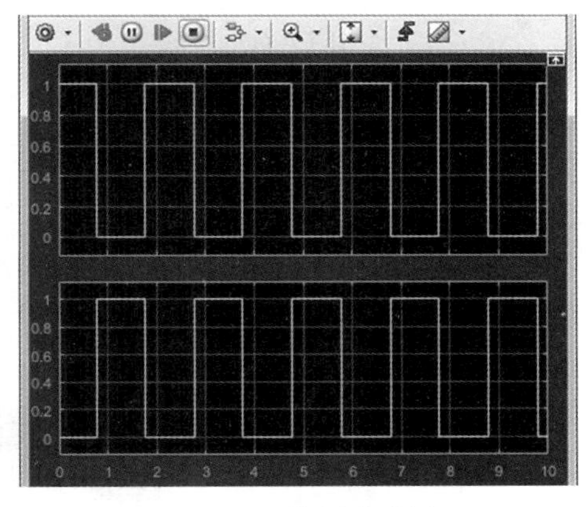

图 5.12 控制波形图

5.1.2 GPIO_INPUT 扫描_NORMAL 模式

在配置 GPIO 输入模式的时候，使用按键的端口输入值，作为 GPIO 输出模块的控制量。使用按键(对应 GPIO42)控制其中一个 LED 灯(对应 GPIO25)的亮灭，另一个 LED 灯(GPIO31)用于验证模型是否下载到硬件中，按键硬件原理图如图 5.13 所示。

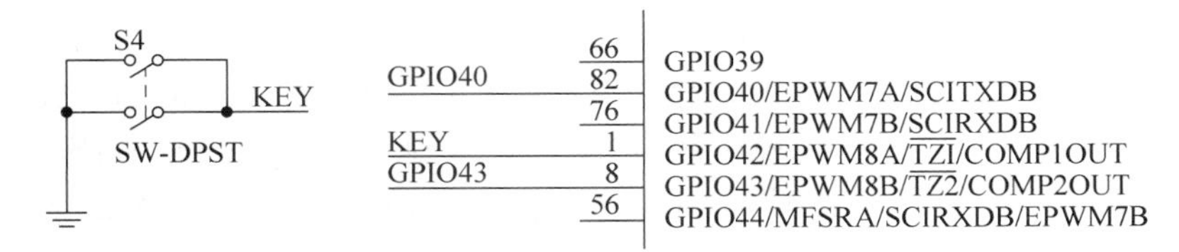

图 5.13 按键硬件原理图

配置 GPIO 的 PUD(上拉禁止寄存器)使能 GPIO42 的电平上拉，当按键按下时，GPIO42 检测到低电平(置 0)，当没按下时 GPIO42 为高电平(置 1)。因此需要在模型中先将 GPIO42 使能上拉，如图 5.14 所示。

注意：通过执行 EALLOW 指令允许 CPU 自由写入受保护的寄存器。在修改寄存器之后，可以通过执行 EDIS 指令清除 EALLOW 位使它们再次受到保护，EALLOW 和 EDIS

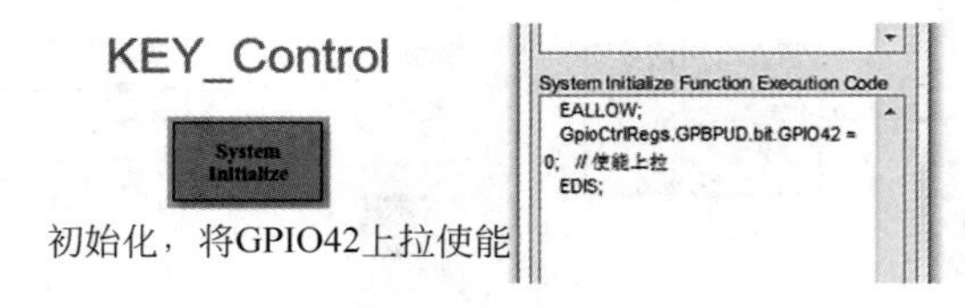

图 5.14 初始化配置 GPIO42

一般是成对出现的。

GPIO DI 选择 GPIO25，GPIO31 需要选择 Toggle，Toggle 表示电平翻转。搭建的按键控制模型如图 5.15 所示，仿真步长为 0.5s。

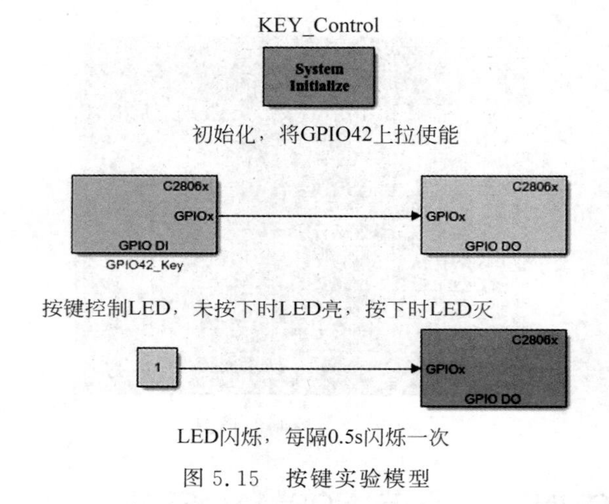

图 5.15 按键实验模型

在上述配置完成，并完成模型的搭建后，将模型编译下载到主控板。先观察红色的 LED 灯有没有闪烁，再通过控制按键按下与否来控制蓝色 LED 灯的状态。

视频讲解

5.1.3 GPIO_INPUT 扫描_EXTERNAL 模式

需要注意的是，Simulink 的 External 模式默认使用的是 SCIA，波特率为 115200b/s，并且默认复用 I/O 口是 GPIO28、GPIO29，对应开发板上的 SCIA 接口是 RXA、TXA，如图 5.16 所示。所以在进行 External 模式操作的时候，通过一根 USB 转 TTL 通信线，将 USB 的 RX、TX 分别接在 F28069 主控板的 TXA、RXA 引脚。注意，USB 和 F28069 的控制板要共地，同时不能将线序接反，否则 Simulink 无法通过 SCI 转 USB 与 DSP 进行通信。使用 External 模式可极大地方便对数据的观测。

首先需要在模型配置时对外部模式进行设置，如图 5.17 所示。将 Communication interface 设置为串行通信，然后在“设备管理器”中找到串行通信的 COM 口，输入到 Serial port 中，如图 5.18 所示。GPIO 外部模式模型如图 5.19 所示。

注意：GPIO DI 模块输出数据类型选择 uint8，如图 5.20 所示。

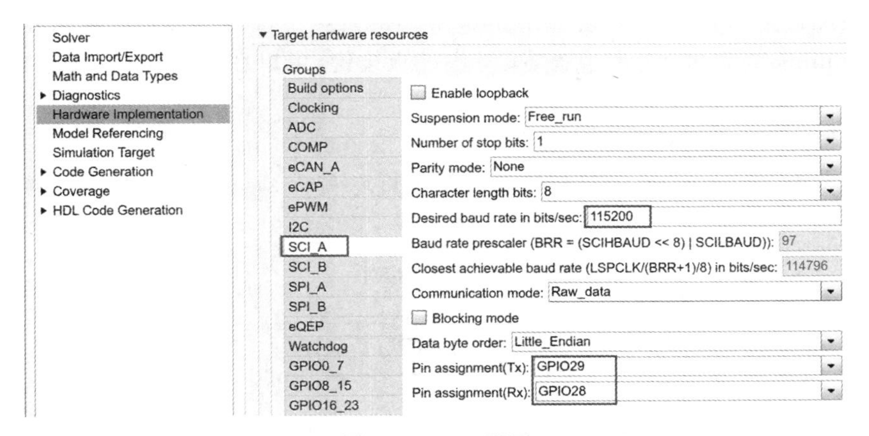

图 5.16　SCI 配置

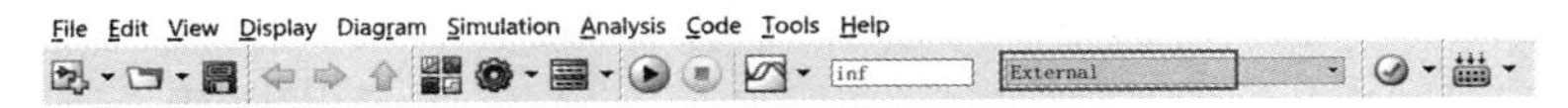

图 5.17　配置外部模式

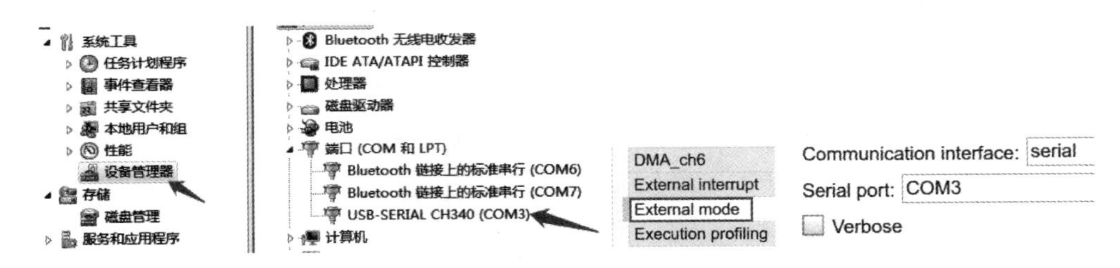

图 5.18　串口配置

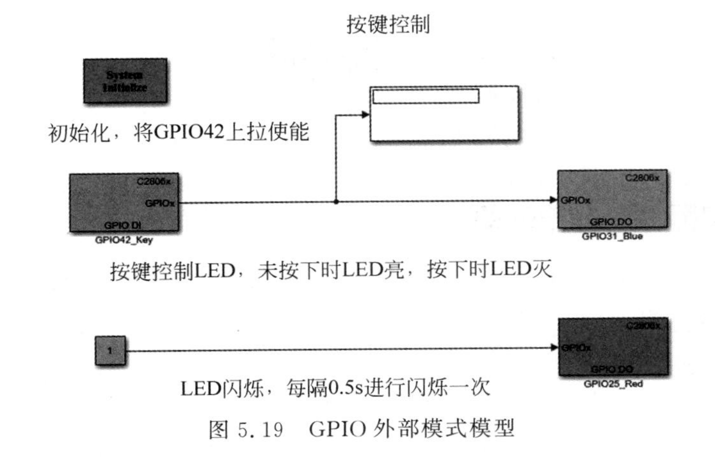

图 5.19　GPIO 外部模式模型

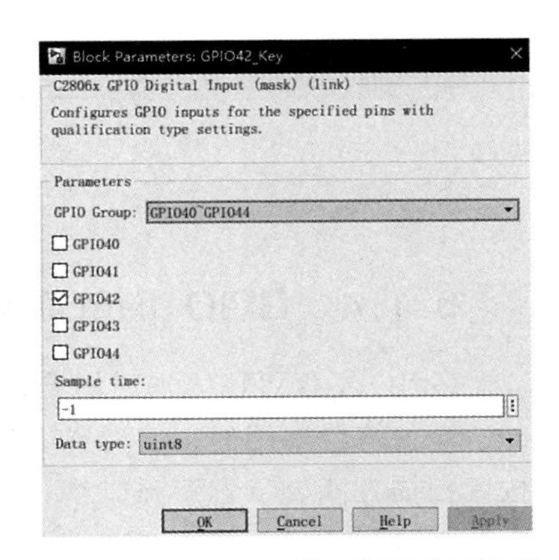

图 5.20　GPIO DI 模块数据类型配置

在上述配置完成后，再次单击 Simulink 界面的“运行”按钮将代码下载到开发板上，可以看到，Simulink 处于仿真运行状态，按下主控板按键，可以在 Display 模块中看到数值的变化。

由于 GPIO4 默认上拉使能，所以在按键未按下前 Dispaly 显示 1，按下后显示 0，如图 5.21 所示。同时观察蓝色 LED 灯的亮灭情况可以判断 Display 显示是否正确，如图 5.22 所示。

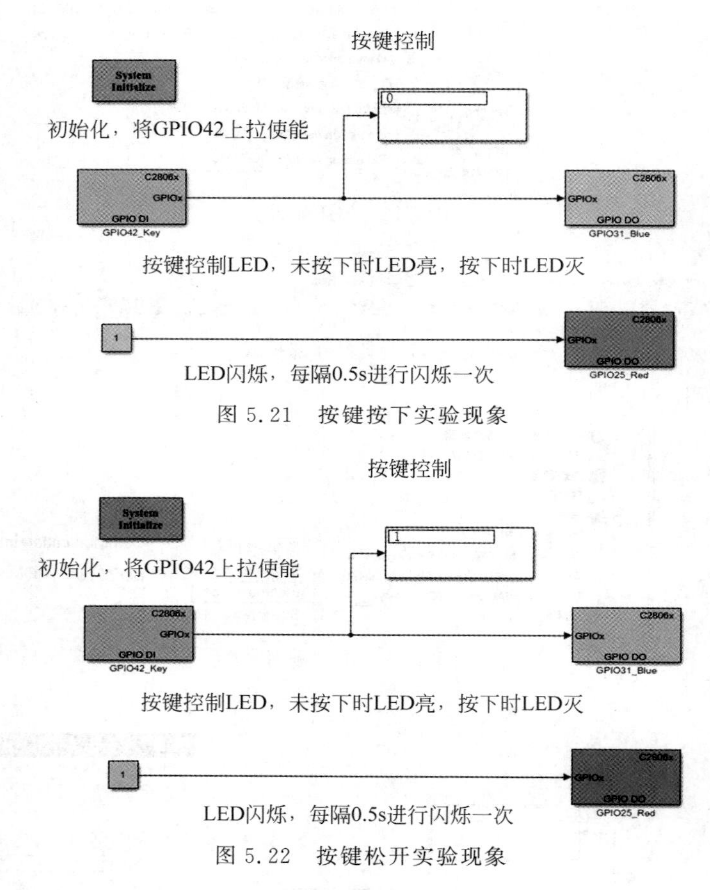

图 5.21　按键按下实验现象

图 5.22　按键松开实验现象

5.1.4　GPIO_INPUT 中断控制 LED 灯

GPIO 不仅可以实现通用 I/O 数字量输出的功能，还可以配置成外部中断实现控制目的。比如将最常用的按键配置成外部中断，在中断中执行参数或模式的修改，这样比常用的按键扫描方式要节省资源。

在 Simulink 中搭建模型，配置 GPIO42 为外部中断触发源，并将中断配置为下降沿触发，对应外部中断 3。在中断函数中分别进行对应的 LED 的翻转，GPIO42 对应 LED1 灯(GPIO31)、LED2 灯(GPIO25)。仿真模型如图 5.23 所示，系统仿真步长为 0.05s。

图 5.23　中断仿真模型

其中 System Initialize 中写入的是 GPIO42 的初始化代码，如图 5.24 所示。

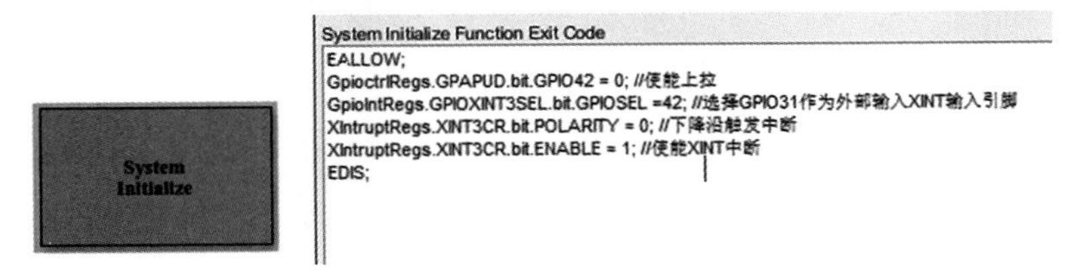

图 5.24　GPIO 初始化配置

硬件中断模块配置如图 5.25 所示，中断号为 CPU-12，PIE-1 也就是外部中断 XTIN3，任务优先级默认，Preemption flags 输入 1 表示中断可以被抢占。输入 0 表示中断不能被抢占。更多的详细信息请单击该模块的 Help 按钮了解。

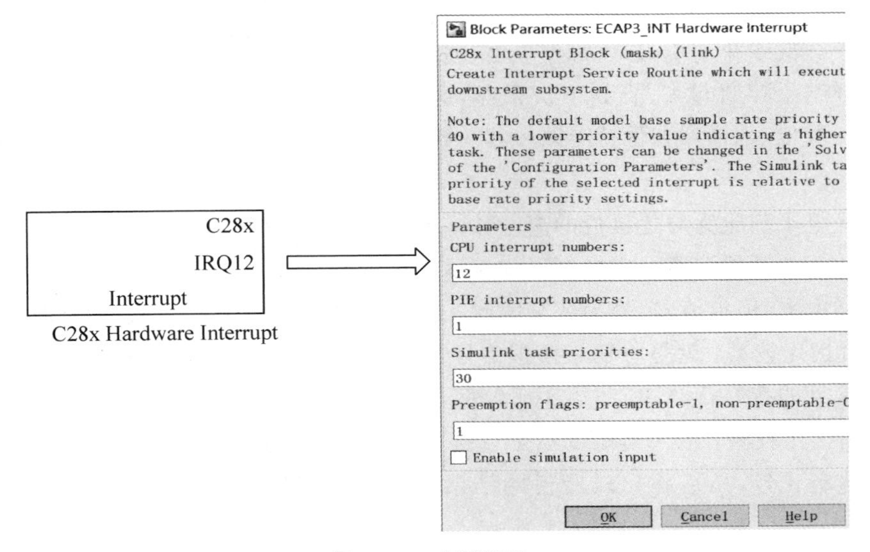

图 5.25　中断配置

Trigger 子系统里面为 LED 灯的控制模型，如图 5.26 所示，且在控制模型的 GPIO Do 模块中不选中 Toggle。

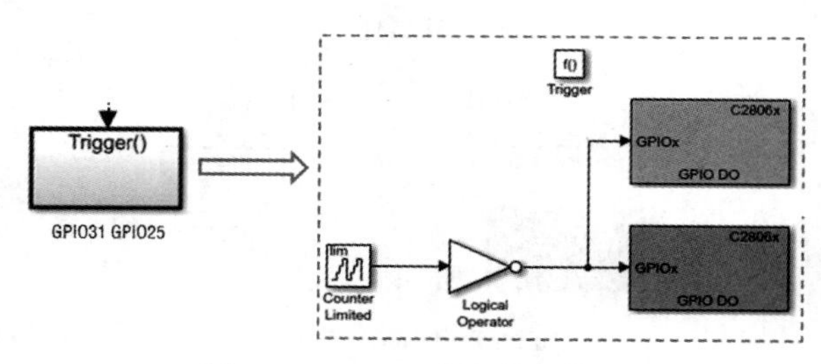

图 5.26　GPIO 中断触发模型

在上述配置完成，并完成模型的搭建后，将生成的工程代码下载到主控板上。按下一次按键，可以发现对应的 LED 灯电平便翻转一次。

视频讲解

5.2　ADC

5.2.1　ADC 基本原理

1. ADC 转换步骤

A/D 转换器(ADC)将模拟量转换为数字量通常要经过 4 个步骤：采样、保持、量化和编码。

所谓采样，就是将一个时间上连续变化的模拟量转化为时间上离散变化的模拟量，如图 5.27 所示。

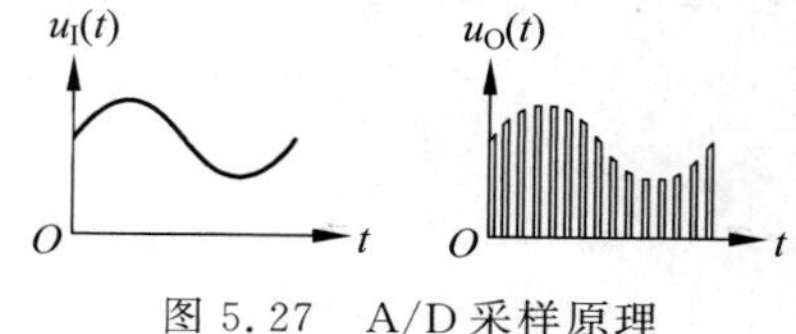

图 5.27　A/D 采样原理

将采样结果存储起来，直到下次采样，这个过程称作保持。一般地，采样器和保持电路一起总称为采样保持电路。

将采样电平归化为与之接近的离散数字电平，这个过程称作量化。

将量化后的结果按照一定数制形式表示就是编码。

将采样电平(模拟值)转换为数字值时，主要有两类方法：直接比较型与间接比较型。

(1) 直接比较型：就是将输入模拟信号直接与标准的参考电压比较，从而得到数字量。这种类型常见的有并行 ADC 和逐次比较型 ADC。

(2) 间接比较型：输入模拟量不是直接与参考电压比较，而是将二者变为中间的某种物理量再进行比较，然后将比较所得的结果进行数字编码。这种类型常见的有双积分型的 ADC。

2. ADC 转换原理

采用逐次逼近法的 A/D 转换器由比较器、D/A 转换器、N 位寄存器及控制逻辑电路组成，如图 5.28 所示。

基本原理是从高位到低位逐位试探比较，好像用天平称物体，从重到轻逐级增减砝码进

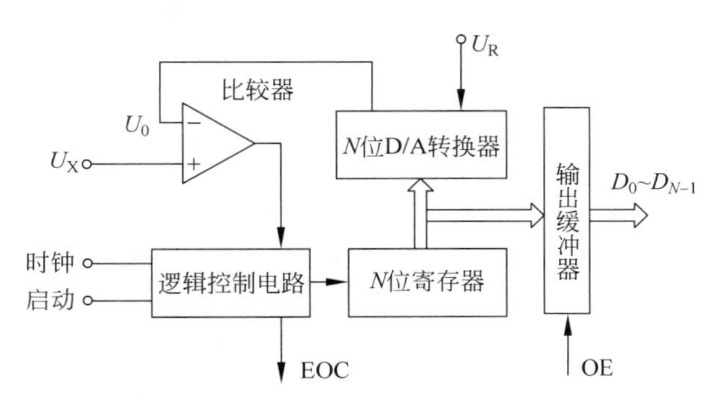

图 5.28　逐次逼近式 A/D 转换器原理图

行试探。逐次逼近法的转换过程是：初始化时将逐次逼近寄存器各位清零，转换开始时，先将逐次逼近寄存器最高位置 1，送入 D/A 转换器，经 D/A 转换后生成的模拟量送入比较器，称为 U_0，与送入比较器的待转换的模拟量 U_X 进行比较，若 $U_0 < U_X$，则该位 1 被保留，否则被清除。然后再置逐次逼近寄存器次高位为 1，将寄存器中新的数字量送 D/A 转换器，输出的 U_0 再与 U_X 比较，若 $U_0 < U_X$，则该位 1 被保留，否则被清除。重复此过程，直至逼近寄存器最低位。转换结束后，将逐次逼近寄存器中的数字量送入缓冲寄存器，得到数字量的输出。逐次逼近的操作过程是在一个控制电路的控制下进行的。

采用双积分法的 A/D 转换器由电子开关、积分器、比较器和控制逻辑等部件组成，如图 5.29 所示。

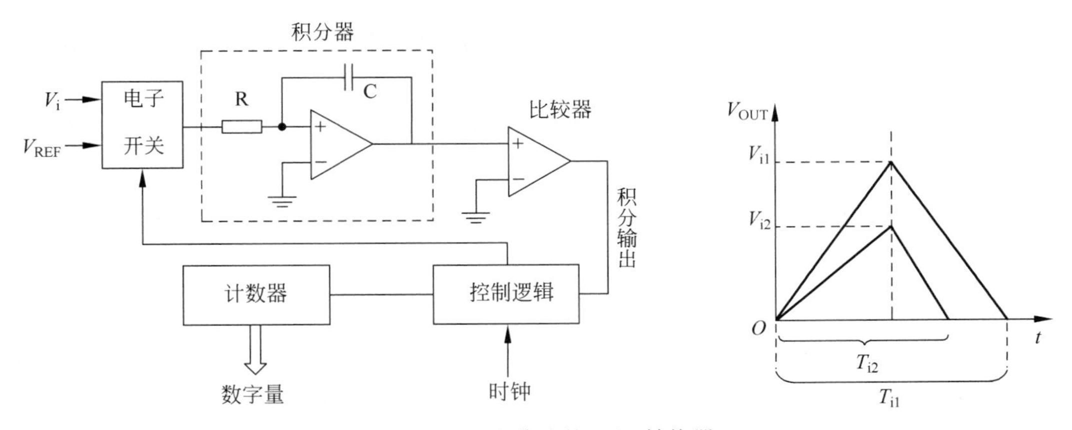

图 5.29　双积分法的 A/D 转换器

基本原理是将输入电压变换成与其平均值成正比的时间间隔，再把此时间间隔转换成数字量，属于间接转换。双积分法 A/D 转换的过程是：先将开关接通待转换的模拟量 V_i，V_i 采样输入到积分器，积分器从零开始进行固定时间 T 的正向积分，时间 T 到后，开关再接通与 V_i 极性相反的基准电压 V_{REF}，将 V_{REF} 输入到积分器，进行反向积分，直到输出为 0V 时停止积分。V_i 越大，积分器输出电压越大，反向积分时间也越长。计数器在反向积分时间内所计的数值，就是输入模拟电压 V_i 所对应的数字量，实现了 A/D 转换。

3. ADC 关键技术指标

(1) 分辨率(Resolution)指数字量变化一个最小量时模拟信号的变化量，定义为满刻度与 2^n 的比值。分辨率又称精度，通常以数字信号的位数来表示。

(2) 转换速率(Conversion Rate)：也可以称为 A/D 采样率，是 A/D 转换一次所需要时间的倒数。单位时间内，完成从模拟转换到数字的次数。积分型 A/D 的转换时间是毫秒级，属低速 A/D；逐次比较型 A/D 是微秒级，属中速 A/D，全并行/串并行型 A/D 可达到纳秒级。采样时间则是另外一个概念，是指两次转换的间隔。为了保证转换的正确完成，采样速率(Sample Rate)必须小于或等于转换速率。因此有人习惯上将转换速率在数值上等同于采样速率也是可以接受的。常用单位是 ksps 和 Msps，表示每秒采样千/百万次(kilo/Million Samples per Second)。

(3) 量化误差(Quantizing Error)：由于 A/D 的有限分辨率而引起的误差，即有限分辨率 A/D 的阶梯状转移特性曲线与无限分辨率 A/D(理想 A/D)的转移特性曲线(直线)之间的最大偏差。通常是 1 个或半个最小数字量的模拟变化量，表示为 1LSB、1/2LSB。

(4) 偏移误差(Offset Error)：输入信号为零时输出信号不为零的值，可外接电位器调至最小。

(5) 满刻度误差(Full Scale Error)：满度输出时对应的输入信号与理想输入信号值之差。

(6) 线性度(Linearity)：实际转换器的转移函数与理想直线的最大偏移，不包括以上 3 种误差。

其他指标还有绝对精度(Absolute Accuracy)、相对精度(Relative Accuracy)、微分非线性、单调性和无错码、总谐波失真(Total Harmonic Distotortion，THD)和积分非线性。

TMS320F2806x 的 ADC 模块主要包括以下内容。

- 12 位模数转换。
- 2 个采样保持器(S/H)。
- 同步采样或顺序采样。
- 模拟电压输入范围 0～3.3V。
- 16 通道模拟输入。
- 16 个结果寄存器存放 ADC 转换的结果。
- 多个触发源：S/W——软件立即启动，ePWM1～ePWM8，外部中断 2 脚，定时器 0、1、2 以及 A/D 中断 1、2。

关于 ADC 单元寄存器的具体描述在这里不再进行具体介绍，感兴趣的读者可以参考 TMS320F28069(以下简写为 F28069)的数据手册，里面有详细讲述，F28069 主控板关于 A/D 引脚原理图如图 5.30 所示。

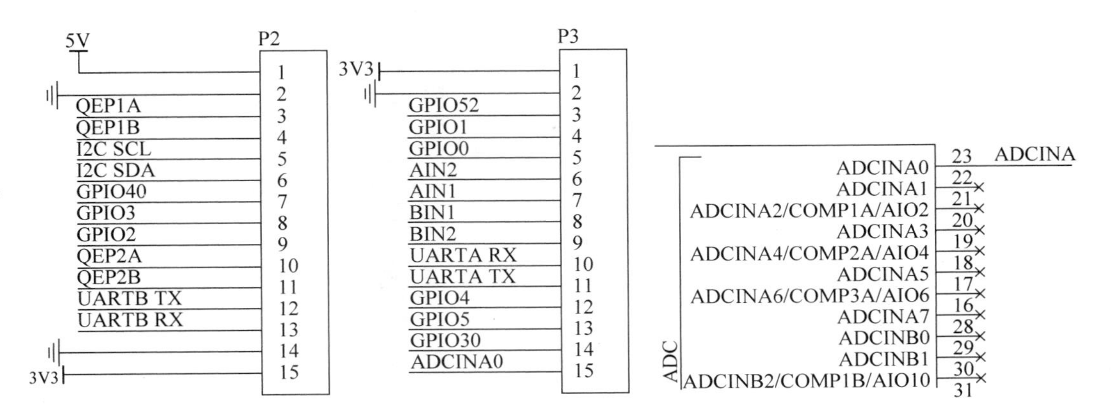

图 5.30 A/D 引脚原理图

5.2.2 ADC_NORMAL 模式

ADC_NORMAL 模式配置先从配置时钟开始，ADC 模块是挂在高速外设时钟线上的外设，Clocking 配置为系统 90MHz 时钟 2 分频。在 ADC 配置中，使用默认的分频系数 ADCLK＝2，得到 ADC 模块时钟为 45MHz，其他使用默认配置。具体配置如图 5.31 所示。

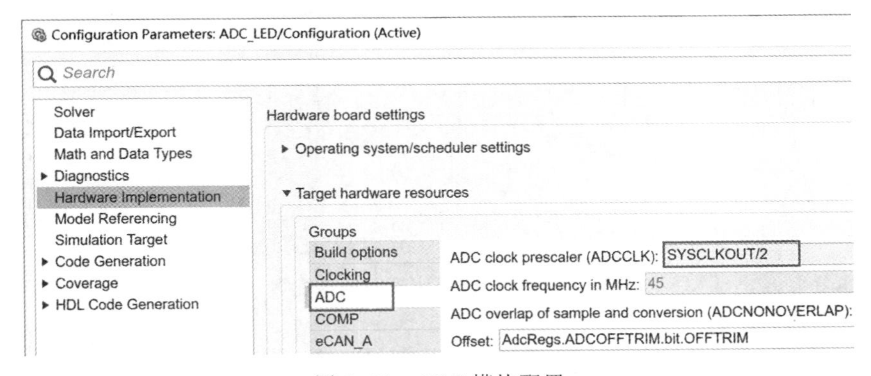

图 5.31 ADC 模块配置

采样模式为单个采样模式，SOC 触发数为 SOC0，采样窗口为 7，SOCx 触发源为软件触发，输出数据类型为 uint16，输入通道配置为 A0，此模块数据基本为默认。具体配置如图 5.32 和图 5.33 所示。

在以上配置完成后，对 ADC 采样的值进行转换。由于 ADC 转换结果寄存器是 16 位的，且数值是左对齐的 12 位数据，所以要进行左移 4 位的操作。官方支持包人性化地做了这一点，只需直接对输出的结果进行转换就可以得到实际的采样值。本例中采集的是外部电位器的 0～3.3V 的电压，所以直接进行转换(因为是 12 位的 ADC，故满量程为 4096，也就是 4096 对应实际的参考电压 3.3V)。当采集到的模拟量少于 2048 时，使 LED2 灯闪烁，否则使 LED1 灯闪烁。模型搭建如图 5.34 所示。模型中的 Rate Transition 为高采样速率向低采样速率转换。

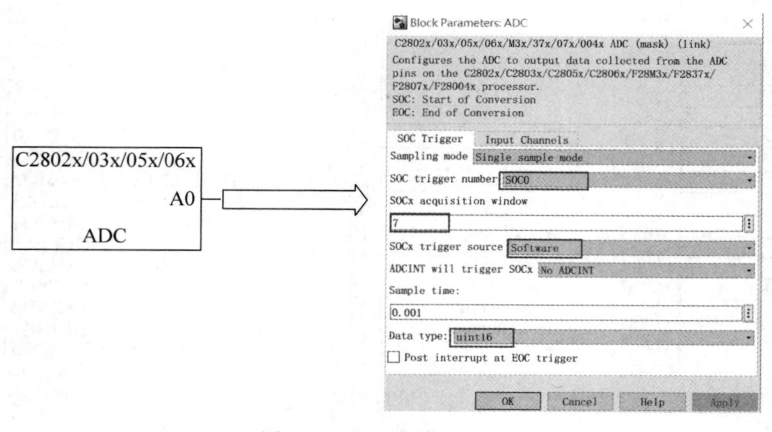

图 5.32　ADC 模块配置

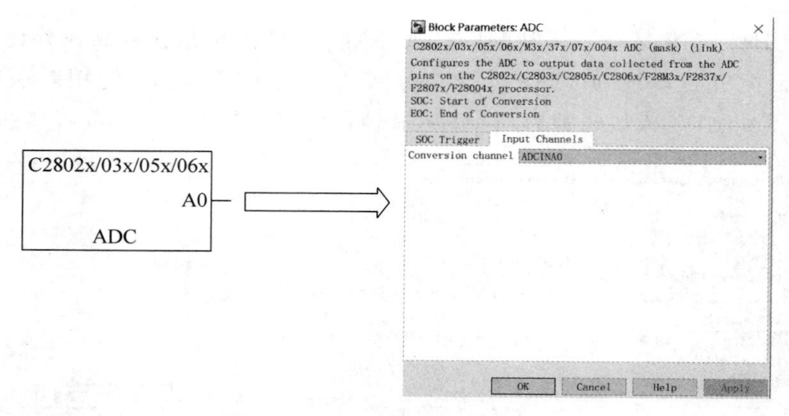

图 5.33　ADC 模块输入通道配置

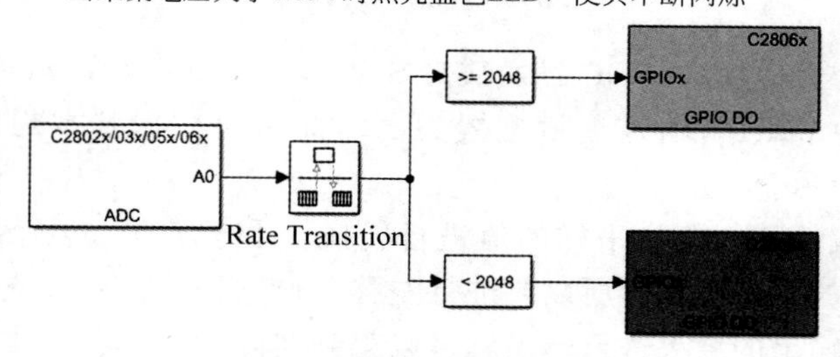

图 5.34　电压采集模型图

在上述配置完成，并完成模型的搭建后，将模型编译下载到主控板。将电位器的中间引脚接在主控板的 AD0 引脚，其他两个引脚分别接在主控板的 3.3V 和 GND 引脚。可以发现，在顺时针和逆时针调节电位器时，两个 LED 灯都发生了变化。

5.2.3 ADC_EXTERNAL 模式

先将模型按照前述方法配置为外部模式。

在 Simulink 中搭建模型，如图 5.35 所示，将 ADC 输出值通过一个增益模块赋给 PWM 的占空比输入，并在显示模块上显示。其中，Gain 模块的输出数据为 uint16，ePWM 模块选择 ePWM1，这里 WA 相当于占空比的大小，相关配置在 5.3 节有详细介绍。

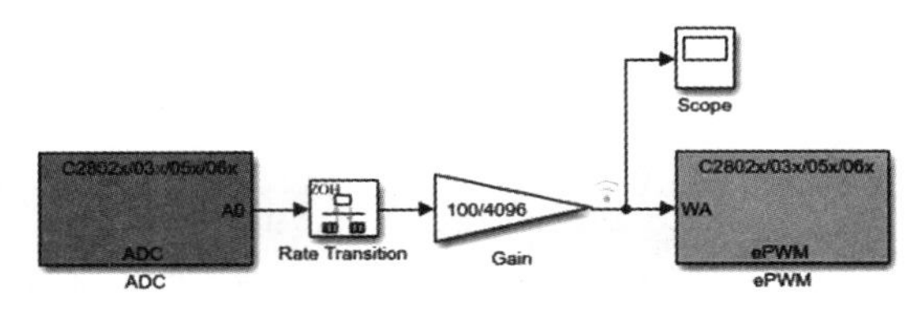

图 5.35 外部模式配置

在上述配置完成，并完成模型的搭建后，用 USB 转 TTL 线，分别将 USB 的 RX、TX 接在 F28069 主控板的 TXA、RXA 引脚上。启动仿真，通过调节电位器便能观察到 Scope 模块的数据变化，如图 5.36 所示。

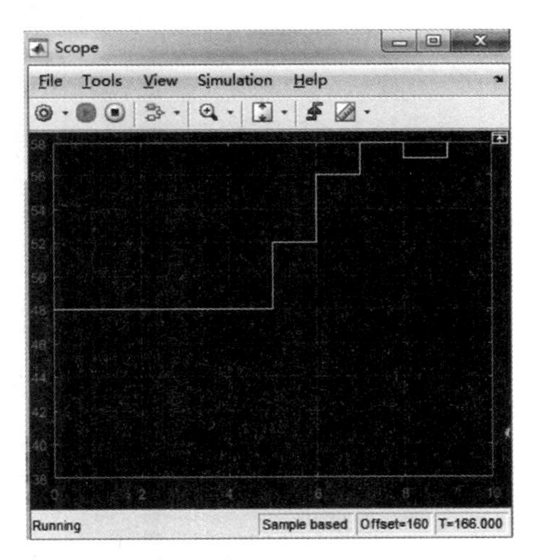

图 5.36 Scope 模块显示

5.3 Timer_IT

视频讲解

在多数情况下 Timer0 都作为系统默认的时基，如图 5.37 所示的 Base rate trigger 作为 Simulink 模型的触发率。那么触发步长在 Slover 中为 Fixed-step size(fundamental sample time)，如图 5.38 所示，配置 Simulink 模型的执行周期为 1s，也就是 1Hz 的执行频率。

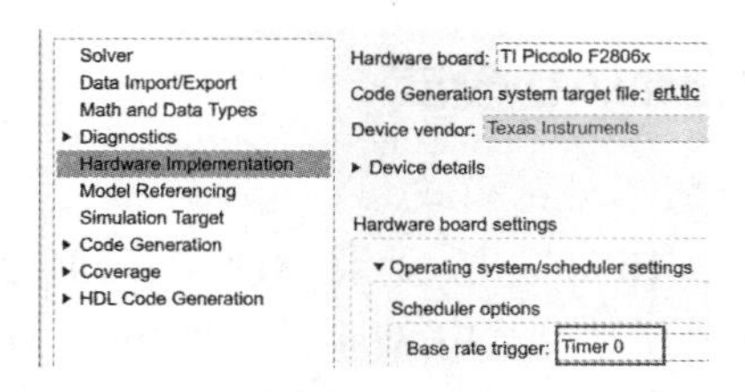

图 5.37 定时器中断配置图

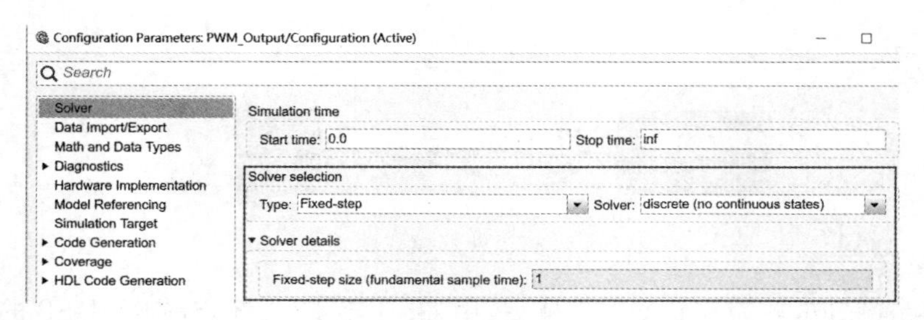

图 5.38 步长设置图

在上述配置完成，并完成模型的搭建后，如图 5.39 所示，将模型编译下载到主控板上。最终可以观察到，LED1 灯每秒闪烁一次。

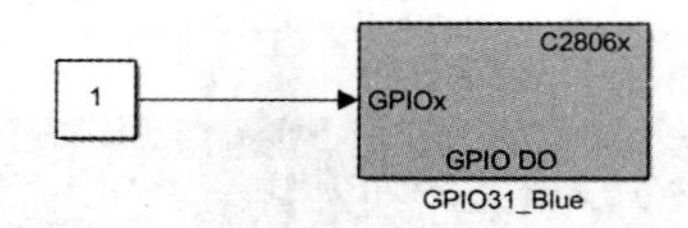

图 5.39 模型搭建图

可以把此模型生成的工程文件在 CCS 编译器中打开，复制 MTLAB 的工作路径 D:\MBD28069_BalanceCar\Chapter2\2.3Timer_IT，导入到 CCS 中，可以看到如图 5.40 所示的一些文件。

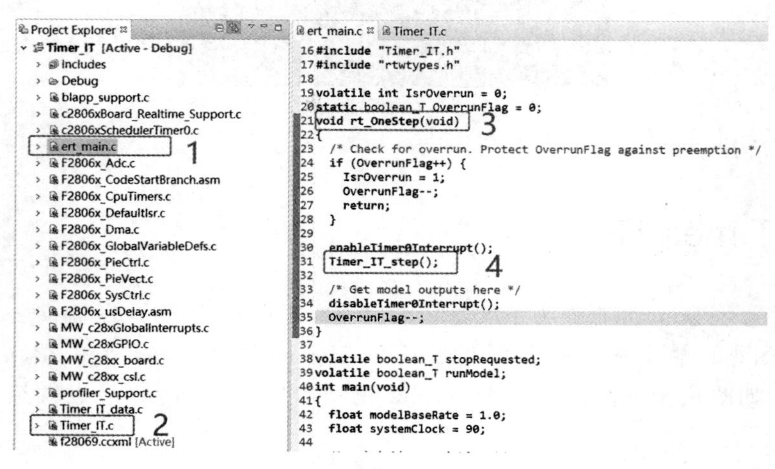

图 5.40 CCS 程序图

（1）ert.main.c：主要是对控制芯片一些初始化操作、while 循环和中断函数的调用。

（2）Timer_IT.c：主要包括初始化函数、定时器 0 中断操作函数、主函数里面的初始化函数。

（3）图 5.40 中的 3 和 4 为定时器 0 中断执行函数，Timer_IT_step()函数为 rt_One_Step()函数的子函数，在 Simulink 中搭建的控制模型基本在定时器 0 中断函数执行，除了 C28x Hardware Interrupt、Idle Task 等一些特别声明的模块。

（4）如图 5.41 所示，是 main 主函数的一些命令。

```
int main(void)
{
  float modelBaseRate = 1.0;
  float systemClock = 90;

  /* Initialize variables */
  stopRequested = false;
  runModel = false;
  c2000_flash_init();
  init_board();

#ifdef MW_EXEC_PROFILER_ON

  config_profilerTimer();

#endif

  ;
  bootloaderInit();
  rtmSetErrorStatus(Timer_IT_M, 0);
  Timer_IT_initialize();
  globalInterruptDisable();
  configureTimer0(modelBaseRate, systemClock);
  runModel =
    rtmGetErrorStatus(Timer_IT_M) == (NULL);
  enableTimer0Interrupt();
  globalInterruptEnable();
  while (runModel) {
    stopRequested = !(
                      rtmGetErrorStatus(Timer_IT_M) == (NULL));
  }
```

图 5.41 CCS 程序图一

（5）modelBaseRate 也就是之前设定的定步长大小，systemClock 就是系统时钟大小，Flash 烧写初始化。

（6）init_board()主要是对 Simulink 模型配置参数中的 I/O 口进行初始化，Timer_IT_initialize()主要是对 Simulink 中搭建的一些 GPIO 进行初始化，如图 5.42 所示，其中的 0xFCFFFFFF 是对 GPIO31 的配置。

```
/* Model step function */
void Timer_IT_step(void)
{
  /* S-Function (c280xgpio_do): '<Root>/GPIO31_Blue1' incorporates:
   *  Constant: '<Root>/Constant'
   */
  {
    if (Timer_IT_P.Constant_Value)
      GpioDataRegs.GPASET.bit.GPIO25 = 1;
    else
      GpioDataRegs.GPACLEAR.bit.GPIO25 = 1;
  }
}

/* Model initialize function */
void Timer_IT_initialize(void)
{
  /* Registration code */

  /* initialize error status */
  rtmSetErrorStatus(Timer_IT_M, (NULL));

  /* Start for S-Function (c280xgpio_do): '<Root>/GPIO31_Blue1' incorporates:
   *  Constant: '<Root>/Constant'
   */
  EALLOW;
  GpioCtrlRegs.GPAMUX2.all &= 0xFFFFFFCF;
  GpioCtrlRegs.GPADIR.all |= 0x40000;
  EDIS;
}
```

图 5.42 CCS 程序图二

(7) configureTimer0()是计算定时器 0 产生中断的时间间隔。

(8) void ConfigCpuTimer(struct CPUTIMER_VARS * Timer, float Freq, float Period),CPUTIMER_VARS * Timer 表示选择哪个定时器,Freq 表示定时器频率,Period 表示定时器周期值。

(9) ConfigCpuTimer(&CpuTimer0,systemClock,baseRate * 1000000)。

(10) 计算公式为: T = systemClock * baseRate * 1000000/CpuTimer0,如图 5.43 所示。

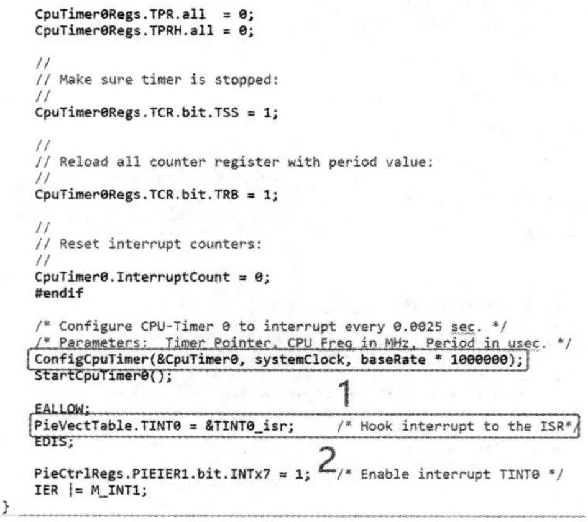

```
CpuTimer0Regs.TPR.all  = 0;
CpuTimer0Regs.TPRH.all = 0;

//
// Make sure timer is stopped:
//
CpuTimer0Regs.TCR.bit.TSS = 1;

//
// Reload all counter register with period value:
//
CpuTimer0Regs.TCR.bit.TRB = 1;

//
// Reset interrupt counters:
//
CpuTimer0.InterruptCount = 0;
#endif

/* Configure CPU-Timer 0 to interrupt every 0.0025 sec. */
/* Parameters:  Timer Pointer, CPU Freq in MHz, Period in usec. */
ConfigCpuTimer(&CpuTimer0, systemClock, baseRate * 1000000);
StartCpuTimer0();
                                        1
EALLOW;
PieVectTable.TINT0 = &TINT0_isr;     /* Hook interrupt to the ISR*/
EDIS;
                                  2
PieCtrlRegs.PIEIER1.bit.INTx7 = 1;   /* Enable interrupt TINT0 */
IER |= M_INT1;
}
```

图 5.43 CCS 程序图三

(11) 根据之前的设置,可以得到 T=90 * 1 * 1000000/90000000=1s。

(12) enableTimer0Interrupt()使能定时器 0 中断,globalInterruptEnable()使能全局中断,如图 5.44 所示。

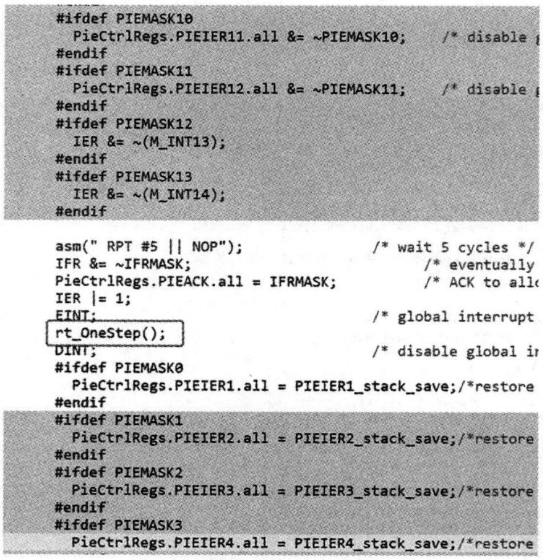

```
#ifdef PIEMASK10
  PieCtrlRegs.PIEIER11.all &= ~PIEMASK10;     /* disable
#endif
#ifdef PIEMASK11
  PieCtrlRegs.PIEIER12.all &= ~PIEMASK11;     /* disable
#endif
#ifdef PIEMASK12
  IER &= ~(M_INT13);
#endif
#ifdef PIEMASK13
  IER &= ~(M_INT14);
#endif

asm(" RPT #5 || NOP");                  /* wait 5 cycles */
IFR &= ~IFRMASK;                               /* eventually
PieCtrlRegs.PIEACK.all = IFRMASK;              /* ACK to all
IER |= 1;
EINT;                                   /* global interrupt
rt_OneStep();
DINT;                                   /* disable global in
#ifdef PIEMASK0
  PieCtrlRegs.PIEIER1.all = PIEIER1_stack_save;/*restore
#endif
#ifdef PIEMASK1
  PieCtrlRegs.PIEIER2.all = PIEIER2_stack_save;/*restore
#endif
#ifdef PIEMASK2
  PieCtrlRegs.PIEIER3.all = PIEIER3_stack_save;/*restore
#endif
#ifdef PIEMASK3
  PieCtrlRegs.PIEIER4.all = PIEIER4_stack_save;/*restore
```

图 5.44 CCS 程序图四

(13) while 为函数的循环语句，其中 Simulink 中 Idle Task 模块就是运行在 while 中。

首次在 CCS 中编译 Simulink 生成的代码前，需要先打开 f28069.ccxml [Active]，然后选择对应的仿真器型号，第一次打开默认是 XDS100v1，由于主控板使用的是 v2，所以选择 XDS100v2，先单击右侧的 Save 按钮，然后再选择对应的设备 TMS320F28069，最后单击 Test Connection 按钮，如图 5.45 所示，此时计算机会跟主控板通信，最终出现如图 5.46 所示的界面，说明已经配置成功。

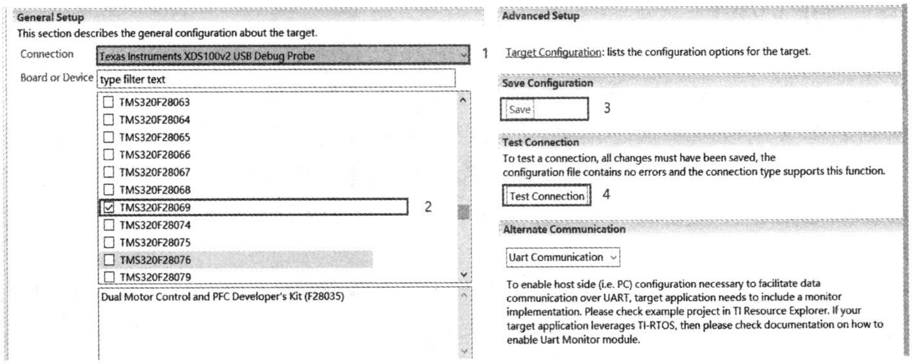

图 5.45 CCS 生成代码设置

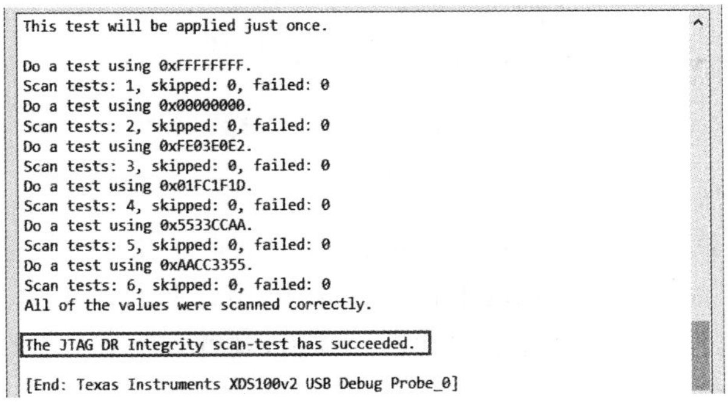

```
This test will be applied just once.

Do a test using 0xFFFFFFFF.
Scan tests: 1, skipped: 0, failed: 0
Do a test using 0x00000000.
Scan tests: 2, skipped: 0, failed: 0
Do a test using 0xFE03E0E2.
Scan tests: 3, skipped: 0, failed: 0
Do a test using 0x01FC1F1D.
Scan tests: 4, skipped: 0, failed: 0
Do a test using 0x5533CCAA.
Scan tests: 5, skipped: 0, failed: 0
Do a test using 0xAACC3355.
Scan tests: 6, skipped: 0, failed: 0
All of the values were scanned correctly.

The JTAG DR Integrity scan-test has succeeded.

[End: Texas Instruments XDS100v2 USB Debug Probe_0]
```

图 5.46 CCS 生成代码配置

当配置好 ccxml 文件后，下次编译工程时就不需要再进行操作了。现在就可以单击形状的“编译”按钮，确认无误，如图 5.47 所示。

图 5.47 程序编译

然后再单击形状的“调试”按钮，程序会下载到主控板，之后再单击“运行”按钮，就可观察到 LED1 灯开始闪烁，证明程序已经运行了。当单击“暂停”按钮时，则程序会暂时停止在芯片上运行，这是 LED1 灯停止闪烁，当单击“终止”按钮时，则程序停止在线运行,如图 5.48 所示。关于 CCS 更多的操作请看合动智能科技公司的《CCS6.2 开发入门手册》。

File Edit View Project Tools Run Scripts Window Help

图 5.48 程序运行与调试

5.4 ePWM

脉冲宽度调制(PWM)是一种对模拟信号电平进行数字编码的方法,其根据相应载荷的变化来调制晶体管栅极或基极的偏置,来实现开关稳压电源输出晶体管或晶体管导通时间的改变,这种方式能使电源的输出电压在工作条件变化时保持恒定,是利用微处理器的数字输出来对模拟电路进行控制的一种非常有效的技术,广泛应用在从测量、通信到功率控制与变换的许多领域中。

关于 PWM 的控制方法,采样控制理论中有一个重要结论:冲量相等而形状不同的窄脉冲加在具有惯性的环节上时,其效果基本相同,如图 5.49 所示。

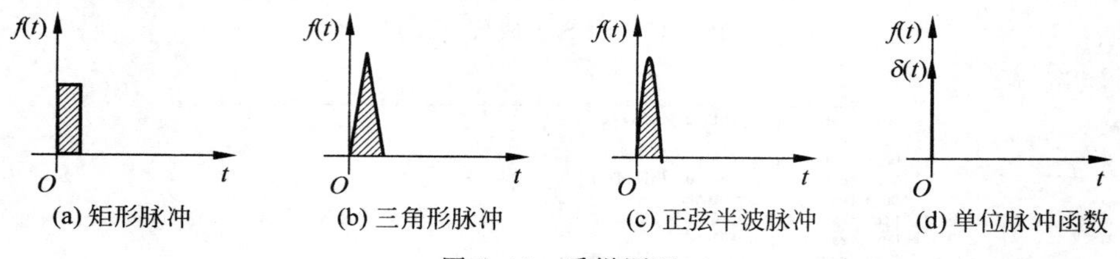

图 5.49 采样原理

PWM 控制技术就是以该结论为理论基础,对半导体开关器件的导通和关断进行控制,使输出端得到一系列幅值相等而宽度不相等的脉冲,用这些脉冲来代替正弦波或其他所需要的波形。按一定的规则对各脉冲的宽度进行调制,既可改变逆变电路输出电压的大小,也可改变输出频率,如图 5.50 所示。

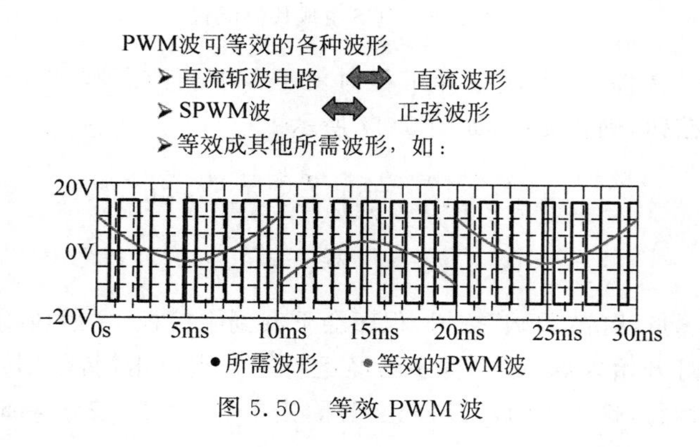

图 5.50 等效 PWM 波

TMS320F28069 有 19 路脉宽调制输出引脚(这些引脚需要软件进行配置,类似于前面的普通 GPIO 的配置),这 19 路脉宽调制输出引脚包括 16 路增强型 PWM(ePWM)和 3 路普通 PWM(ECap 模块复用),16 路增强型 PWM 中又有 8 路可以配置为高分辨率的 PWM(HRPWM)。8 组 PWM 模块,每一组又有 2 路 PWM,分别是 PWMA 和 PWMB。

一个 ePWM 模块包括 Time-base(TB) module(时基模块)、Counter-compare(CC) module(计数器比较模块)、Action-qualifier(AQ) module(比较方式预设模块)、Dead-band(DB) module(死区模块)、PWM-chopper(PC) module(斩波模块)、Event-trigger(ET) module(事件触发模块)、Trip-zone(TZ) module(行程区模块)共 7 个模块。关于各个模块的介绍请参考刘杰编写的《Simulink 建模基础及 C2000 DSP 代码自动生成》。

本次应用案例利用的是 EPWM1 模块,其原理图如图 5.51 所示。

GPIO0	87	GPIO0/EPWM1A
GPIO1	86	GPIO1/EPWM1B/COMPIOUT
GPIO2	84	GPIO2/EPWM2A
GPIO3	83	GPIO3/EPWM2B/SPISOMIA/COMP2OUT
GPIO4	9	GPIO4/EPWM3A
GPIO5	10	GPIO5/EPWM3B/SPISIMOA/ECAP1
	58	GPIO6/EPWM4A/EPWMSYNCI/EPWMSYNC(
	57	GPIO7/EPWMAB/SCIRXDA/ECAP2
	54	

图 5.51　EPWM1 模块接口

以下通过 3 个例子对 PWM 的功能进行说明。

5.4.1　ePWM_单路输出

1. 方法一

ePWM 模块输入时钟,直接由系统时钟而来,使用的时候可以根据用户需要进行分频。在 ePWM 的设置界面的 General 选项卡中,配置为 ePWM1 模式,对 PWM 模块进行初始化配置,时钟周期单元选择 Clock cycles,计数模式选择 Up-Down 计数,如图 5.52 所示。

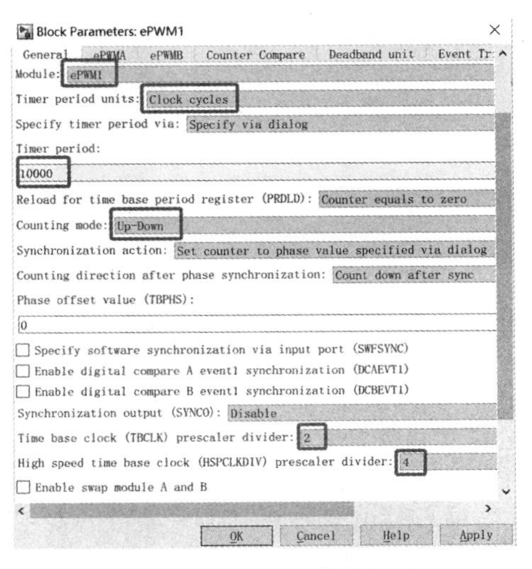

图 5.52　ePWM 模块配置

TBCLK=SYSCLKOUT/(HSPCLKDIV * CLKDIV),本次实验系统时钟 SYSCLKOUT 设置为 80MHz,取 HSPCLKDIV 选择 4 分频,TBCLK 分频选择 2 分频,所以 ePWM1 的时基时钟为 TBCLK=80/(2 * 4)=10MHz,设置周期寄存器值为 10000,因此 ePWM1 的输出频率为 10MHz/10000=1kHz。

在 ePWMA 选项卡配置使能 ePWMA,当计数等于 0 的时候不动作,等于比较寄存器 CAU 的值的时候复位,等于比较寄存器 CAD 的值的时候置高,其他时间不动作。ePWMB、死区时间、事件触发以及错误联防均不配置,如图 5.53 所示。

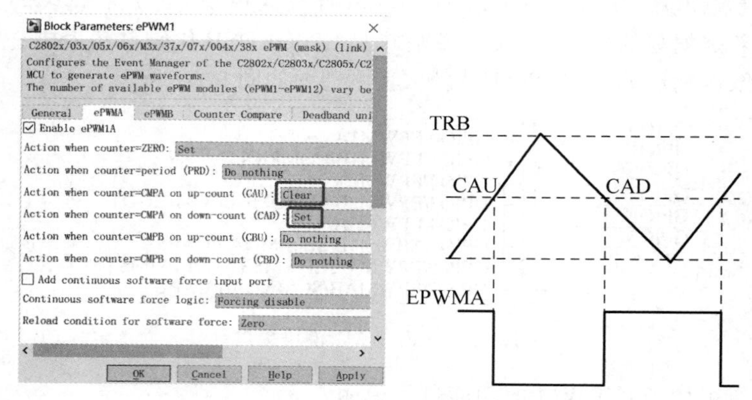

图 5.53 ePWMA 计数模式配置

对 Counter Compare 的配置:将 CMPA units 设置为 Percentage(百分比);比较寄存器 CMPA 设置成 Specify via dialog 内部指定为 50,即占空比为 50%,如图 5.54 所示。

通过以上配置,可以得到模型如图 5.55 所示。

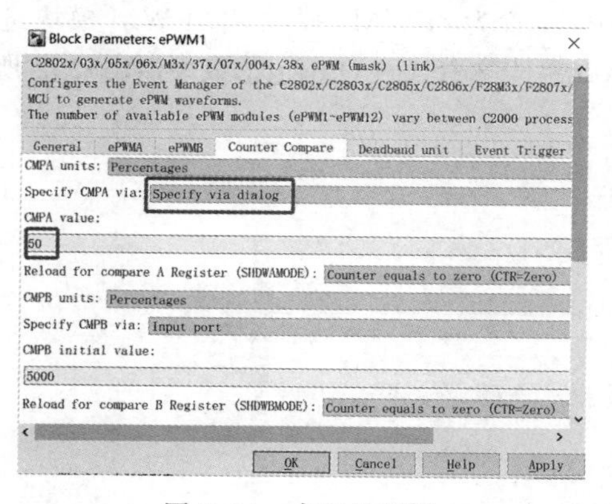

图 5.54 占空比配置

图 5.55 ePWM1 模块

2. 方法二

在 General 选项卡中,配置为 ePWM1 模式,对 PWM 模块进行初始化配置,时钟周期单元选择 Seconds,计数模式选择 Up-Down 计数,关闭同步功能,分频系数 TBCLK 和

HSPCLKDIV 均为 1(不对系统时钟分频),如图 5.56 所示。

Block Parameters: ePWM2
C2802x/03x/05x/06x/M3x/37x/07x ePWM (mask) (link)
Configures the Event Manager of the C2802x/C2803x/C2805x/C2806x/F28M3x/F2807x/
to generate ePWM waveforms.
The number of available ePWM modules (ePWM1-ePWM12) vary between C2000 process
General | ePWMA | ePWMB | Counter Compare | Deadband unit | Event Trigger
Module: ePWM1
Timer period units: Seconds
Specify timer period via: Input port
Timer initial period:
0.001
Reload for time base period register (PRDLD): Counter equals to zero
Counting mode: Up-Down
Synchronization action: Disable
Specify software synchronization via input port (SWFSYNC)
Enable digital compare A event1 synchronization (DCAEVT1)
Enable digital compare B event1 synchronization (DCBEVT1)

图 5.56 PWM 周期配置

对 ePWMA 配置同方法一,这里配置 CMPA units 设置为 Percentage(百分比);比较寄存器 CMPA 设置成 Input port(由外部输入),CMPA 初始值设为 0,如图 5.57 所示。

通过以上配置,可以得到模型如图 5.58 所示。

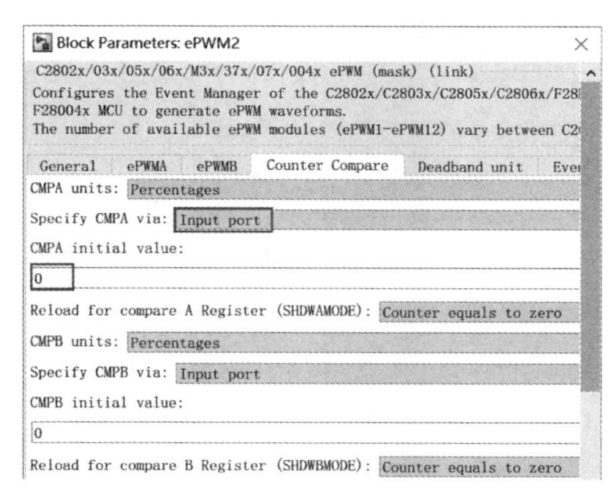

图 5.57 占空比配置

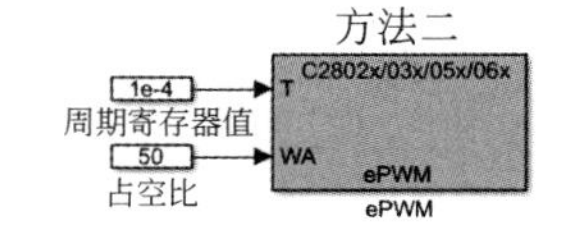

图 5.58 ePWM 模块配置

在上述配置完成,并完成模型的搭建后,将模型编译下载到主控板,然后在 CCS 中打开模型生成的工程文件,先单击“编译”按钮,再单击“调试”按钮,然后将图 5.59 中的两个变量添加到 Expressions 中,单击“运行”按钮,可以看到 TBPRD、CMPA 的值,如图 5.59 所示。可以将主控板的 PWM1A 引脚连接到示波器的信号线,主控板和示波器记得要共地,便能观测到输出的 PWM 的频率是否为 1kHz,占空比是否为 50%。注意,要单击 Expressions 的实时刷新按钮,否则数据不会变化。

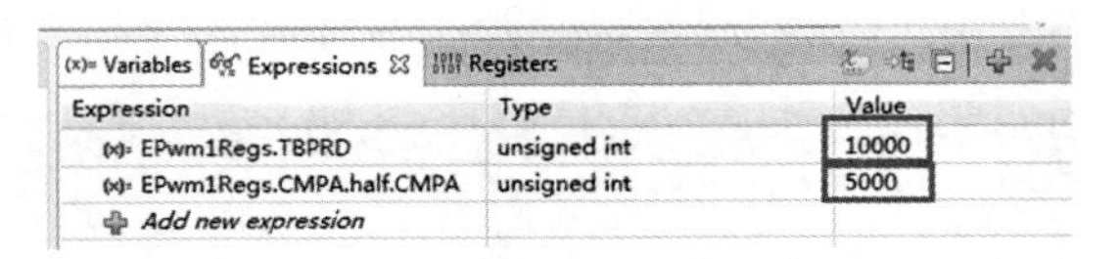

图 5.59　变量观察

5.4.2　ePWM_双路互补输出

对 General 选项卡和 ePWMA 选项卡的配置同 5.4.1 节中的方法一，因为要输出两路互补的 PWM，所以这里使能 ePWM1B 配置与 ePWM1A 相反，如图 5.60 所示。

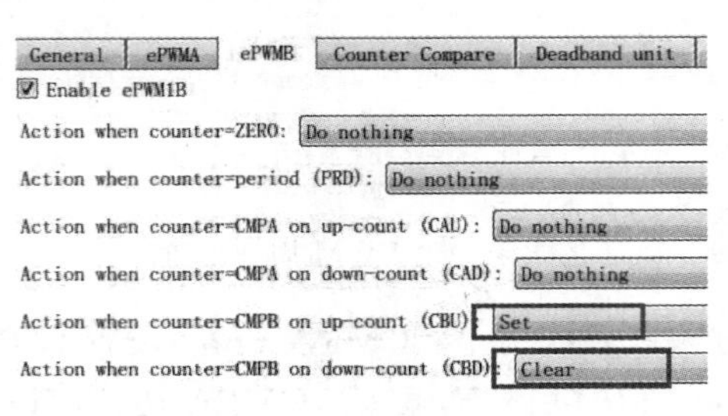

图 5.60　ePWMB 计数模式配置

对 Counter Compare 的配置：将 CMPA units 设置为 Clock cycles(时钟周期)；比较寄存器 CMPA 设置成 Input port 输入端口，初始值设为 0；对 CMPB 的操作一样，如图 5.61 所示。

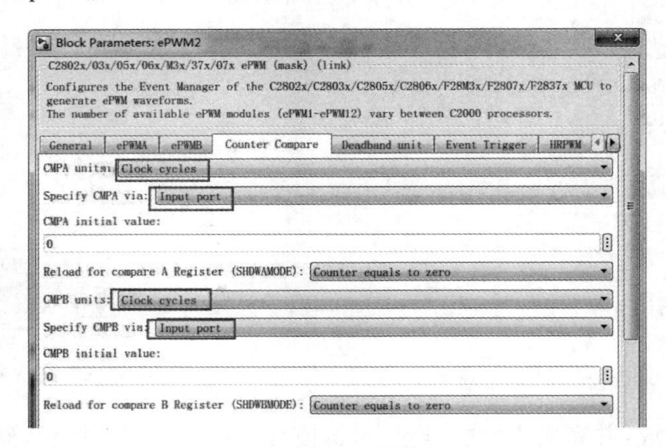

图 5.61　ePWM 周期配置

搭建的模型如图 5.62 所示。

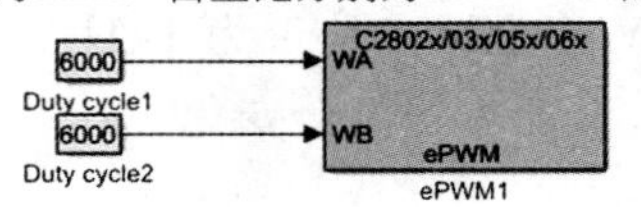

图 5.62　两路占空比不同的 PWM

在上述配置完成，并完成模型的搭建后，将模型编译下载到主控板，然后在 CCS 中打开模型生成的工程文件，先单击“编译”按钮，再单击“调试”按钮，然后将图 5.63 中的 3 个变量添加到 Expressions 中，单击“运行”按钮，可以看到 TBPRD、CMPA、CMPB 的值，如图 5.63 所示。可以将主控板的 PWM1A 引脚和 PWM1B 引脚分别连接到示波器的信号线，主控板和示波器记得要共地，便能观测到两路 PWM 的频率是否都为 1kHz，占空比是否分别为 60%和 40%，波形是否互补。注意，要单击图 5.63 右上方的实时刷新按钮，否则数据不会变化。

(x)= Variables | Expressions | Registers

Expression	Type	Value
EPwm1Regs.TBPRD	unsigned int	10000
EPwm1Regs.CMPA.half.CMPA	unsigned int	6000
EPwm1Regs.CMPB	unsigned int	6000
Add new expression		

图 5.63 变量观察

5.4.3 ePWM_中断

PWM 中断配置在 5.4.2 节的 PWM 实验的基础上改动。在前面的配置不变的情况下，在 Event Trigger 选项卡中，使能 ePWM 中断，并配置为在第一个事件发生时就进入中断，其他设置默认。配置如图 5.64 所示。

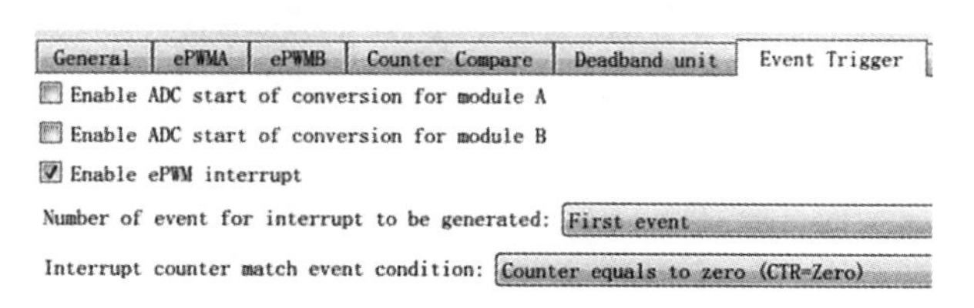

图 5.64 ePWM 中断配置

在上述配置完成后，调用 C28x Hardware Interrupt 模块，将 PWM1 中断的 CPU 级中断号 3 以及 PIE 级中断号 1 写入，其余配置默认，如图 5.65 所示。

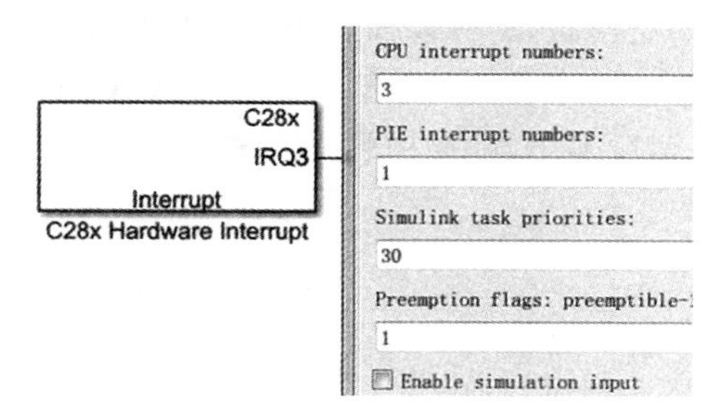

图 5.65 中断模块配置

中断函数中，使用 StateFlow 搭建了一个简单的逻辑功能模块，使 LED 灯每秒翻转一次。其中计数器计数最大值为 1000，如图 5.66 所示。

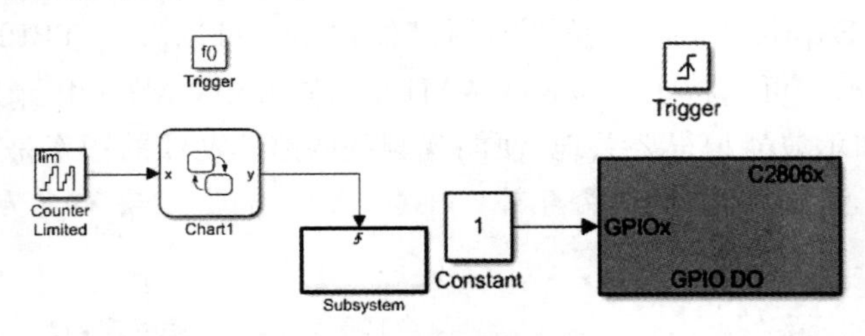

图 5.66　中断函数

该模型的系统时钟为 80MHz，定步长为 0.5s。完成上面的配置之后，将生成的代码下载到开发板上，可以看到，在 PWM 波产生的同时，LED2 灯在以 1Hz 的频率闪烁，LED1 灯以每 0.5s 的频率闪烁，如图 5.67 所示。

输出频率为1kHz，占空比分别为60%、40%的脉冲信号

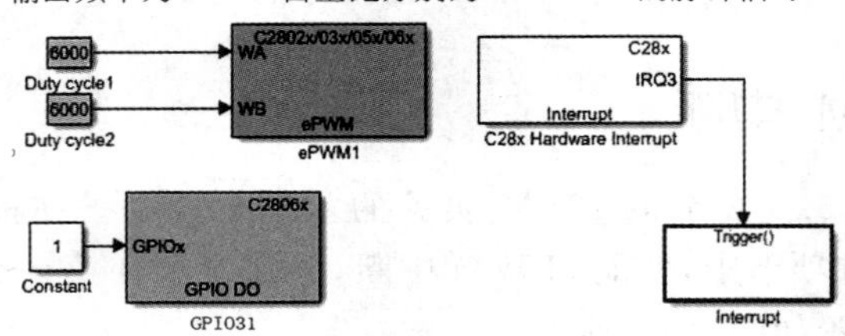

图 5.67　ePWM 中断实现

视频讲解

5.5　eCAP

5.5.1　eCAP 基本介绍

TMS320F28069 的捕获单元模块能够捕获外部输入引脚的逻辑状态(电平的高或低、电平翻转时的上升沿或下降沿)，并利用内部定时器对外部事件或者引脚状态变化进行处理。控制器给每个捕获单元模块都分配了一个捕获引脚，在捕获引脚上输入待测波形，捕获模块就会捕获到指定捕获的逻辑状态，所以捕获单元可以用于测量脉冲周期以及脉冲的宽度。TMS320F28069 上面有 4 路增强型捕捉模块 eCAP，CAP 模块是应用定时器来实现事件捕获功能的，主要应用在速度测量、脉冲序列周期测量等方面。

eCAP 模块包括以下资源。

- 可分配的输入引脚。
- 32b 时间基准(计数器)。
- 4 个 32b 时间窗捕获控制寄存器。
- 独立的边缘极性选择。

- 输入信号分频(2～62)。
- 4个捕获事件均可引起中断。

1. eCAP模块的组成

eCAP模块可以设置为捕捉模式或者是APWM模式，一般而言，前者比较常用，因此在这里只对第一种情况进行分析介绍。在捕捉模式下，一般可以将eCAP模块分为以下几部分：事件分频、边沿极性选择与验证、中断控制。

1）事件分频

输入事件信号可通过分频器分频处理(分频系数2～62)，或直接跳过分频器。这个功能通常适用输入事件信号频率很高的情况。

2）边沿极性选择与验证

4个独立的边沿极性(上升沿/下降沿)选择通道；Modulo4序列发生器对Eachedge(共4路)进行事件验证；CAPx通过Mod4对事件边沿计数，CAPx寄存器在下降沿时被装载。32b计数器(TSCTR)此计数器为捕捉提供时钟基准，而时钟的计数则是基于系统时钟的。当此计数器计数超过范围时，则会产生相应的溢出标志，若溢出中断使能，则产生中断。此计数器在计算事件周期时非常有效，关于CAP的详细资料请参阅数据手册。

3）中断控制

中断能够被捕获事件(CEVT1～CEVT4、CTROVF)触发，计数器(TSCTR)计数溢出同样会产生中断。事件单独地被极性选择部分以及序列验证部分审核。这些事件中的一个被选择用来作为中断源送入PIE。

设置CAP中断的过程可表述如下。

(1) 关闭全局中断。

(2) 停止eCAP计数。

(3) 关闭eCAP的中断。

(4) 设置外设寄存器。

(5) 清除eCAP中断标志位。

(6) 使能eCAP中断。

(7) 开启eCAP计数器。

(8) 使能全局中断。

2. 加深理解eCAP模块原理

配置好eCAP模块的引脚后，外部事件由引脚输入，首先通过模块的分频部分，分频系数为2～62，也可以选择跳过分频部分，此功能主要是针对输入事件信号频率很高的情况。经过分频后的信号(通常频率会降低)，送至边沿及序列审核部分，边沿审核即设置为上升沿或下降沿有效，序列审核则是指分配当前对哪个寄存器(CAP1～CAP4)作用的问题，之后就是中断执行控制部分。

5.5.2 eCAP 捕获 PWM 脉冲

在 5.4 节中知道了如何配置 TMS320F28069 的 ePWM 模块使其输出 PWM 波形，而本实验则是通过利用捕获模块功能来测量配置的 PWM 波的占空比是否正确。实验时，只需要将 ECAP1 引脚用杜邦线先后与 EPWM1A 引脚和 EPWM1B 连接起来，即可完成实验。其原理图如图 5.68 所示。

第一步，在 Solver 中设置定步长为 0.5s，在 Hardware Implementation 中配置系统时钟为 90MHz，LSPCLK 低速时钟外设 4 分频，eCAP 的 ECAP1 pin assignment 引脚选择 GPIO5，如图 5.69 所示。

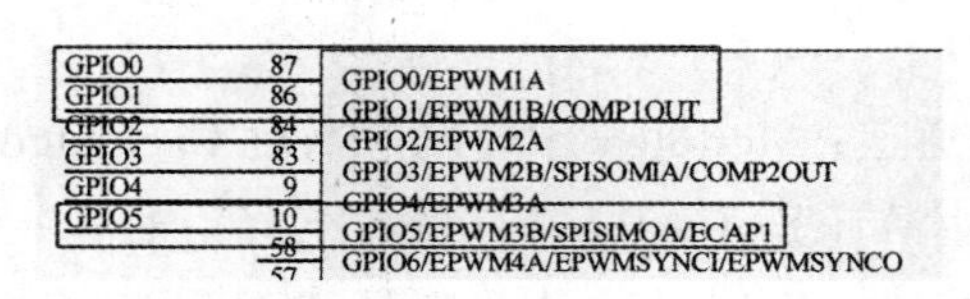

图 5.68 eCAP 原理图

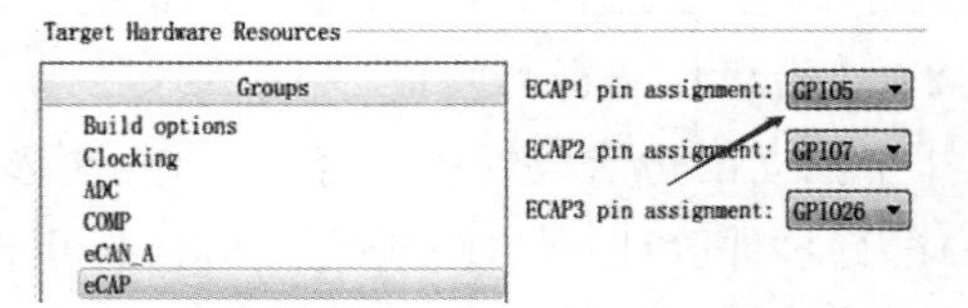

图 5.69 eCAP 模块配置

第二步，初始化好 10 个全局变量，如图 5.70 所示。用来实现对一方波信号的频率、周期、占空比的测量。

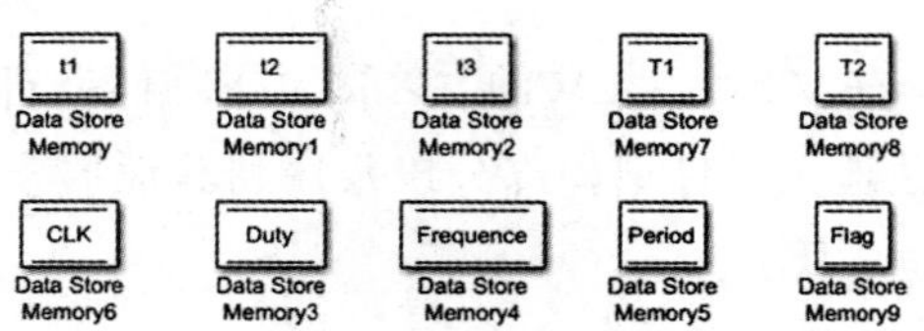

图 5.70 变量初始化

(1) t1 表示第一个捕捉事件发生时计数器的值。

(2) t2 表示第二个捕捉事件发生时计数器的值。

(3) t3 表示第三个捕捉事件发生时计数器的值。

(4) T1 表示 t2－t1 的差，也就是测试方波的高电平时间对应的计数值。

(5) T2 表示 t3－t1 的差，也就是测试方波的整个周期对应的计数值。

(6) CLK 表示系统时钟周期，Duty 表示实际方波的占空比，Frequence 表示方波的频率，Period 表示方波的周期，Flag 表示检测完成标志位。

第三步，生成两路频率为 10kHz，一个是占空比为 50％的 PWM，另一个是占空比为 60％的 PWM，如图 5.71 所示。

第四步，设置 eCAP 模块，中断中配置如图 5.72 和图 5.73 所示，使用的是 eCAP1 模块，配置为连续控制模式，并在第三次事件之后停止计数并重置，第一次事件的触发极性为上升沿，第二次事件的触发极性为下降沿，第三次触发极性为上升沿，计数时间的数据类型为无符号的 32 位整型。中断配置为捕捉到第三次事件之后触发中断。在 eCAP 输出接上 demux 模块，并将输出的值赋予 t1、t2、t3。

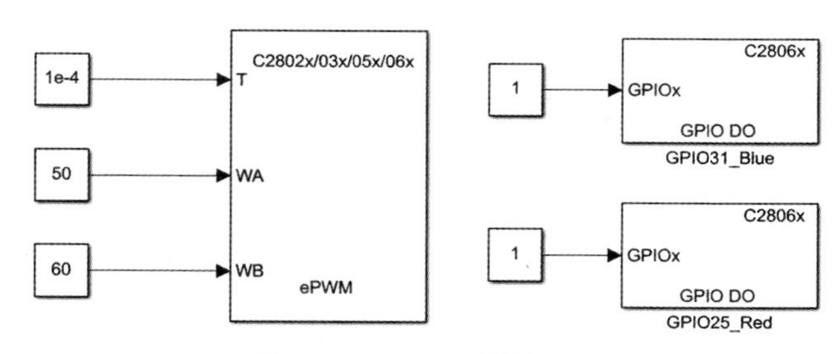

图 5.71 ePWM 模块配置

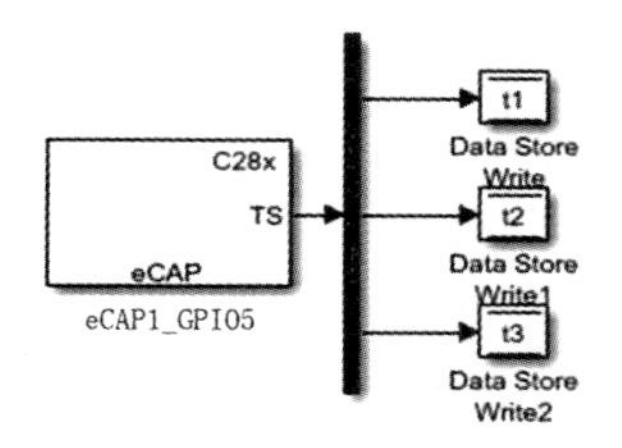

t1表示第一个捕捉事件发生时计数器的值
t2表示第二个捕捉事件发生时计数器的值
t3表示第三个捕捉事件发生时计数器的值

图 5.72 eCAP 模块搭建

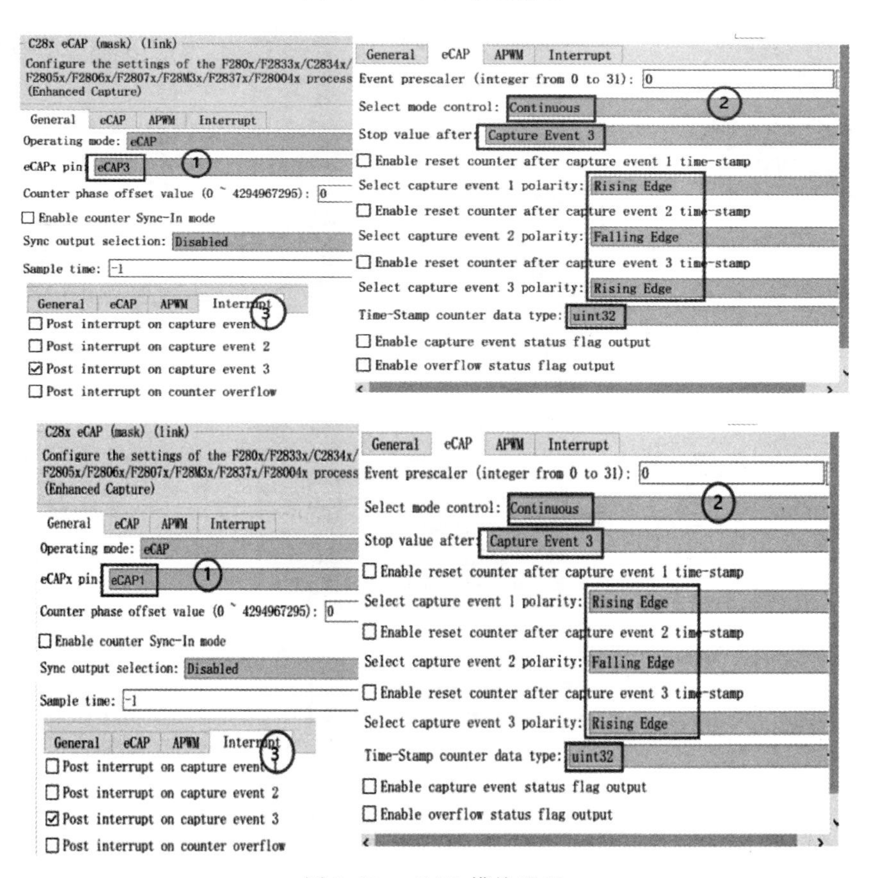

图 5.73 eCAP 模块配置

第五步，计算 T1、T2 并对 Flag 置位，表示一次检测完毕，如图 5.74 所示。

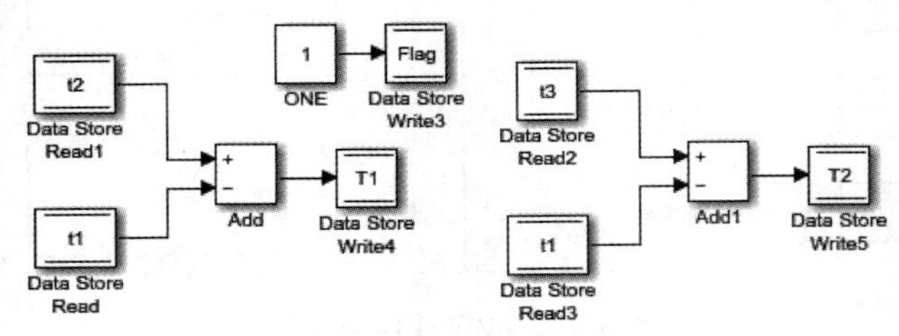

注：Flag为标志位，作为while子系统的触发信号

图 5.74 计算 T1、T2

第六步，封装子系统，配置硬件中断，根据 eCAP1 的中断向量号(它属于 CPU 中断的第四组下的第 1 个 PIE 中断)，配置 C28x 硬件中断模块，如图 5.75 所示。

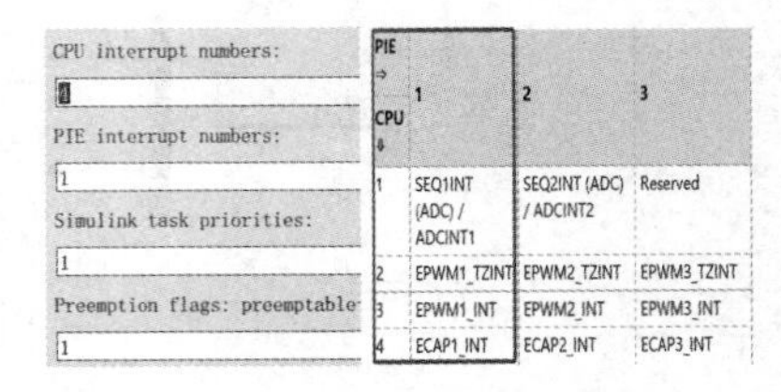

图 5.75 eCAP 中断配置

第七步，标志位触发，在 Whlie(1)中触发计算模块，对输入方波的频率、周期、占空比进行计算，如图 5.76 所示。其中，CLK = 1/90000000。如图 5.77 所示为 eCAP 的 Simulink 模型图。

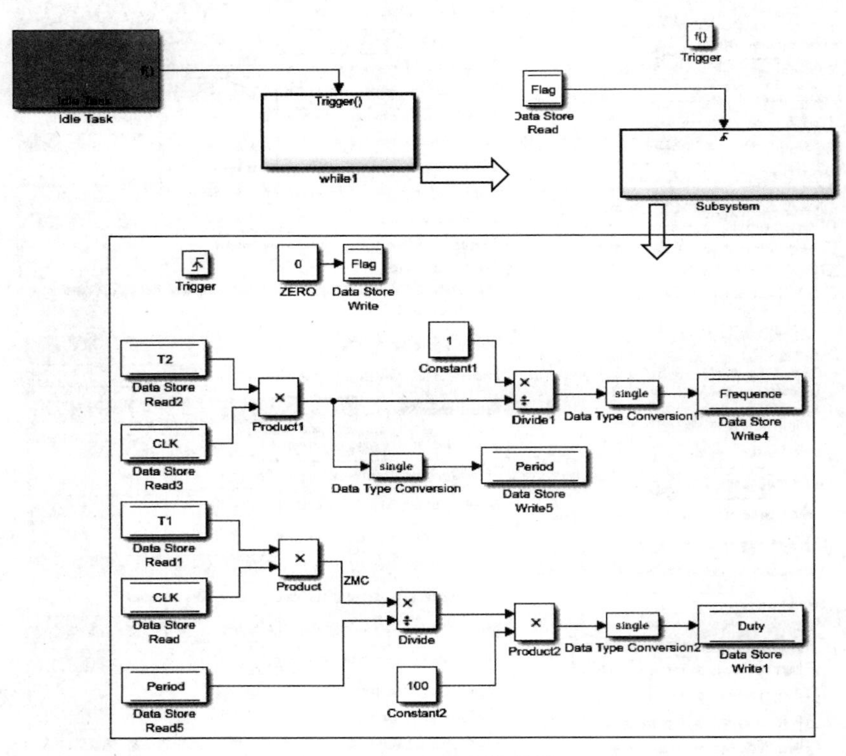

图 5.76 PWM 参数计算

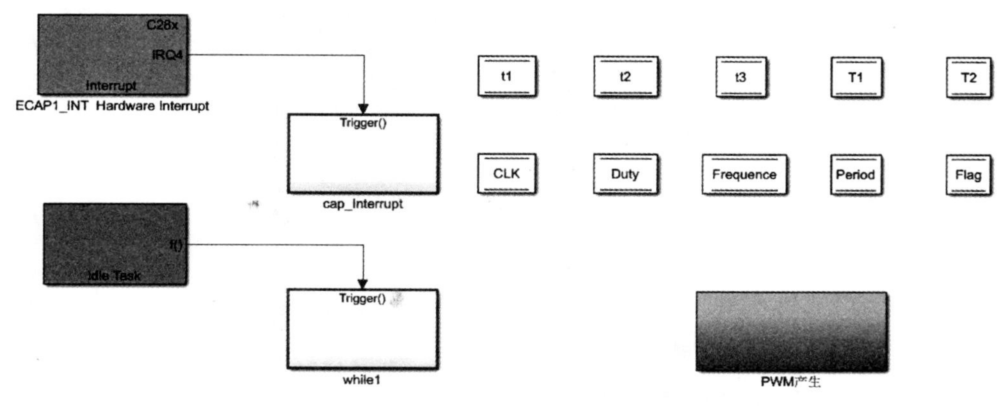

图 5.77 eCAP 实验

这里需要注意一点，请在 Diagonostics 选项卡中的 Data Validity 选项中，将 Multitask data store 配置为 none，否则会出现如图 5.78 所示的错误。

```
The blocks 'Examole4 CAP PWM/while1/Data Store Read' and
'Examole4 CAP PWM/cap Interrupt/Caculate/Data Store Write3' are accessing the Data Store Memory
block 'Examole4 CAP PWM/Flag'. The two blocks execute in different tasks, which can lead to a
lack of data integrity in a multi-tasking, real-time environment.  Consider adjusting the
sample times of the blocks that access that data store. Alternatively, set the 'Configuration
Parameters > Diagnostics > Data Validity > Multitask data store' parameter to 'none' if the
data store is accessed with an atomic operation, or if the tasks involved cannot preempt each
other in the target system.
```

Component: Simulink | Category: Block diagram error

图 5.78 错误诊断

在上述配置完成，并完成模型的搭建后，将模型编译下载到主控板，然后在 CCS 中打开模型生成的工程文件，先单击"编译"按钮 ，再单击"调试"按钮 ，然后将图 5.79 和图 5.80 中的 10 个变量添加到 Expressions 中，在单击"运行"按钮 前，先将 eCAP3 引脚用杜邦线与 EPWM1A 引脚连接起来。然后再单击"运行"按钮可以看到各个变量的值。要想看 EPWM1B 的数值，ECAP1 引脚用杜邦线与 EPWM1B 引脚连接起来。这里有一点点误差，是芯片自身问题。图 5.79 为 EPWM1A 数据监测图，图 5.80 为 EPWM1B 数据监测图。

(x)= Variables | Expressions | Registers

Expression	Type	Value
Example4_CAP_PWM_DW	struct <unnamed>	{CLK=1.11111111e-08,Duty=...
(x)= CLK	double	1.11111111e-08
(x)= Duty	float	49.9944458
(x)= Frequence	float	9998.88867
(x)= Period	float	0.000100011108
(x)= t1	unsigned long	2137642542
(x)= t2	unsigned long	2137773056
(x)= t3	unsigned long	2137831563
(x)= T1	unsigned long	4500
(x)= T2	unsigned long	9001
(x)= Flag	unsigned int	0

图 5.79 EPWM1A 数据监测

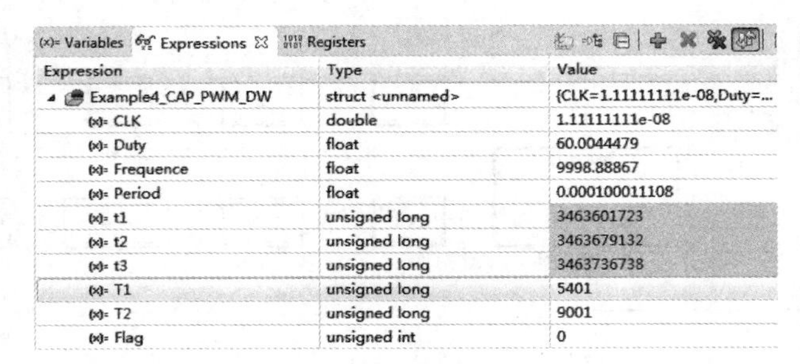

Expression	Type	Value
Example4_CAP_PWM_DW	struct <unnamed>	{CLK=1.11111111e-08,Duty=...
CLK	double	1.11111111e-08
Duty	float	60.0044479
Frequence	float	9998.88867
Period	float	0.000100011108
t1	unsigned long	3463601723
t2	unsigned long	3463679132
t3	unsigned long	3463736738
T1	unsigned long	5401
T2	unsigned long	9001
Flag	unsigned int	0

图 5.80　EPWM1B 数据监测

视频讲解

5.6　SCI 串行通信

5.6.1　SCI 通信基本原理

SCI(Serial Communication Interface)意为“串行通信接口”,是相对于并行通信来说的,是串行通信技术的一种总称,最早由 Motorola 公司提出。它是一种通用异步通信接口,与 MCS-51 的异步通信功能基本相同。

SCI 模块用于串行通信,如 RS422、RS485、RS232,在 SCI 中,通信协议体现在 SCI 的数据格式上。通常将 SCI 的数据格式称为可编程的数据格式,原因就是它可以通过 SCI 的通信控制寄存器 SCICCR 来进行设置,规定通信过程中所使用的数据格式,如图 5.81 所示。

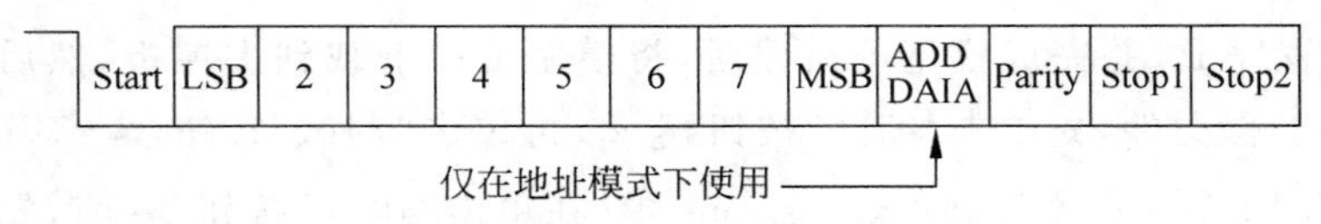

图 5.81　典型的 SCI 数据帧格式

TMS320F28069 上面有两个 UART 口：SCIA、SCIB。本实验针对 SCIB。SCI 的原理以及特点如下所述。

(1) 外部引脚。

发送引脚：SCITXD,接收引脚：SCIRXD。

(2) 波特率可编程。

当 BRR≠0 时：波特率＝LSRCLK÷((BRR＋1)×8)。

当 BRR＝0 时：波特率＝LSPCLK÷16。

(3) 数据格式。

1 个开始位,1～8 个数据位,奇校验/偶检验/无校验可选,1 或 2 个停止位。

(4) 4 个错误检测标志：校验、溢出、帧、断点检测。

(5) 全双工和半双工模式可以缓冲接收和发送。

(6) 串口数据发送和接收过程可以通过中断方式或查询方式。

本实验选取 TMS320F28069 的 SCIB 模块进行实验，分别设置 GPIO15 和 GPIO58 作为 SCIB 的发送和接收功能引脚，并配置为波特率 9600b/s，8 位数据位，1 位停止位，无奇偶校验，原理图如图 5.82 所示。

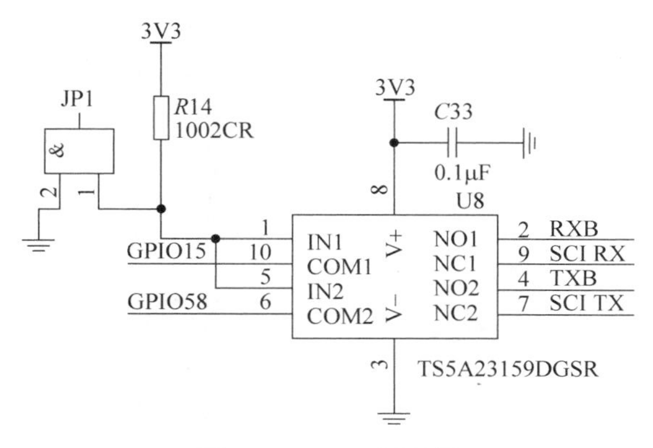

图 5.82 SCIB 原理图

5.6.2 SCI 收发数据

在 Solver 中设置定步长为 0.1s，在 Hardware Implementation 中配置系统时钟为 90MHz，LSPCLK 低速时钟外设 4 分频，SCI_B 的字符长度为 8 位，波特率设为 115000b/s，Tx 的引脚设为 GPIO58，Rx 的引脚设为 GPIO15，如图 5.83 所示。

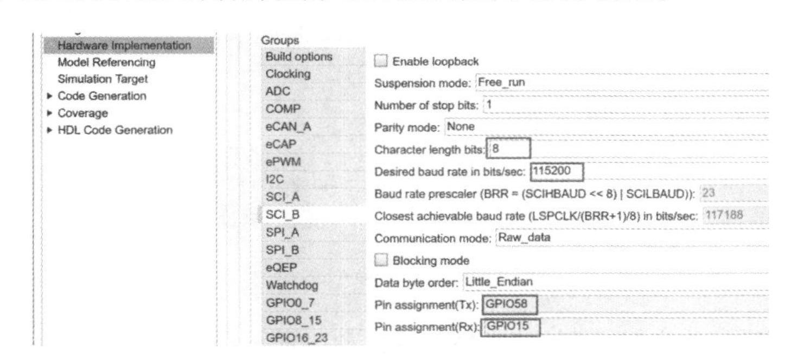

图 5.83 SCIB 模块配置

设置 SCI Receive 的 SCI module 为 B，其他的参数默认，此模块负责接收串口助手发送过来的数据；SCI Transmit 的 SCI module 为 B，如图 5.84 所示，其他参数默认，此模块负责发送数据给串口助手。

搭建整个模型如图 5.85 所示，控制流程为：SCI 接收到数据与 53 比较，如果等于 53 则输出 1，1 大于 0 则输出 Counter Limited 的数（Upper limit 设定为 10，当累加到 10 变归 0 重新计数），否则一直输出 2。

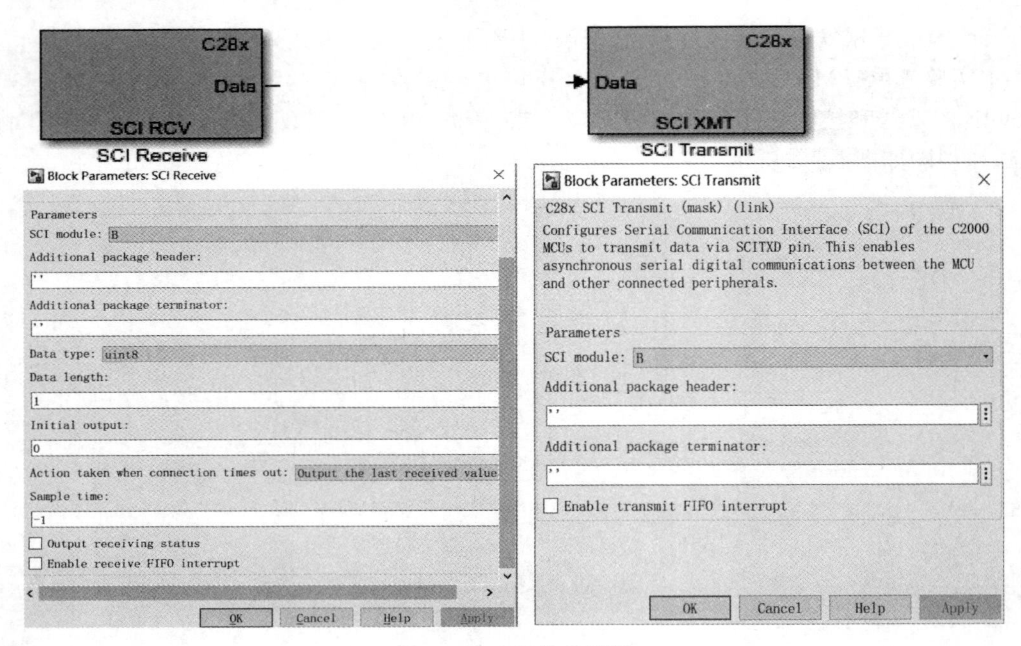

图 5.84　SCI 收发配置

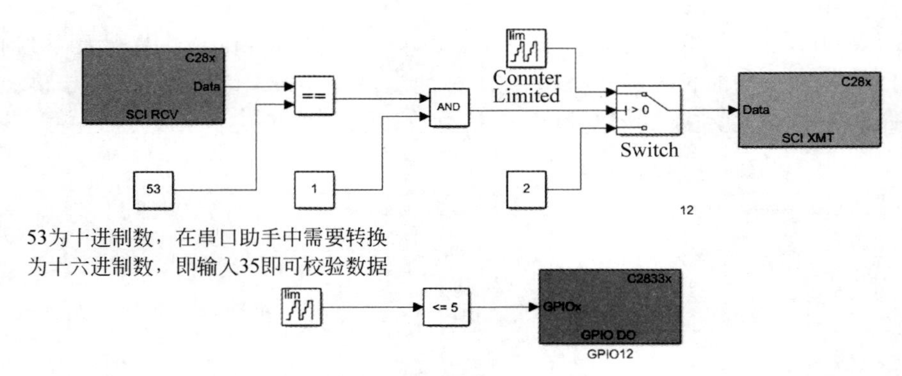

图 5.85　整个模型搭建

在上述配置完成，并完成模型的搭建后，将模型编译下载到主控板。

将套件中附带的 USB 线一端与计算机连接，并将另一端插到智能平衡移动机器人套件中主控制板的 USB 插口处。当用 USB 直接连接计算机时，要想看到系统识别串口，需要打开设备管理器，选择 TI XDS100 ChannelB，在右键快捷菜单中选择“属性”命令，在“高级”选项卡中选中“加载 VCP”选项，拔掉 USB 连接线，再次插入时将显示系统已经识别到 COM 口，可以打开串口调试工具进行下一步实验，如图 5.86 所示。

接下来打开串口猎人软件。可以看见几个主要的部分，如图 5.87 所示。

选择对应的端口号 COM9，波特率为 115200b/s，在没有发送数据之前，数据接收界面一直显示 2，说明搭建的模型是正确的，如图 5.88 所示。

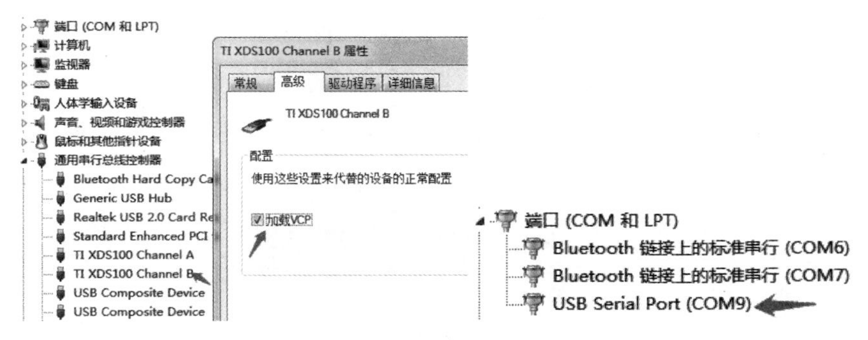

图 5.86　串口配置

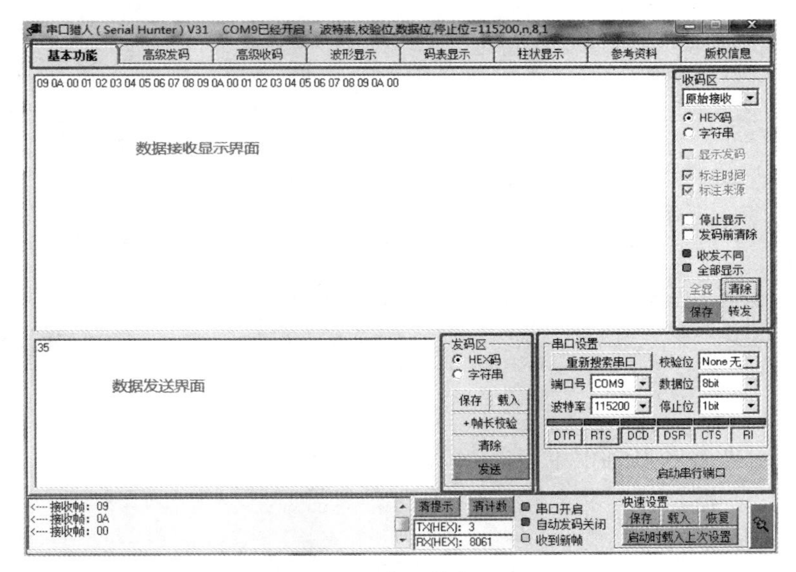

图 5.87　串口软件配置

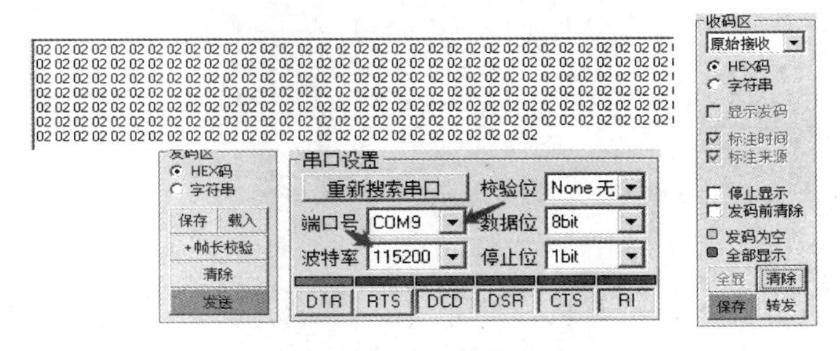

图 5.88　串口软件显示

在左下角的方框中输入 35(十六进制)，则数据接收显示界面会一直显示 0～10 的数，如图 5.89 所示。

35

0A 00 01 02 03 04 05 06 07 08 09 0A 00 01 02 03 04 05 06 07 08 09 0A 00 01

图 5.89 串口软件测试

在高级收码工具栏下方的通道设置的来源选择提取每一帧，然后单击“启动高级收码”按钮，便可以在历史数据看见有 0～10 的十进制数显示，如图 5.90 所示。

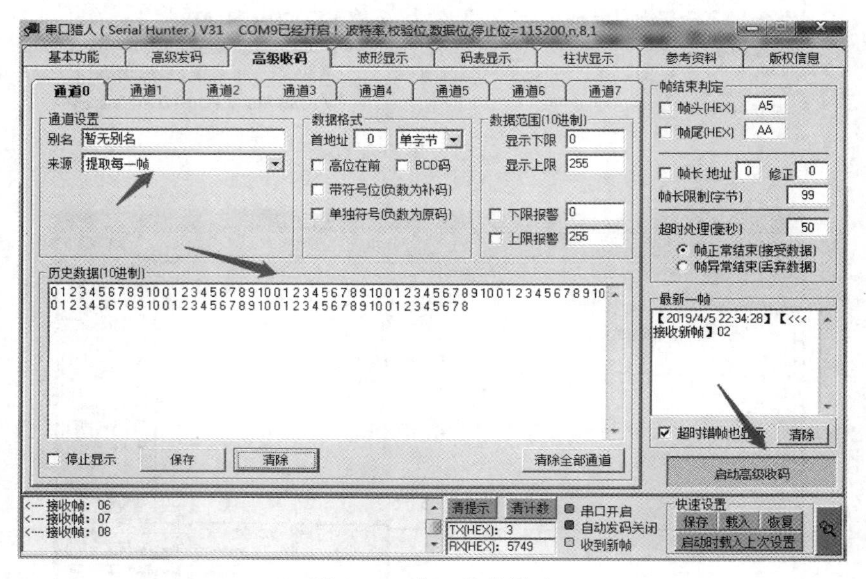

图 5.90 串口软件测试

在波形显示界面将 Y 轴倍率设为 10/格，周期为 0.1/格，可以看见一个 0～10 的阶梯状图形，如图 5.91 所示。

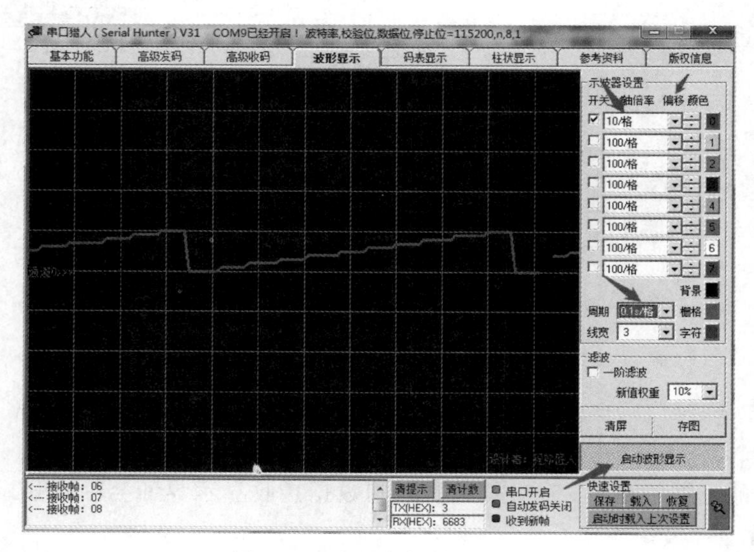

图 5.91 串口软件波形显示

5.7 SPI 串行通信

5.7.1 SPI 概述

SPI 即 Serial Peripheral Interface 是高速同步串行输入/输出端口，SPI 最早是由 Freescale(原属 Motorola)公司在其 MC68HCxx 系列处理器上定义的一种高速同步串行接口。SPI 目前被广泛用于外部移位寄存器、D/A、A/D、串行 EEPROM、LED 显示驱动器等外部芯片的扩展。与前面介绍的 SCI 的最大区别是，SPI 是同步串行接口。SPI 总线包括 1 根串行同步时钟信号线(SCI 不需要)以及 2 根数据线，实际总线接口一般使用 4 根线，即 SPI 四线制：串行时钟线、主机输入/从机输出数据线、主机输出/从机输入数据线和低电平有效的从机片选线。有的 SPI 接口带有中断信号线，有的 SPI 接口没有主机输出/从机输入线。在 TMS320F28069 中使用的是前面介绍的 SPI 四线制。

SPI 接口的通信原理简单，以主从方式进行工作。在这种模式中，必须要有一个主设备，可以有多个从设备。通过片选信号来控制通信从机，SPI 时钟引脚提供串行通信同步时钟，数据通过从入主出引脚输出，从出主入引脚输入。通过波特率寄存器设置数据速率。SPI 向输入数据寄存器或发送缓冲器写入数据时就启动了从入主出引脚上的数据发送，先发送最高位。同时，接收数据通过从出主入引脚移入数据寄存器最低位。选定数量位发送结束，则整个数据发送完毕。收到的数据传送到 SPI 接收寄存器，右对齐供 CPU 读取。SPI 的通信链接如图 5.92 所示。

TMS320F28069 的 SPI 接口具有以下特点。

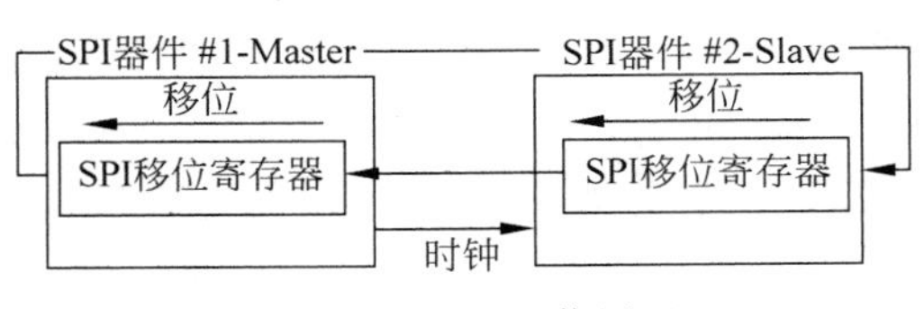

图 5.92 SPI 通信原理

1. 4 个外部引脚

- SPISOMI：SPI 从输出/主输入引脚。
- SPISIMO：SPI 从输入/主输出引脚。
- SPISTE：SPI 从发送使能引脚。
- SPICLK：SPI 串行时钟引脚。

2. 2 种工作方式：主和从工作方式

波特率：125 种可编程波特率。

当 SPIBRR＝3～127 时，波特率$=\dfrac{\text{LSPCLK}}{(\text{SPIBRR}+1)}$。

当 SPIBRR＝0，1，2 时，波特率$=\dfrac{\text{LSPCLK}}{4}$。

数据字长：可编程的 1～16 个数据长度。

3. 4 种计时机制(由时钟极性和时钟相应控制)

(1) 无相位延时的下降沿：SPICLK 为高电平有效。在 SPICLK 信号的下降沿发送数据，在 SPICLK 信号的上升沿接收数据。

(2) 有相位延时的下降沿：SPICLK 为高电平有效。在 SPICLK 信号的下降沿之前的半个周期发送数据，在 SPICLK 信号的下降沿接收数据。

(3) 无相位延迟的上升沿：SPICLK 为低电平有效。在 SPICLK 信号的上升沿发送数据，在 SPICLK 信号的下降沿接收数据。

(4) 有相位延迟的上升沿：SPICLK 为低电平有效。在 SPICLK 信号的下降沿之前的半个周期发送数据，而在 SPICLK 信号的上升沿接收数据。

- 接收和发送可同时操作(可以通过软件屏蔽发送功能)。
- 通过中断或查询方式实现发送和接收操作。
- 9 个 SPI 模块控制寄存器：位于控制寄存器内，帧开始地址 7040H。

注意：这个模块中的所有寄存器是被连接至外设帧 2 的 16 位寄存器。当一个寄存器被访问时，低字节(7～0)和高字节(15～8)内的寄存器数据被读作零。对高字节的写入没有效果。

4. 增强型特性

- 4 级发送/接收 FIFO。
- 经延迟的发射控制。
- 支持双向 3 线 SPI 模式。
- 借助 SPISTE 翻转的音频数据接收支持。

5.7.2 SPI 控制 PWM 占空比

第一步，在 Solver 中设置定步长为 0.05s，在 Hardware Implementation 中配置系统时钟为 90MHz，LSPCLK 低速时钟外设 4 分频，主要设置 SPI_A 的 Enable loopback，将 SIMO pin assignment、SOMI pin assignment、CLK pin assignment、STE pin assignment 这 4 个引脚配置为如图 5.93 所示的 I/O 口。

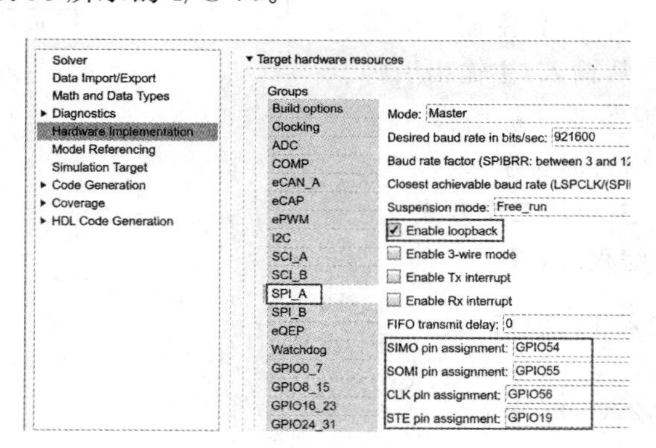

图 5.93　SPIA 配置

第二步，搭建占空比选择子系统，如图 5.94 所示，关于 MASK 子系统的介绍可以查看网页：https://ww2.mathworks.cn/help/simulink/gui/mask-editor-overview.html?

searchHighlight=Mask%20Editor%20Overview&s_tid=doc_srchtitle。

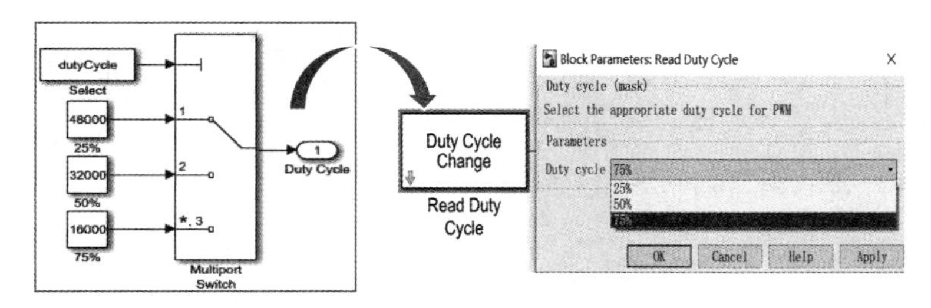

图 5.94 占空比配置

第三步，选择 SPI Transmit 和 SPI Receive 的模块为 SPI_A，如图 5.95 所示，其他参数默认。

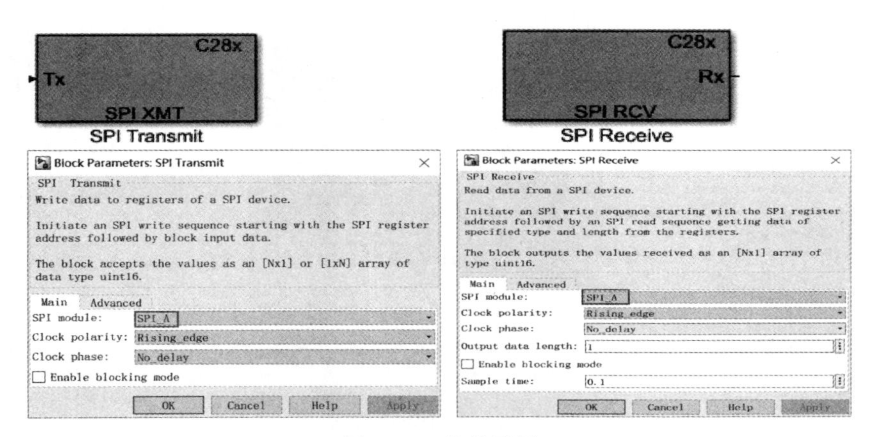

图 5.95 收发配置

第四步，配置 PWM 输出，定时器计数次数为 64000，计数方式为向上计数 UP，不分频。

使能 ePWM1A，当计数值等于定时器周期值 PRD 时置低，当计数值等于向上计数的 CAU 时置高，其他计数为 Do nothing(不动作)。

使能 ePWM1B，当计数值等于定时器周期值 PRD 时置高，当计数值等于向上计数的 CBU 时置低，其他计数为 Do nothing(不动作)。

比较计数，选择 Clock cycles，CMPA initial value、CMPB initial value 的值由外部输入，初值为 0，如图 5.96 所示。

第五步，在上述配置完成，并完成模型的搭建后，如图 5.97 所示。选择占空比为 75%，将模型编译下载到主控板。

第六步，然后在 CCS 中打开模型生成的工程文件，先单击“编译”按钮，再单击“调试”按钮，然后将图 5.98 中的两个变量添加到 Expressions 中，单击“运行”按钮，可以看到 TBPRD、CMPA、CMPB 的值。可以将主控板的 PWM1A 引脚和 PWM1B 引脚分别连接到示波器的信号线，主控板和示波器记得要共地，便能观测到两路 PWM 的频率是否都

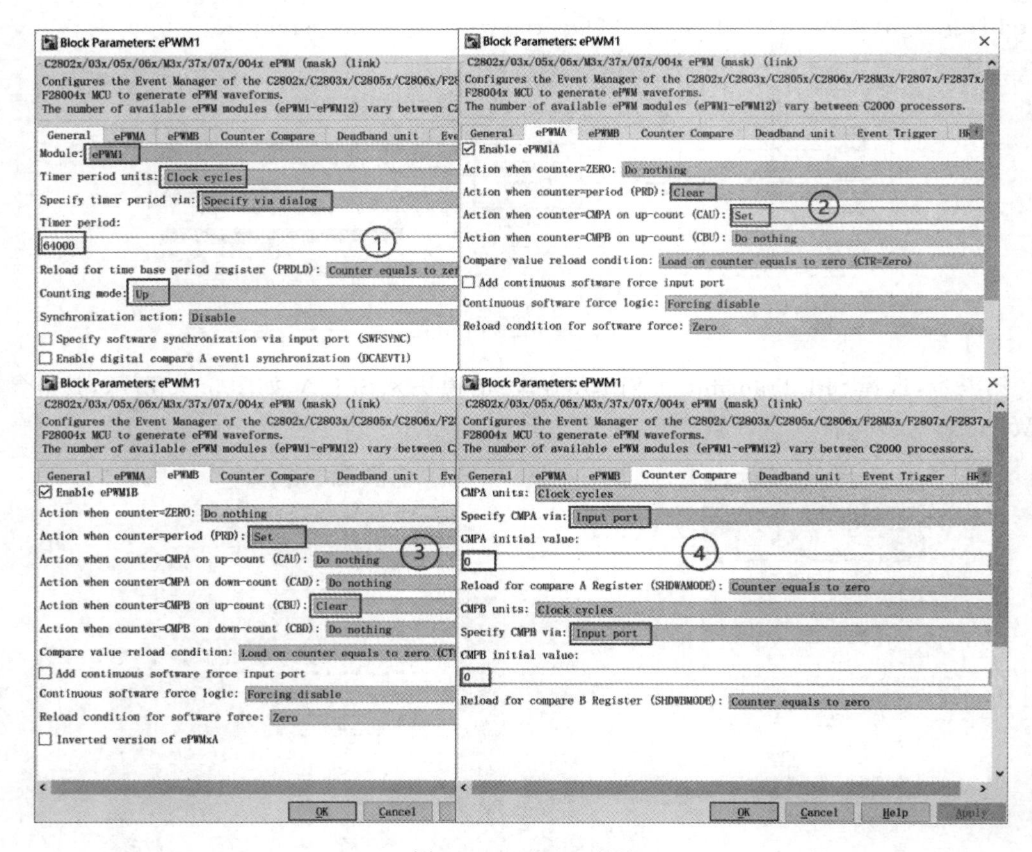

图 5.96 ePWM 配置

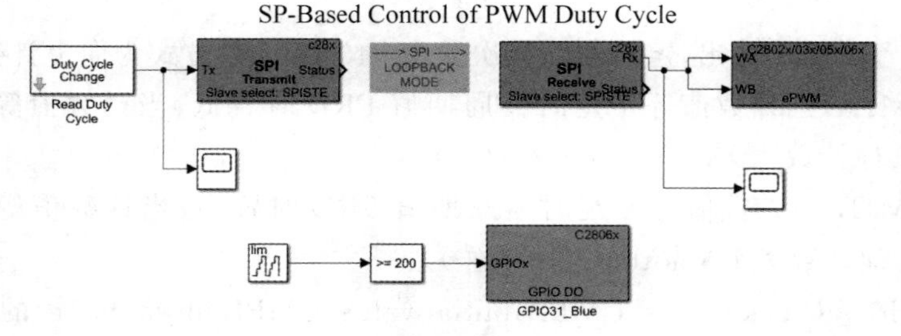

图 5.97 整个模型搭建

Expression	Type	Value
EPwm1Regs.TBPRD	unsigned int	64000
EPwm1Regs.CMPA.half.CMPA	unsigned int	16000
EPwm1Regs.CMPB	unsigned int	16000
Add new expression		

图 5.98 两路 PWM 的占空比分别为 75%,25%

为 1kHz，占空比是否分别为 75%和 25%，波形是否互补。注意，要单击右上方的实时刷新按钮，否则数据不会变化。

第七步，在 Simulink 中选择占空比为 50%，重新编译下载，然后在 CCS 中观察数据，如图 5.99 所示。

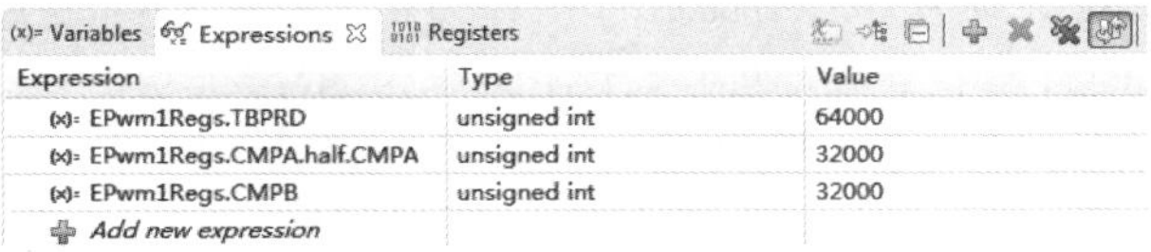

Expression	Type	Value
EPwm1Regs.TBPRD	unsigned int	64000
EPwm1Regs.CMPA.half.CMPA	unsigned int	32000
EPwm1Regs.CMPB	unsigned int	32000
Add new expression		

图 5.99 两路 PWM 的占空比都为 50%

第八步，在 Simulink 添加两个 Scope，如图 5.100 所示，选择 External 模式，主控板连接 USB 转 TTL 模块，选择对应的 COM 口，波特率为 115200b/s，选择占空比为 75%，单击"运行"按钮，可以观测 Scope1 的数据是否和 Scope 的数据一致，在运行状态下可以改变占空比的大小，查看 Scope1 的数据变化，如图 5.101 所示。

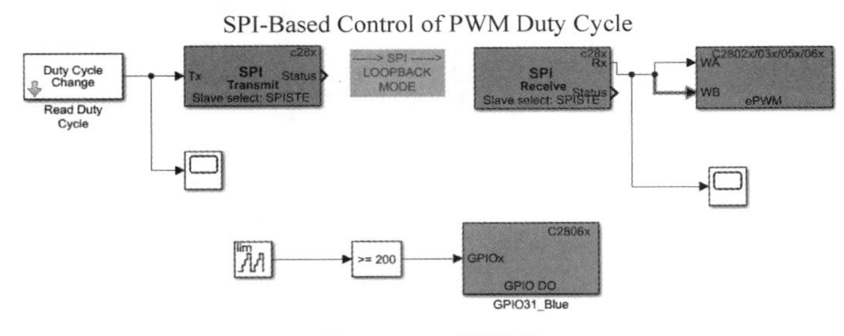

图 5.100 模型图

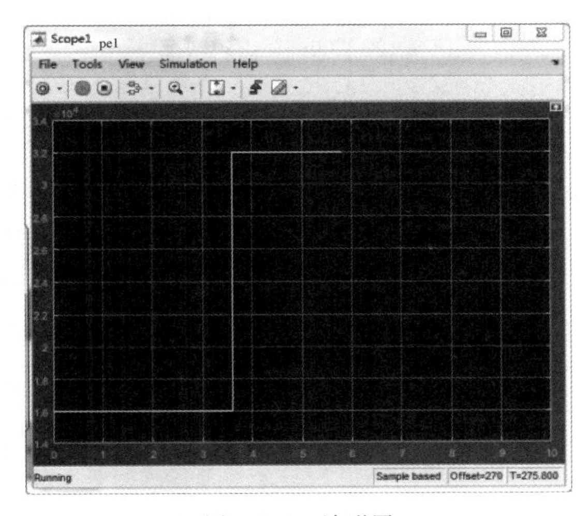

图 5.101 波形图

5.8 IdelTask 模块介绍

在常规的 MCU 编程中，Whlie(1)是几乎都会使用到的一个函数，它可以使一些对工作周期要求不高的外设对所要执行的功能进行循环扫描，例如，矩阵键盘或者 OLED 显示等功能。在 TI 提供的硬件支持包中，也很人性化地提供了这个功能模块——Idle Task。添加 Idle Task 模块后生成的代码如下。

```
while (runModel) {
    stopRequested = !( rtmGetErrorStatus(Ideltask_M) == (NULL));
    runModel = !(stopRequested);
    idletask_num1();
    idletask_num2();
  }
```

Idle Task 模块的配置界面如图 5.102 所示，分别设置 Task numbers 以及 Preemption flags。

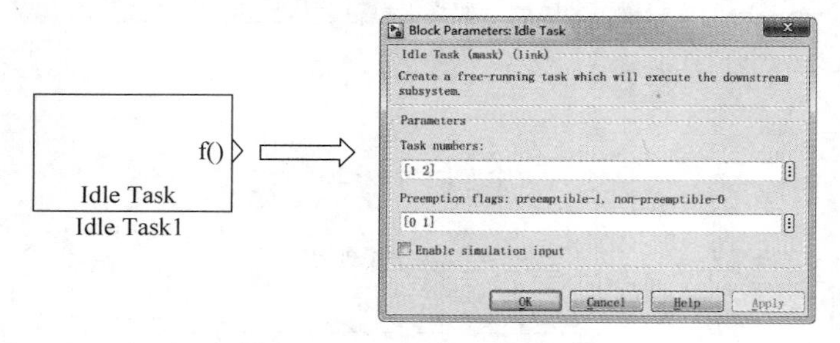

图 5.102　Idle Task 模块配置

这里的抢占式优先级不同于中断的抢占式优先级。它的功能是：当 Preemption flag 设置为 0 的时候，每次进入 Whlie 循环的开始，关掉全局中断，执行完毕后打开。当 Preemption flag 设置为 1 时，则不做上述处理，当中断来临时，优先执行中断。

下面为 Preemption flag 设置为的 0 时生成的代码，可以看到生成的代码中出现了开关中断的指令，而从 Preemption flag 设置为 1 时的生成代码可以看到，没有开关中断的指令。

```
Void idletask_num1(void)
{
  DINT;
  Idle_num1_task_fcn();
  EINT;
}
Void idletask_num2(void)
{
```

```
    Idle_num2_task_fcn();
  }
  Void enable_interrupts()
  {
    EINT;
    ERTM;
    }
```

所以在使用的时候，可以根据自己的需要选择。搭建如图 5.103 所示模型，左边子系统是给 GPIO31 一个高电平，右边子系统是给 GPIO25 一个低电平，电平不翻转。编译下载可以观察主控板的 LED1 灯亮，LED2 灯灭。

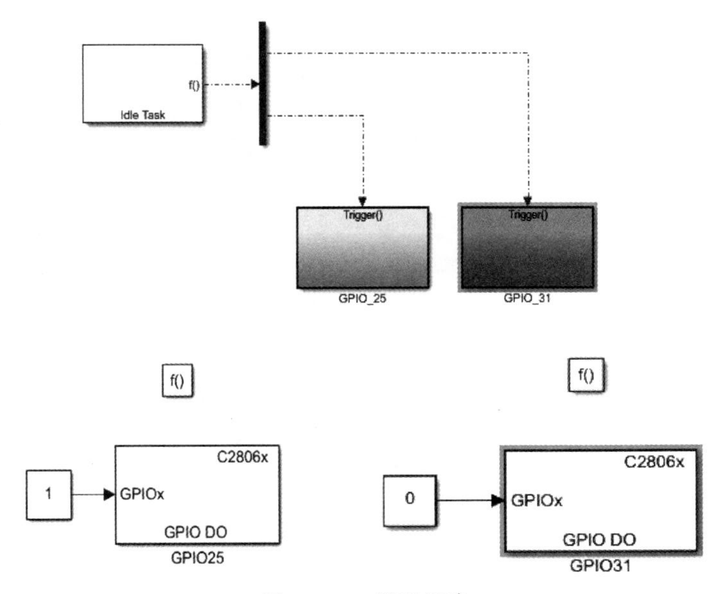

图 5.103 模型搭建

下面为该模型生成的代码，idle_num1_task_fcn()函数为图 5.103 中右边子系统生成的代码，idle_num2_task_fcn()函数为左边子系统生成的代码。

```
void idle_num1_task_fcn(void)
{
  /* Call the system: < Root >/GPIO_25 */
  {
    /* S - Function (idletask): '< Root >/Idle Task' */
    /* Output and update for function - call system: '< Root >/GPIO_25' */
    /* S - Function (c280xgpio_do): '< S2 >/GPIO25' incorporates:
     * Constant: '< S2 >/Constant'
     */
```

```
      {
        if (Ideltask_P.Constant_Value)
          GpioDataRegs.GPASET.bit.GPIO25 = 1;
        else
          GpioDataRegs.GPACLEAR.bit.GPIO25 = 1;
      }
      /* End of Outputs for S-Function (idletask): '<Root>/Idle Task' */
    }
  }
  /* Idle Task Block: '<Root>/Idle Task' */
  void idle_num2_task_fcn(void)
  {
    /* Call the system: <Root>/GPIO_31 */
    {
      /* S-Function (idletask): '<Root>/Idle Task' */
      /* Output and update for function-call system: '<Root>/GPIO_31' */
      /* S-Function (c280xgpio_do): '<S1>/GPIO31' incorporates:
       * Constant: '<S1>/Constant'
       */
      {
        if (Ideltask_P.Constant_Value_a)
          GpioDataRegs.GPASET.bit.GPIO31 = 1;
        else
          GpioDataRegs.GPACLEAR.bit.GPIO31 = 1;
      }
      /* End of Outputs for S-Function (idletask): '<Root>/Idle Task' */
    }
  }
```

可以从 Idletask.h 头文件代码中看到当 Constant_Value 为 0，LED2 灯灭，Constant_Value_a 为 1，LED1 灯亮。

```
/* Parameters (default storage) */
struct P_Ideltask_T_ {
  real_T Constant_Value;              /* Expression: 0
                                       * Referenced by: '<S2>/Constant'
                                       */
  real_T Constant_Value_a;            /* Expression: 1
                                       * Referenced by: '<S1>/Constant'
                                       */
};
P_Ideltask_T Ideltask_P = {
0.0,                                  /* Expression: 0
                                       * Referenced by: '<S2>/Constant'
                                       */
```

```
1.0                                 /* Expression: 1
                                     * Referenced by: '< S1 >/Constant'
                                     */
}
```

5.9 WatchDog 模块介绍

意外难免会发生，部分意外发生的时候，系统程序会跑飞或进入死循环，系统需要有一定自恢复的功能，这就需要看门狗。意外有很多，对强电类控制电路来说，最让人头疼的就是琢磨不透又抓不着的 EMI 干扰，以及电源设计，对于软件而言有内存泄漏、程序健壮性等问题。看门狗(Watchdog timer)从本质上来说就是一个定时器电路，一般有一个输入和一个输出，其中的输入叫作喂狗，输出一般连接到另外一个部分的复位端，在这里就是TMS320F28069 的复位端。CPU 工作正常时，按照设定的程序，每隔一段时间就输出一个信号到喂狗端，实际操作是给看门狗计数器清零，如果超过了一定时间没有信号到喂狗端进行喂狗，来做清零操作，一般就认为程序运行出了意外，不管意外类型是怎样的，这时候看门狗电路就会给出一个复位信号给 CPU 的复位端，使 CPU 强制复位，从而可能改变程序跑飞或死循环的状态。设计者必须了解看门狗的溢出时间以决定在适当的时候清看门狗。清看门狗也不能太过频繁，否则会造成资源浪费。在系统设计初以及调试的时候，不建议使用看门狗，因为系统设计初的时候意外的可能性太多，且有些意外是必须处理的，看门狗电路的复位信号很可能会引入更多的困扰。合理利用看门狗电路，可以检测软件和硬件运行的状态，进一步提高系统的可靠性。

在使用看门狗之前首先要对看门狗的内部计数器进行配置。打开模型配置界面，在 Watchdog 选项卡中，使能看门狗，再配置看门狗计数器的计时时间为 0.209715s 触发一次 Time out event(从配置中可以看到，看门狗的时钟直接来自 OSCCLK 也就是外部晶振的时钟 10MHz)，然后配置 Time Out event 为 Chip reset。具体配置如图 5.104 所示。

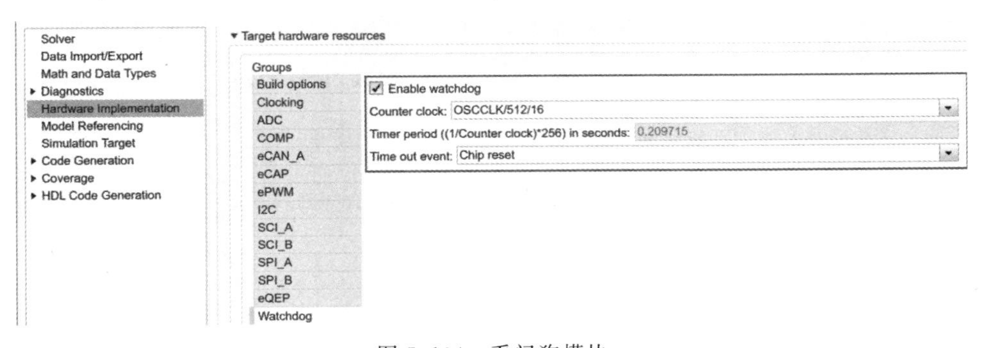

图 5.104 看门狗模块

将看门狗模块的复位源信号设置为 Timer0 中断的周期，在 Sample time 中填入－1，如图 5.105 所示。

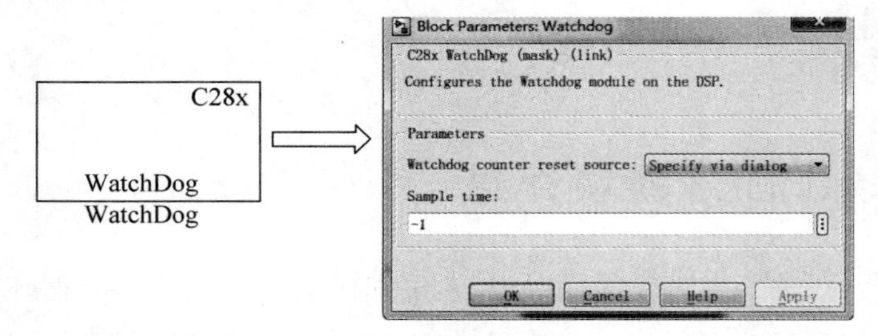

图 5.105　看门狗模块配置

同时在 Timer0 的中断中使两 LED 的电平在中断中翻转。模型如图 5.106 所示。

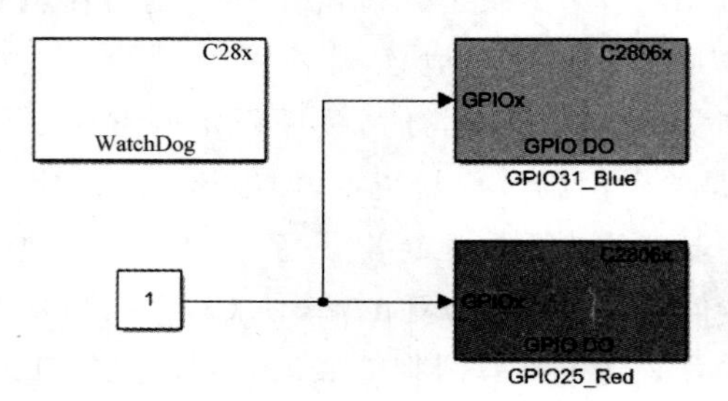

图 5.106　模型搭建

然后可以做两次对比性实验，一次实验的系统步长设置为 0.5s(大于看门狗的溢出时间)，另一次设置为 0.1s(小于看门狗的溢出时间)。分别生成代码之后下载到开发板上观察实验现象。

从图 5.107 中的代码可以看到，每进行一次定时器中断，便将看门狗计数器复位，也就是所说的喂狗。

```
/* Model step function */
void WatchDog_step(void)
{
  /* S-Function (c280xgpio_do): '<Root>/GPIO25_Red' incorporates:
   *  Constant: '<Root>/Constant'
   */
  {
    GpioDataRegs.GPATOGGLE.bit.GPIO25 = (WatchDog_P.Constant_Value != 0);
  }

  /* S-Function (c280xgpio_do): '<Root>/GPIO31_Blue' incorporates:
   *  Constant: '<Root>/Constant'
   */
  {
    GpioDataRegs.GPATOGGLE.bit.GPIO31 = (WatchDog_P.Constant_Value != 0);
  }

  /* S-Function (c28xwatchdog): '<Root>/Watchdog' */
  {
    KickDog();
  }
}
```

图 5.107　自动生成代码

在对比实验中，可以清楚地看到，当中断周期大于看门狗定时器的时间，芯片会一直复位，LED灯无法按照设定的频率翻转；反之则LED灯正常工作。

5.10 本章小结

本章主要介绍了智能平衡移动机器人片内外设模块的基本原理及MATLAB/Simulink的仿真实验，包括GPIO模块、ADC模块、Timer_IT模块、ePWM、eCAP及SCI串行通信和SPI串口通信的基本原理，以及对MATLAB/Simulink系统的设置过程，并结合MATLAB/Simulink对每个模块进行了模型搭建实验及自动代码生成。

第 6 章 进阶应用

CHAPTER 6

视频讲解

6.1 eCAP 超声波测距

5.5 节介绍了 TMS320F28069 的 eCAP 模块的工作原理以及如何配置 eCAP 模块，并利用 eCAP3 模块结合 ePWM1 进行了对 PWM 波形占空比的测量。本章利用 TMS320F28069 的 eCAP 模块结合平衡移动机器人的超声波模块 HC-SR04 讲述如何进行距离检测。关于 TMS320F28069 的 eCAP 模块的相关知识如有疑问请参考 5.6 节的应用原理说明。

1. HC-SR04 基本工作原理

- 采用 I/O 口 TRIG 触发测距，至少给 10μs 的高电平信号。
- 模块自动发送 8 个 40kHz 的方波，自动检测是否有信号返回。
- 若有信号返回，通过 I/O 口 ECHO 输出一个高电平，高电平持续的时间就是超声波从发射到返回的时间。
- 测试距离=(高电平时间×340m/s)/2，其中 340m/s 为声速。

2. 注意事项

- 此模块不宜带电连接，若要带电连接，则先让模块的 GND 端先连接，否则会影响模块的正常工作。
- 测距时，被测物体的面积不少于 $0.5m^2$ 且平面尽量要求平整，否则影响测量的结果。

HC-SR04 模块图如图 6.1 所示，左为正面图，右为反面图。

图 6.1 超声模块

本模块使用方法简单，一个控制口发一个 10μs 以上的高电平，就可以在接收口等待高电平输出。一有输出就可以开定时器计时，当此口变为低电平时就可以读定时器的值，此值就为此次测距的时间，通过该时间可算出距离。如此不断进行周期性测量，即可达到移动测量的值，其工作时序图如图 6.2 所示。

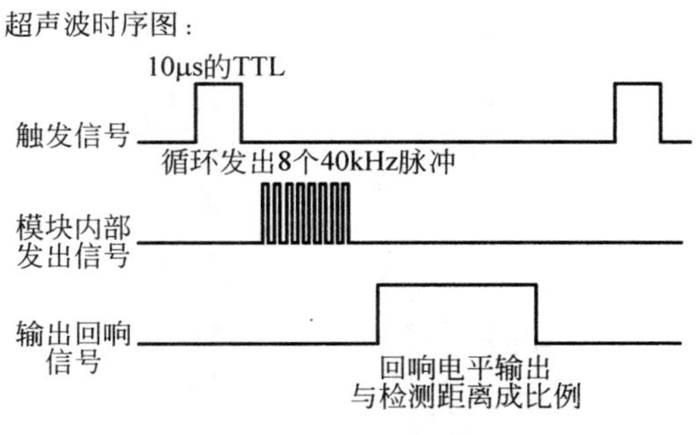

图 6.2 超声波时序图

故只要用 TMS320F28069 的 eCAP1 引脚连接到 HC-SR04 的 ECHO 引脚，再利用一个 I/O 引脚(本应用选取 GPIO4)作为 HC-SR04 的触发源引脚，其原理图如图 6.3 所示。

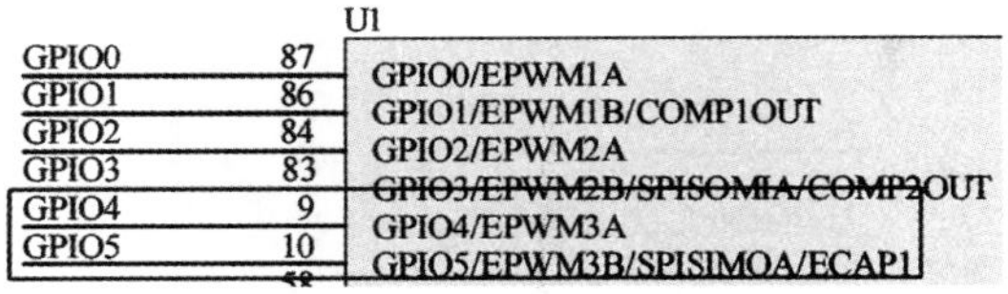

图 6.3 引脚图

结合 5.5 节的知识便可以通过一系列数学运算测量出挡板到 HC-SR04 的距离。下面基于应用模型具体介绍。

第一步，在 Solver 中设置定步长为 0.5s，在 Hardware Implementation 中配置系统时钟为 90MHz，LSPCLK 低速时钟外设 4 分频，在 Diagonostics 选项卡的 Data Validity 选项中，将 Multitask data store 配置为 none。配置系统时钟为 80MHz，ECAP1 引脚选择 GPIO5(见图 6.4)。

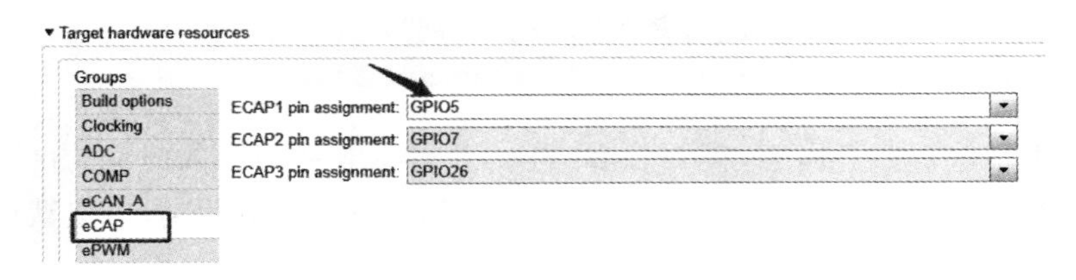

图 6.4 eCAP 配置

第二步，初始化好 5 个全局变量：t1 表示第一个捕捉事件发生时计数器的值，t2 表示第二个捕捉事件发生时计数器的值，T1 表示 t2－t1，也就是测试方波的高电平时间对应的计数值，Distan 表示超声波探测到离物体的距离，Flag 作为标志位。t1、t2、T1 的数据类型为 int32，Distan 为 single，Flag 为 uint8，如图 6.5 所示。

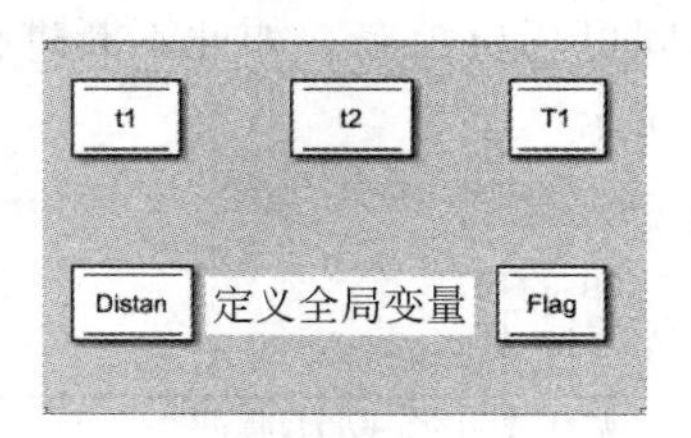

图 6.5　定义全局变量

第三步，设置 eCAP 模块，中断配置如图 6.6 所示，使用的是 eCAP1 模块，配置为连续控制模式(Continuous)，并在第二次事件之后停止计数并重置，第一次事件的触发极性为上升沿(Rising Edge)，第二次事件的触发极性为下降沿(Falling Edge)，计数时间的数据类型为无符号的 32 位整型(int32)。中断配置为捕捉到第三次事件之后触发中断。在 eCAP 输出接上 Demux 模块，并将输出的值赋予 t1、t2，如图 6.7 所示。

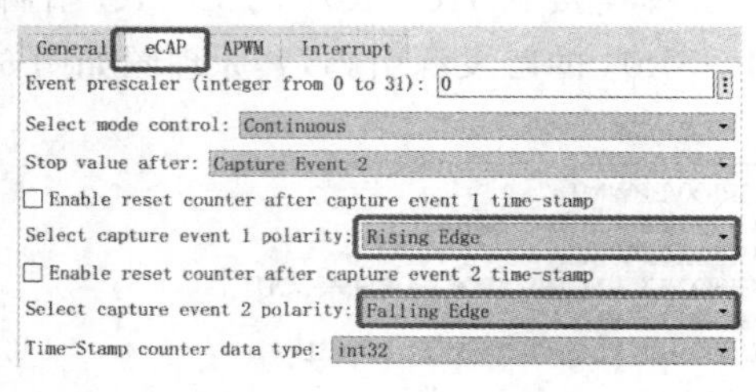

图 6.6　eCAP 触发事件

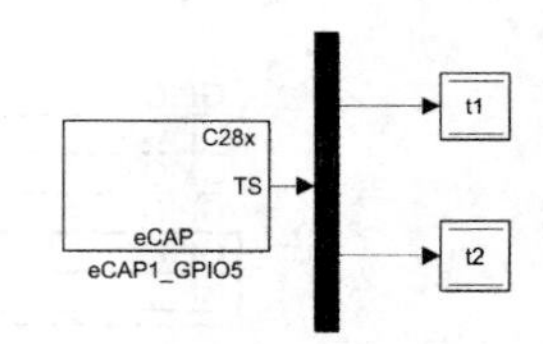

图 6.7　eCAP 设置

第四步，计算 T1，T1 表示 t2－t1，也就是测试方波的高电平时间对应的计数值，并对 Flag 置位，表示一次检测完毕，如图 6.8 所示。

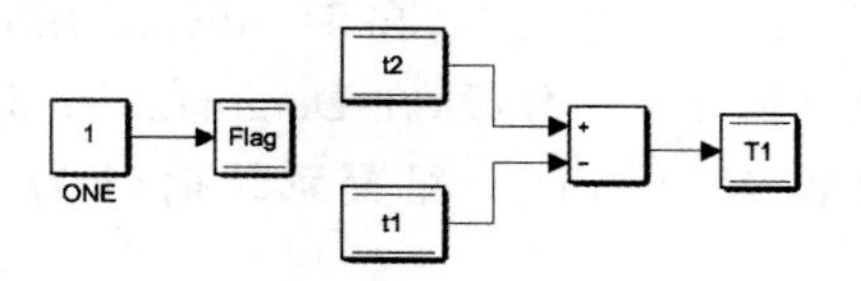

图 6.8　高电平时间

第五步，同 5.5.2 节中的第五步。

第六步，参考 5.5.2 节内容，需要设置 Trig 引脚高电平持续的时间，超声波模块 HC-SR04 需要至少 10μs 的高电平才能开始工作，本应用给 15μs；计算距离，声速默认为 340m/s，注意此单位为 mm，搭建模型如图 6.9 所示。

测试距离＝(高电平时间×(340m/s)/2

Distan＝(高电平计数值 T1×340m/s)/2/80MHz＝T1×170/80000mm

其中，340m/s 为声速。

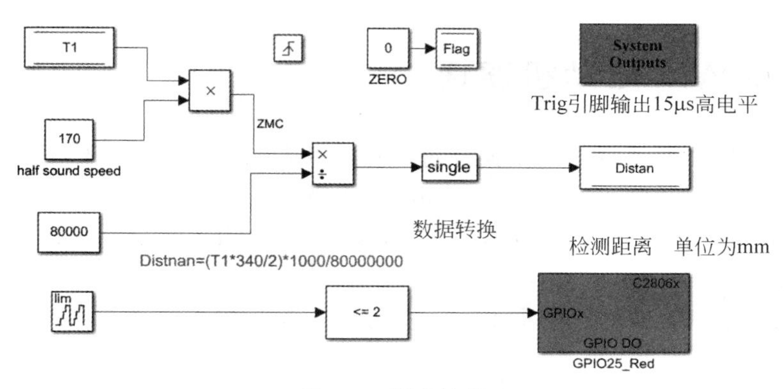

图 6.9　距离计算

第七步，初始化 GPIO4，完成以上配置，搭建模型如图 6.10 所示。

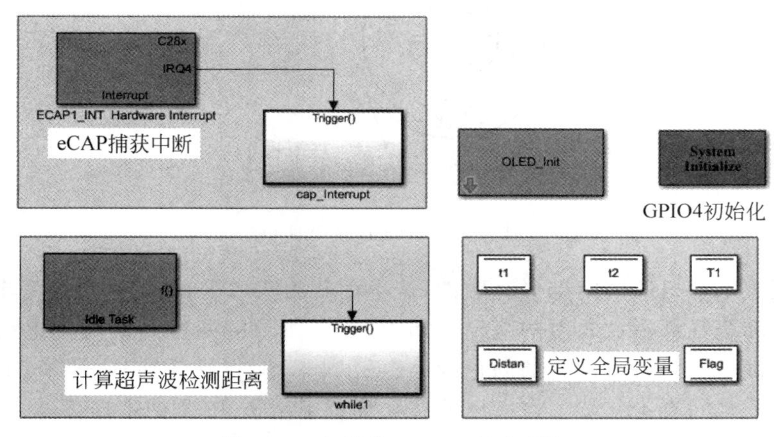

图 6.10　初始化 GPIO4 触发引脚

第八步，将模型编译下载到主控板，然后在 CCS 中打开模型生成的工程文件，先单击"编译"按钮，再单击"调试"按钮，然后将 Example21_CAP_UItrasonic_DW.Distan 以及 Example21_CAP_UItrasonic_DW.Flag 这两个变量添加到 Expressions 中，在单击"运行"按钮前，先将超声波传感器插在连接板 J3 或 J4 上(J3、J4 并联)。然后再单击"运行"按钮可以看到各个变量的值，用纸在超声波传感器的前方移动，观测 Distan 的变化是否和实际距离一致，如图 6.11 所示。

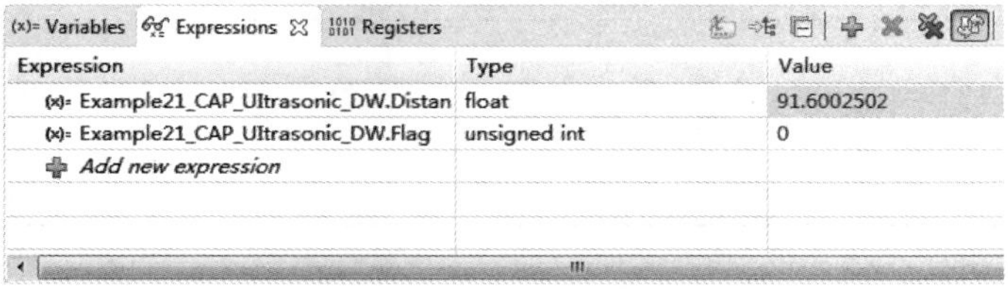

(x)= Variables　Expressions　Registers

Expression	Type	Value
(x)= Example21_CAP_UItrasonic_DW.Distan	float	91.6002502
(x)= Example21_CAP_UItrasonic_DW.Flag	unsigned int	0
Add new expression		

图 6.11　CCS 变量观察

视频讲解

6.2 ePWM 电动机调速

直流电源的电能通过电刷和换向器进入电枢绕组,产生电枢电流,电枢电流产生的磁场与主磁场相互作用产生电磁转矩,使电动机旋转带动负载。由于电刷和换向器的存在,有刷直流电动机的结构复杂,可靠性差,故障多,维护工作量大,寿命短,换向火花易产生电磁干扰。

有刷直流电动机的工作原理图如图 6.12 所示。

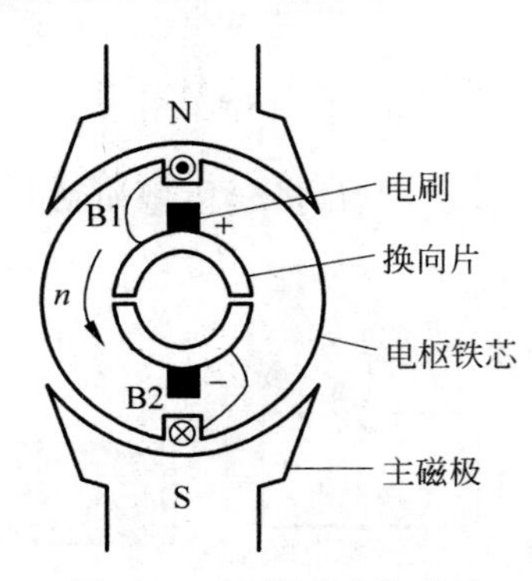

图 6.12　有刷直流电动机

在有刷直流电动机的固定部分有磁铁,这里称其为主磁极,固定部分还有电刷。转动部分有环形铁芯和绕在环形铁芯上的绕组。如图 6.12 所示的两极有刷直流电动机的固定部分(定子)上装设了一对直流励磁的静止的主磁极 N 和 S,在旋转部分(转子)上装设电枢铁芯。定子与转子之间有一气隙。在电枢铁芯上放置了由 A 和 X 两根导体连成的电枢线圈,线圈的首端和末端分别连到两个圆弧形的铜片上,此铜片称为换向片。换向片之间互相绝缘,由换向片构成的整体称为换向器。换向器固定在转轴上,换向片与转轴之间亦互相绝缘。在换向片上放置着一对固定不动的电刷 B1 和 B2,当电枢旋转时,电枢线圈通过换向片和电刷与外电路接通。电动机控制框图如图 6.13 所示。

AIN1 和 AIN2 引脚控制着 AOUT1 和 AOUT2 的输出,同样 BIN1 和 BIN2 控制着 BOUT1 和 BOUT2 的输出,其作为 I/O 口进行控制电动机时,其控制逻辑如表 6.1 所示。

表 6.1　电动机驱动逻辑表

xIN1	xIN2	xOUT1	xOUT2	功　能
0	0	Z	Z	快速移动/迅速减速
0	1	L	H	反转
1	0	H	L	前进
1	1	L	L	刹车/缓慢减速

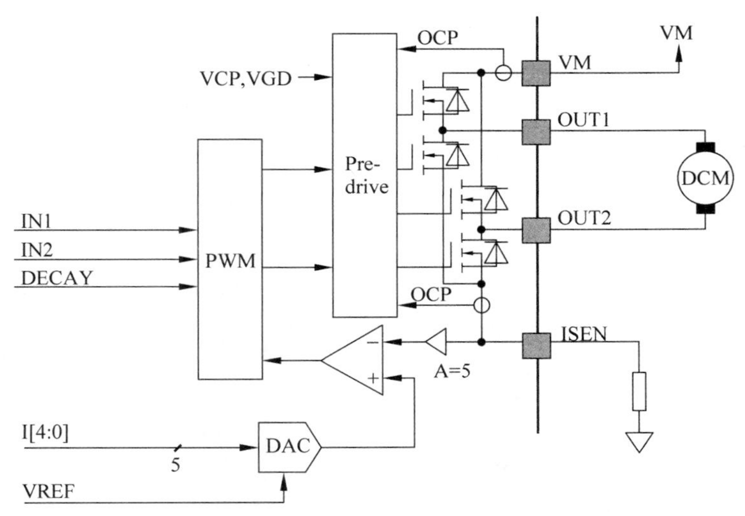

图 6.13 电动机控制框图

当利用 PWM 作为输入控制电动机时，其控制逻辑如表 6.2 所示。

表 6.2 PWM 控制电动机逻辑表

xIN1	xIN2	功 能
PWM	0	正向脉宽调制，迅速减速
1	PWM	正向脉宽调制，缓慢减速
0	PWM	反向脉宽调制，迅速减速
PWM	1	反向脉宽调制，缓慢减速

电动机工作在 PWM 输入模式，其原理图如图 6.14 所示。

直流电动机速度是由功率大小控制的，所以它是由占空比决定的(当然，也要控制频率跟上)。电动机相关知识表述如下。

(1) 电动机和减速器的扭矩(N·m)=电动机功率/(2×π×转速/60)。

(2) 占空比是指直流电动机在一个通电与断电周期中其通电时间所占的比例，占空比越大，相对提供的功率越小。

(3) 直流电动机三相绕组按照规律周期性通电，转速越高，通电频率越高。

(4) 增速过程(据上述第(1)、(2)、(3)条进行综合分析)，电动机扭矩不变时，占空比越小，提供功率越大，转速越高，电动机绕组通电频率越高，导致扭矩有所增加，用来克服加速增加的阻力，直至平衡、稳速。

下面基于 Simulink 模型进行介绍。

关于 ePWM 模型的配置在 5.4 节已经详细介绍过了。此模型的系统时钟为 80MHz，低速时钟 4 分频，选择对应的 ePWMx，要得到频率为 1kHz 的 PWM，设定时钟计数次数为 2000，上下计数，时基时钟分频 TBCLK 为 4 分频，高速时基分频 HSPCLKDIV 为 10 分频，

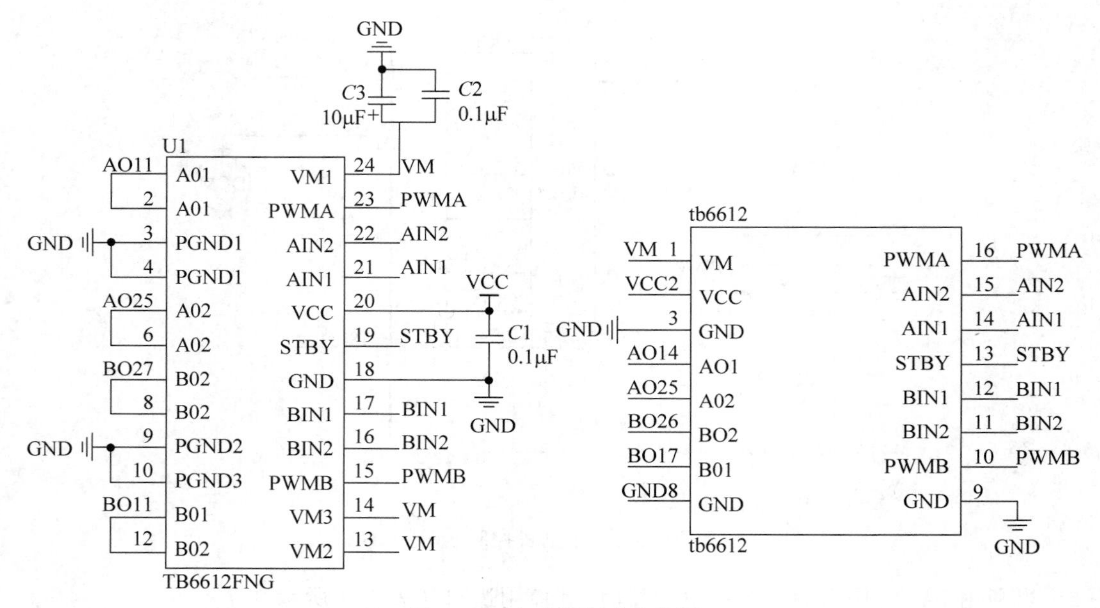

图 6.14 电动机驱动电路图

当时基计数值等于 CAU 时,ePWM1A 输出低,当时基计数值等于 CAD 时,ePWM1A 输出高;当时基计数值等于 CBU 时,ePWM1B 输出低,当时基计数值等于 CBD 时,ePWM1B 输出高;比较寄存器 CMPA 的值和设定比较寄存器 CMPB 的值,本应用初始化为 0。

首先查看驱动板的电动机接线端口以及电动机驱动板是否插接正确,驱动板一侧电动机线接口对应连接相应侧电动机的接口。

应用一和应用二选择的是 ePWM1,应用三和应用四选择的是 ePWM2。分别将 4 个应用依次下载到主控板中,观察电动机的转动方向是否如图 6.15 所示。

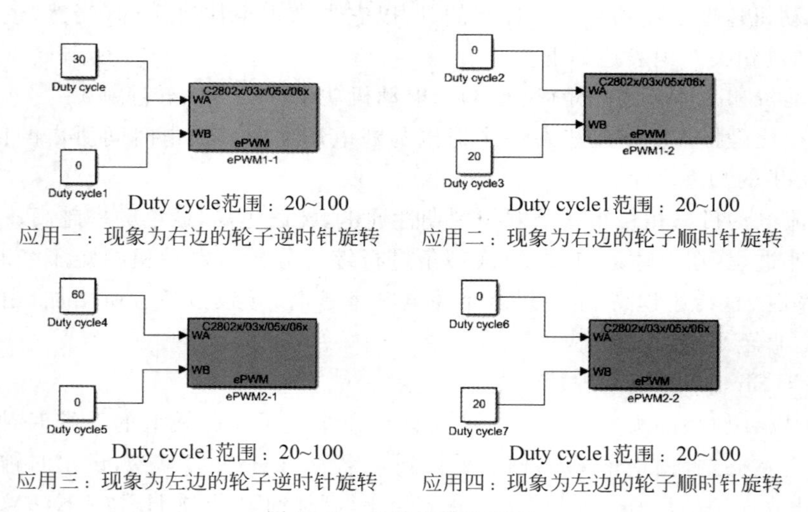

图 6.15 电动机转动应用

6.3 eQEP 正交解码

6.3.1 正交编码器 QEP 概述

编码器是一种将角位移或者角速度转换成一连串电数字脉冲的旋转式传感器，可以通过编码器测量到位移或者速度信息。编码器从输出数据的类型上分，可以分为增量式编码器和绝对式编码器。

从编码器检测原理上来分，还可以分为光学式、磁式、感应式、电容式。常见的是光电编码器(光学式)和霍尔编码器(磁式)。

光电编码器是一种通过光电转换将输出轴上的机械几何位移量转换成脉冲或数字量的传感器。光电编码器由光码盘和光电检测装置组成。由于光电码盘与电动机同轴，电动机旋转时，检测装置检测输出若干脉冲信号，为判断转向，一般输出两组存在一定相位差的方波信号。

霍尔编码器是一种通过磁电转换将输出轴上的机械几何位移量转换成脉冲或数字量的传感器。霍尔编码器是由霍尔码盘和霍尔元件组成。霍尔码盘与电动机同轴，电动机旋转时，霍尔元件检测输出若干脉冲信号。为判断转向，一般输出两组存在一定相位差的方波信号。

光电编码器是集光、机、电技术于一体的数字化传感器，通过光电转换将输出轴上的机械几何位移量转换成脉冲或者数字量的传感器，可以高精度测量被测物的转角或直线位移量，是目前应用最多的传感器之一。

它具有分辨率高、精度高、结构简单、体积小、使用可靠、易于维护、性价比高等优点。在数控机床、机器人、雷达、光电经纬仪、地面指挥仪、高精度闭环调速系统、伺服系统等诸多领域中得到了广泛的应用。典型的光电编码器由码盘(Disk)、检测光栅(Mask)、光电转换电路(包括光源、光敏器件、信号转换电路)、机械部件等组成，如图 6.16 所示。

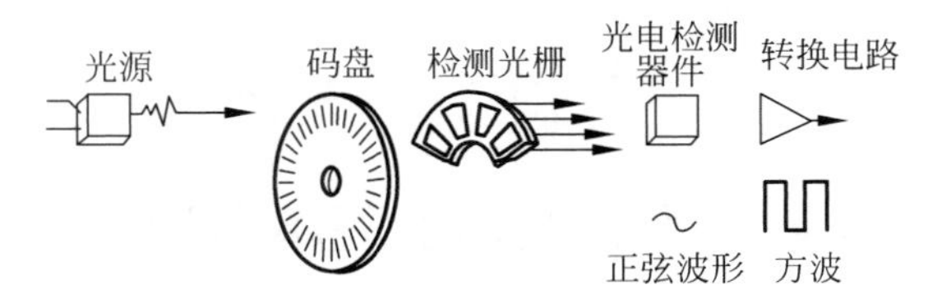

图 6.16 光电编码器

一般来说，根据光电编码器产生脉冲的方式不同，可以分为增量式、绝对式以及复合式三大类。按编码器运动部件的运动方式，可以分为旋转式和直线式两种。由于直线式运动可以借助机械连接转变为旋转式运动，反之亦然。因此，只有在那些结构形式和运动方式都有利于使用直线式光电编码器的场合才予使用。旋转式光电编码器容易做成全封闭式，易于实现小型化，传感长度较长，具有较长的环境适用能力，因而在实际工业生产中得到广泛的应用。

增量型编码器一般安装在电动机或其他旋转机构的轴上，在码盘旋转过程中，输出的两个信号分别被称为 QEPA 与 QEPB，两路信号相差 90°，这就是所谓的正交信号，当电动机正转时，脉冲信号 A 的相位超前脉冲信号 B 的相位 90°，此时逻辑电路处理后可形成高电平的方向信号 Dir。当电动机反转时，脉冲信号 A 的相位滞后脉冲信号 B 的相位 90°，此时逻辑电路处理后的方向信号 Dir 为低电平。因此根据超前与滞后的关系可以确定电动机的转向。

在运动控制系统中，不仅仅需要获取实时的速度信息，有时候为了精确控制，也需要位置信息以及运动方向信息，TMS320F28069 中的 eQEP 模块通过正交解码不仅可以获取速度信息，也可以获得方向信息以及位置信息，TMS320F28069 中的 eQEP 模块主要针对的是增量型光电编码器。

智能平衡移动机器人可以采用集成在 JGB37-520 减速电动机上的增量式霍尔编码器。这是一款增量式输出的霍尔编码器。编码器有 AB 相输出，所以不仅可以测速，还可以辨别转向。另外，只需给编码器电源 5V 供电，在电动机转动的时候即可通过 AB 相输出方波信号。编码器自带了上拉电阻，所以无须外部上拉，可以直接连接到单片机 I/O 口读取，电动机与编码器 AB 相输出如图 6.17 所示。

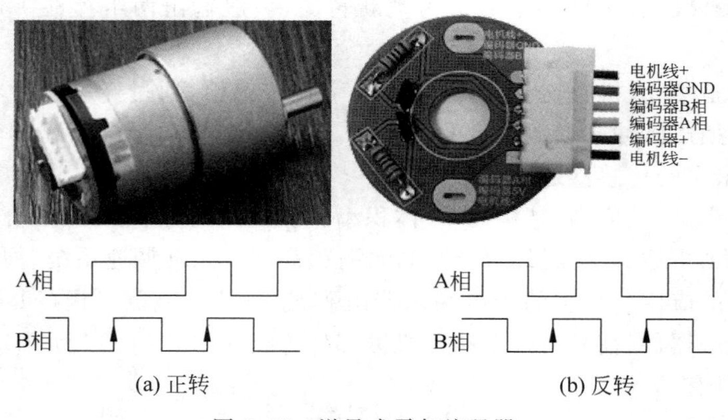

图 6.17　增量式霍尔编码器

6.3.2　光电编码器电动机测速的基本原理

可以利用定时器/计数器配合光电编码器的输出脉冲信号来测量电动机的转速。具体的测速方法有 M 法、T 法和 M/T 法 3 种。

M 法又称为测频法，其测速原理是在规定的检测时间 T_c 内，对光电编码器输出的脉冲信号计数的测速方法，例如光电编码器是 N 线的，则每旋转一周可以有 $4N$ 个脉冲，因为两路脉冲的上升沿与下降沿正好是编码器信号 4 倍频。现在假设检测时间是 T_c，计数器记录的脉冲数是 M_1，则电动机每分钟的转速可表示为式(6.1)。

$$n=\frac{15M_1}{NT_c} \tag{6.1}$$

在实际的测量中,时间 T_c 内的脉冲个数不一定正好是整数,而且存在最大半个脉冲的误差。如果要求测量的误差小于规定的范围,比如说是小于百分之一,那么 M_1 就应该大于50。在一定的转速下要增大检测脉冲数 M_1 以减小误差,可以增大检测时间 T_c,但考虑到实际的应用中检测时间很短,例如伺服系统中的测量速度用于反馈控制,一般应在0.01s以下。由此可见,减小测量误差的方法是采用高线数的光电编码器。

M法测速适用于测量高转速,因为对于给定的光电编码器线数 N、测量时间 T_c 条件下,转速越高,计数脉冲 M_1 越大,误差也就越小。

T法也称为测周法,该测速方法是在一个脉冲周期内对时钟信号脉冲进行计数的方法。例如时钟频率为 f_{clk},计数器记录的脉冲数为 M_2,光电编码器是 N 线的,每周输出 $4N$ 个脉冲,那么电动机每分钟的转速为式(6.2)。

$$n=\frac{15f_{clk}}{NM_2} \tag{6.2}$$

为了减小误差,希望尽可能记录较多的脉冲数,因此T法测速适用于低速运行的场合。但转速太低,一个编码器输出脉冲的时间太长,时钟脉冲数会超过计数器最大计数值而产生溢出;另外,时间太长也会影响控制的快速性。与M法测速一样,选用线数较多的光电编码器可以提高对电动机转速测量的快速性与精度。

M/T法测速是将M法和T法,两种方法结合在一起使用,在一定的时间范围内,同时对光电编码器输出的脉冲个数 M_1 和 M_2 进行计数,则电动机每分钟的转速为式(6.3)。

$$n=\frac{15M_1f_{clk}}{NM_2} \tag{6.3}$$

在实际工作中,在固定的 T_c 时间内对光电编码器的脉冲计数,在第一个光电编码器上升沿定时器开始定时,同时记录光电编码器和时钟脉冲数,定时器定时 T_c 时间到,对光电编码器的脉冲停止计数,而在下一个光电编码器的上升沿到来时,时钟脉冲才停止记录。采用M/T法,既具有M法测速的高速优点,又具有T法的测速的低速优点,能够覆盖较广的转速范围,测量的精度也较高,在电动机的控制中有着十分广泛的应用。

6.3.3 eQEP 正交解码模块使用说明

TMS320F28069的eQEP模块主要包括以下几个功能单元。

- 通过GPIO MUX寄存器编程锁定QEPA或者QEPB的功能。
- 正交解码单元(QDU)。
- 位置计数器和位置计算控制单元(PCCU)。
- 正交捕获单元(QCAP)。
- 速度/频率测量的时基单元(UTIME)。
- 用于检测的看门狗模块。

TMS320F28069 有两路 eQEP 模块,每个模块有 4 个引脚,分别是 QEPA/XCLK 和 QEPB/XDIR。

这 4 个引脚被使用在正交时钟模式或者直接计数模式。

(1) 正交时钟模式:正交编码器提供两路相位差为 90°的脉冲,相位关系决定了电动机旋转的方向信息,脉冲的个数可以决定电动机的绝对位置信息。超前或者顺时针旋转时,A 路信号超前 B 路信号,滞后或者逆时针旋转时,B 路信号超前 A 路信号。正交编码器使用这两路输入引脚可以产生正交时钟和方向信号。

(2) 直接计数模式:在直接计数模式中,方向和时钟信号直接来自外部,此时 QEPA 引脚提供时钟输入,QEPB 引脚提供方向输入。

更多关于 TMS320F28069 的 eQEP 模块主要功能单元的详细说明,可以参考其数据手册。本应用采用 eQEP1 和 eQEP2 模块获取左右轮编码器信息。其中 eQEP1 的 QEP1A 和 QEP1B 引脚分别连接到电动机编码器 1 的 A 相和 B 相,eQEP2 的 QEP2A 和 QEP2B 引脚分别连接到电动机编码器 2 的 A 相和 B 相。因为模块兼容原因,引脚的对应关系为:QEP1A—PB6,QEP1B—PB7,QEP2A—PA0,QEP2B—PA1。本实例的原理如图 6.18 所示。

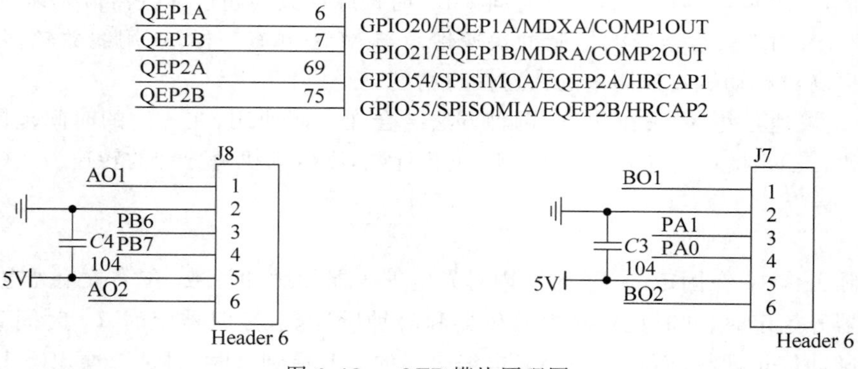

图 6.18 eQEP 模块原理图

下面说明利用 TMS320F28069 的 eQEP 模块是如何实现获得电动机的转向转速信号的。

6.3.4 编码器信号采集

对于电动机的速度测量,应用中采取的方法是利用定时器的中断功能配合编码器的输出脉冲信号来测量电动机的转速。其测速原理是在规定的检测时间(应用为 5ms)内,通过 eQEP 模块的位置计数器 QPOSCNT 对编码器输出脉冲信号计数进而得到电动机的速度信息。

使用官方的 eQEP 模块得到电动机转速信息。

第一步,选择步长为 0.005s,系统时钟为 80MHz,选择 eQEP 对应的 I/O 引脚,如图 6.19 所示。

Groups	
Build options	EQEP1A pin assignment: GPIO20
Clocking	EQEP1B pin assignment: GPIO21
ADC	EQEP1S pin assignment: None
COMP	EQEP1I pin assignment: None
eCAN_A	EQEP2A pin assignment: GPIO24
eCAP	EQEP2B pin assignment: GPIO25
ePWM	EQEP2S pin assignment: None
I2C	EQEP2I pin assignment: None
SCI_A	
SCI_B	
SPI_A	
SPI_B	
eQEP	

图 6.19 eQEP 模块配置

第二步，配置如下信息，Model Header 头文件变量宏定义，Model Source 源文件函数声明以及函数实现，System Outputs 输出函数，如图 6.20 所示。

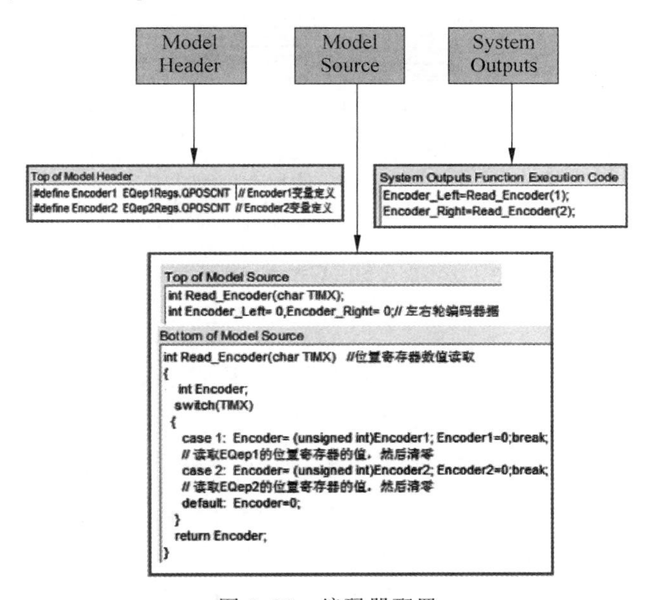

图 6.20 编码器配置

第三步，输出两组 PWM，配置参考 6.2 节，实例如图 6.21 所示。

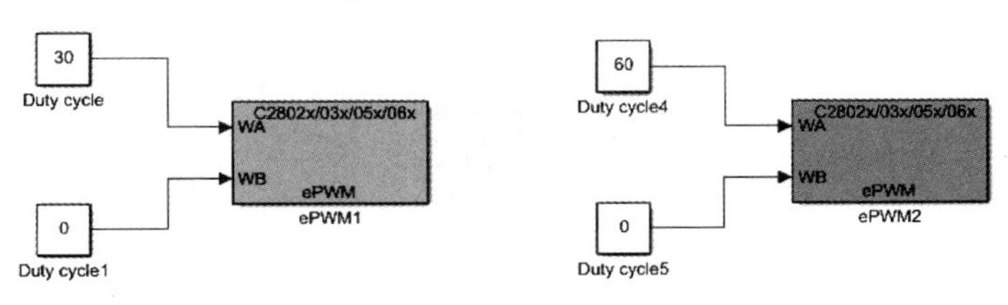

图 6.21 PWM 配置

第四步，配置 eQEP 模块，先配置 eQEP1，Position counter mode 选择 Quadrature-count；positive rotation 选择 Clockwise；方框中的是反向 QEPx 的极性，这里不选；Position counter 选择 Output position counter；Speed calculate 选择 Enable eQEP capture；

eQEP capture timer prescaler 选择 128 分频；Unit position event prescaler 选择 32 分频，其他参数默认；eQEP2 的配置，其方法与 eQEP1 的配置是一样的，具体配置如图 6.22 所示。

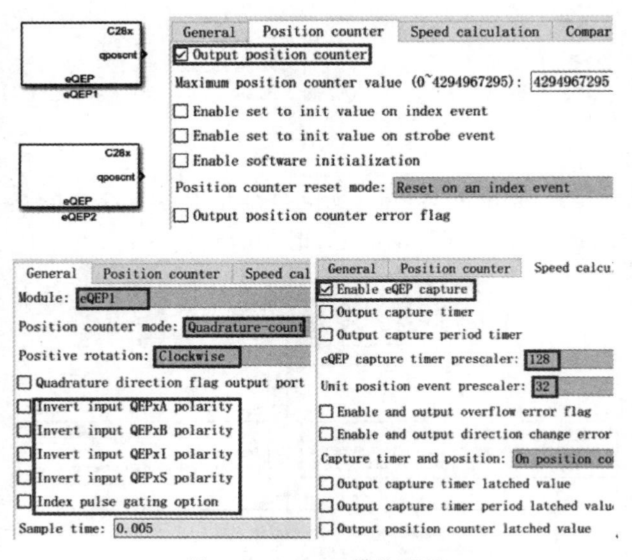

图 6.22 eQEP 模块配置

第五步，在完成上述配置，并完成模型的搭建后，检查电动机接线端，电动机驱动模块，电源模块以及主控板模块是否连接正常，然后将模型编译下载到主控板，然后在 CCS 中打开模型生成的工程文件，先单击“编译”按钮，再单击“调试”按钮，然后将 Encoder_Left 以及 Encoder_Right 这两个变量添加到 Expressions 中，然后单击“运行”按钮就可以看到各个变量的值，应用现象及 Expressions 窗口如图 6.23 和图 6.24 所示。

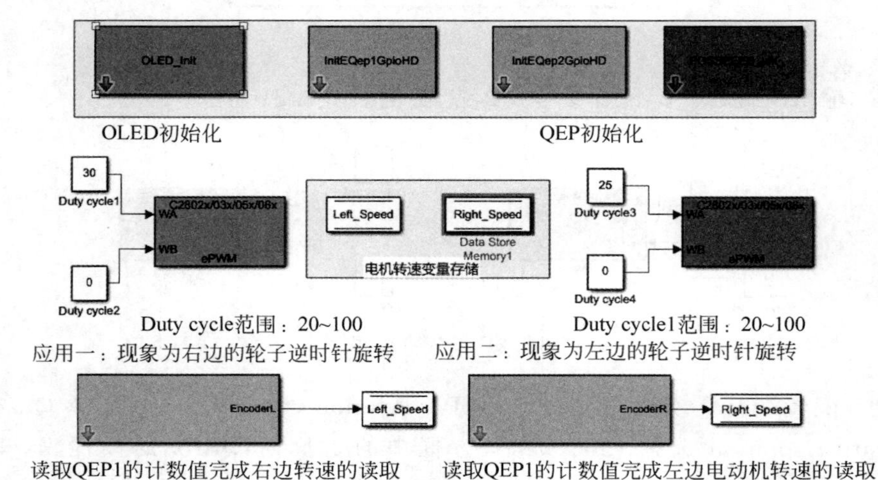

图 6.23 模型搭建

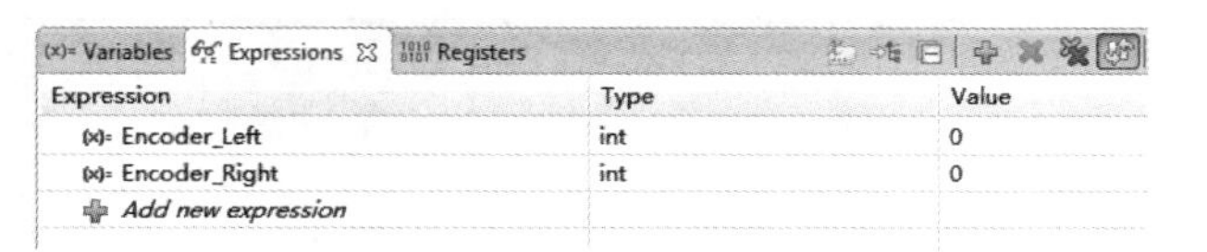

图 6.24 ccs 变量观察

6.4 SIL 软件在环测试

软件在环测试的详细介绍请参考5.4.2节的相关内容，使用SIL仿真，在开发计算机上测试源代码，关于SIL仿真具体可参考下面的网址。本节只介绍子系统创建的SIL模块。

https://ww2.mathworks.cn/help/ecoder/examples/software-and-processor-in-the-loop-sil-and-pil-simulatIOn.html#d117e12810

第一步，MATLAB的当前文件夹如图6.25所示，创建两个.slx文件。

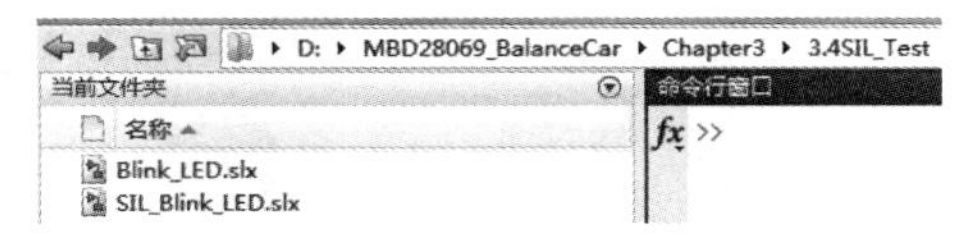

图 6.25 创建.slx文件

第二步，打开Blink_LED.slx，配置Solver为定步长类型，离散型，步长1s；Hardware Implementation配置如图6.26所示。

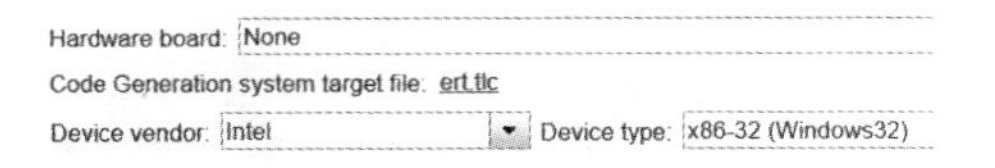

图 6.26 硬件配置

第三步，在All Parameters中输入Create Block，找到对应的参数设置，选择SIL，再选择Code Generation→Verification→Enable portable word sizes，如图6.27和图6.28所示。

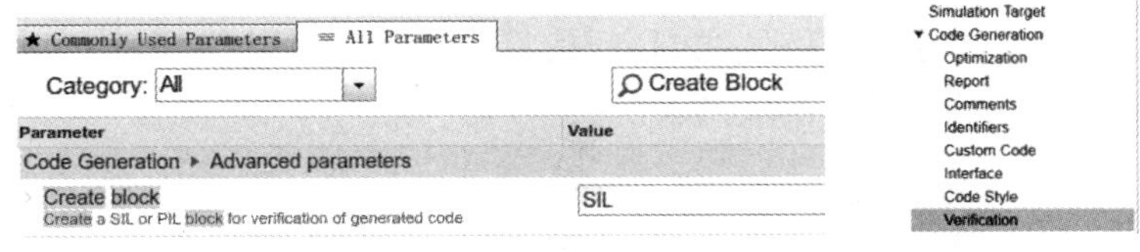

图 6.27 选择SIL　　　　图 6.28 自动代码生成

第四步，搭建模型如图6.29和图6.30所示，单击“编译下载”按钮，稍等片刻会生成一个slx模型，将它复制到SIL_Blink_LED.slx中。

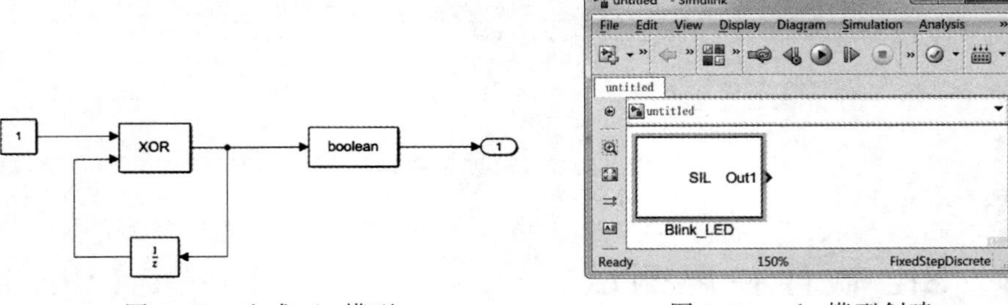

图 6.29　生成 slx 模型　　　　图 6.30　slx 模型创建

第五步,在 SIL_Blink_LED. slx 中搭建模型如图 6.31 所示,参数配置同 Blink_LED. slx。

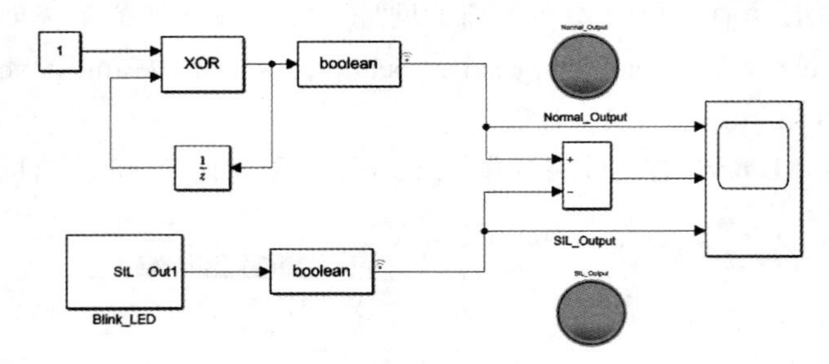

图 6.31　搭建模型

第六步,分别将 Normal 和 SIL 模块添加信号线进行数据标记,如图 6.32 所示。

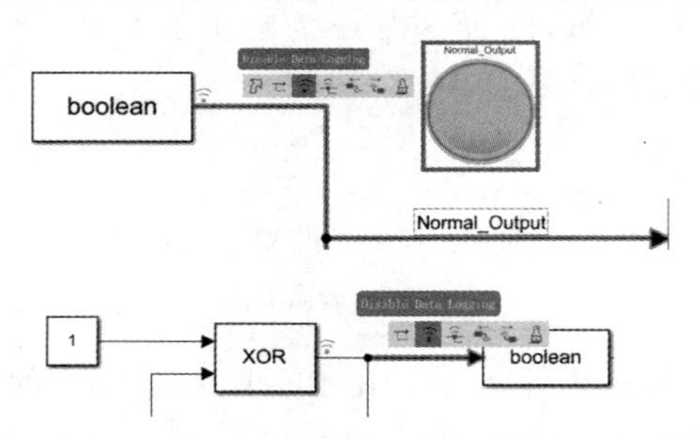

图 6.32　添加信号线数据标记

第七步,添加两个 Lamp,分别与两个信号线绑定,信号线输出为 0 的时候,Lamp 为绿色;输出为 1 的时候,Lamp 为红色,如图 6.33 所示。

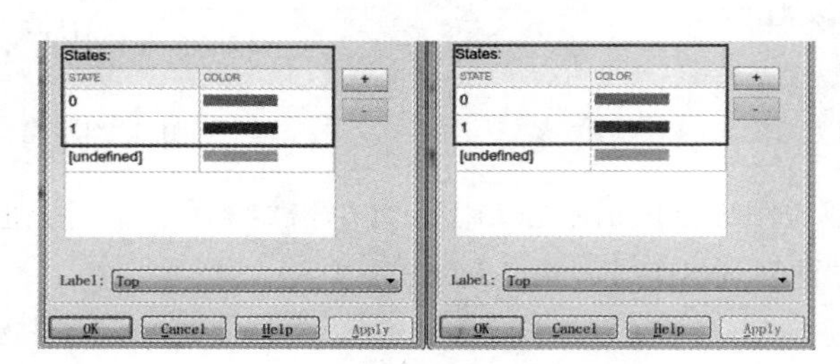

图 6.33　颜色配置

第八步，单击 Run 运行，仿真结束，看见两个 Lamp 都为红色，如图 6.34 所示。双击 Scope 查看三路输入的曲线，中间一路数据为 0，如图 6.35 所示。说明 SIL 生成代码的仿真结果和实际 Normal 的仿真结果一致。

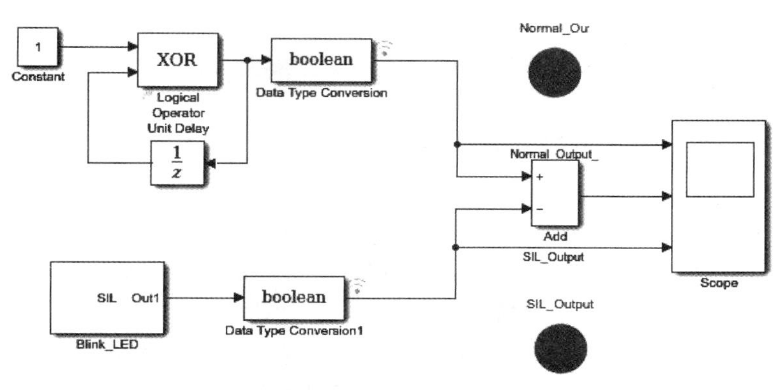

图 6.34　仿真结果

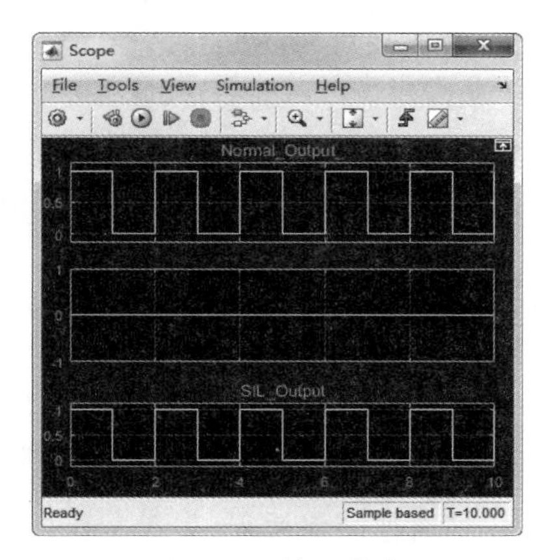

图 6.35　输入曲线

6.5　PIL 处理器在环测试

视频讲解

处理器在环测试的详细介绍请参考 5.4.3 节的相关内容。直接介绍如何进行 PIL 处理器在环测试的操作。处理器在环测试使用 TMS320F28069 的 SCIA GPIO28、GPIO29 端口。

关于 DSP 在 Simulink 中 PIL 测试可以查看下面的网页。

https://ww2.mathworks.cn/help/supportpkg/texasinstrumentsc2000/ug/code-verification-and-validation-with-pil.html?searchHighlight=PIL&s_tid=doc_srchtitle

这个例子展示了如何使用德州仪器 C2000 处理器的嵌入式编码器支持包来使用 PIL 进行代码验证。

在这个例子中,主要介绍如何配置一个 Simulink 模型来运行处理器在环(PIL)模拟。在 PIL 模拟中,生成的代码运行在 TI C2000 处理器上。将 PIL 仿真结果传递给 Simulink,验证仿真结果的数值等效性和代码生成结果。PIL 验证过程是开发周期的一个关键部分,以确保部署代码的行为与设计相匹配。

运行 SIL 和 PIL 仿真有 3 种方法。可以使用顶层模型、Model 模块,或从子系统创建的 SIL 和 PIL 模块。

本示例只介绍使用子系统创建 PIL Block 方法配置用于代码生成和验证的 Simulink 模型。

要运行此示例,需要以下硬件:TI C2000 处理器板,具有串行 USB 功能 TI 控制卡提供串行 USB 功能。这允许从目标计算机到主机进行串行通信。在这个例子中,将使用这个串行连接来交换从 Simulink 到目标的数据。

如何使用 TI 官方提供的 Launch 板子,有关如何配置虚拟 COM 端口的详细信息,请参阅网页 http://bbs.eeworld.com.cn/thread-459004-1-1.html。请注意,“端口”(COM&LPT)下 Windows 设备管理器中显示的 USB 串行端口的 COM 端口号。

提供的板子不支持通过 USB 数据线与 Simulink 通信,需要用 USB 转 TLL 模块实现,前面已经介绍过 USB 转 TTL 模块如何与主控板的连接,此处不再赘述。操作步骤如下所述。

第一步,首先在计算机的设备管理器中找到 USB 转 TTL 对应的 COM 端口,然后在 MATLAB 中打开此模型所在的文件路径,里面有一个 Simulink 模型。然后在 MALAB 命令行窗口输入如下命令。

(1) 按上述方法设置 COM 端口,并将以下命令中的 COM1 替换为与主控板对应的正确串行端口。

```
setpref('MathWorks_Embedded_IDE_Link_PIL_Preferences','COMPort','COM1'); % 选择对应的 COM 口
```

(2) 通过输入波特率设置 PIL 通信的波特率。

```
setpref('MathWorks_Embedded_IDE_Link_PIL_Preferences','BaudRate',115200);
```

PIL 配置如图 6.36 所示。

```
>> setpref('MathWorks_Embedded_IDE_Link_PIL_Preferences','COMPort','COM3');%选择对应的COM口
>> setpref('MathWorks_Embedded_IDE_Link_PIL_Preferences','BaudRate',115200);
>> setpref('MathWorks_Embedded_IDE_Link_PIL_Preferences','enableserial',true);
>>
```

图 6.36 PIL 配置

(3) 通过以下命令启用串行 PIL。

```
setpref('MathWorks_Embedded_IDE_Link_PIL_Preferences','enableserial',true);
```

如图 6.37 所示。

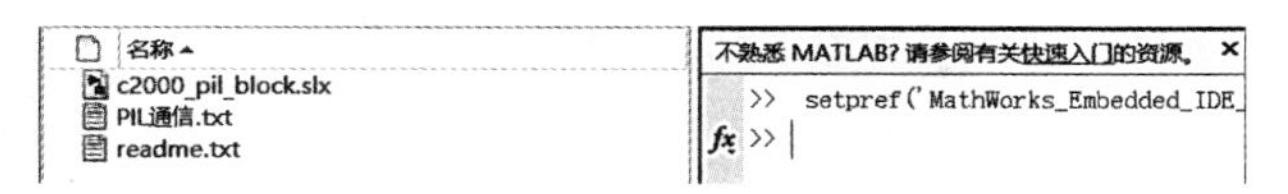

图 6.37　启用串行 PIL

第二步，打开 c2000_pil_block.slx，可看见 Controller 下方有一个需要连接的模块，这就是需要将 Controller 生成 PIL 的模块，如图 6.38 所示。

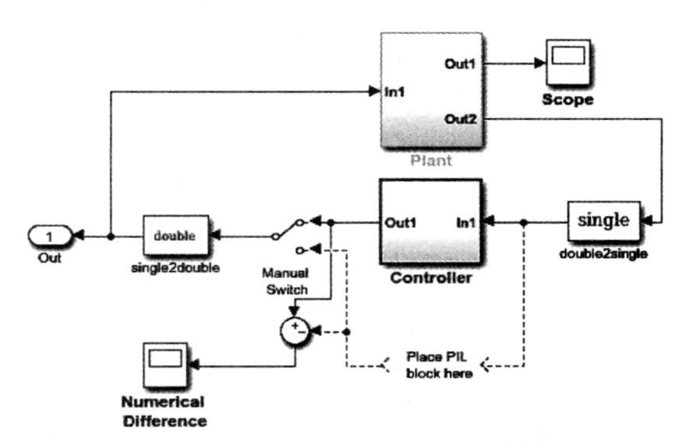

图 6.38　Controller 生成 PIL 模块

第三步，首先在 All Parameters 中输入 create block，找到对应的参数设置，选择 PIL。在 Solver 中选择 Ode3 求解器为 Bogacki-Shampine，定步长为 0.01s，选择在将程序烧写到 RAM 减少编译时间，如图 6.39 所示。

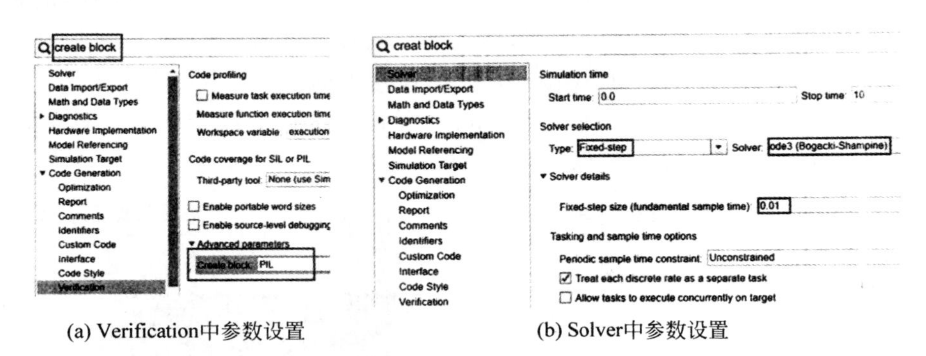

图 6.39　创建模块

第四步，选择 Controller 子系统并右击，在 C/C++Code 中选择 Deploy this Subsystem to Hardware，如图 6.40 所示。随后会出现如图 6.41 所示的界面，然后单击 Build 按钮，稍

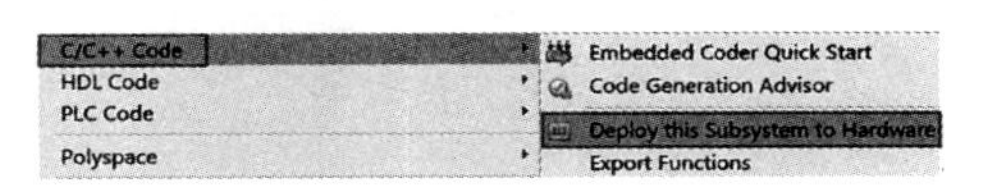

图 6.40　部署到硬件

等片刻可以看见出现了一个新的模块,并且在 MATLAB 的当前文件夹中生成了一个 Controller_pbs. mexw64 代码文件,如图 6.42 所示。

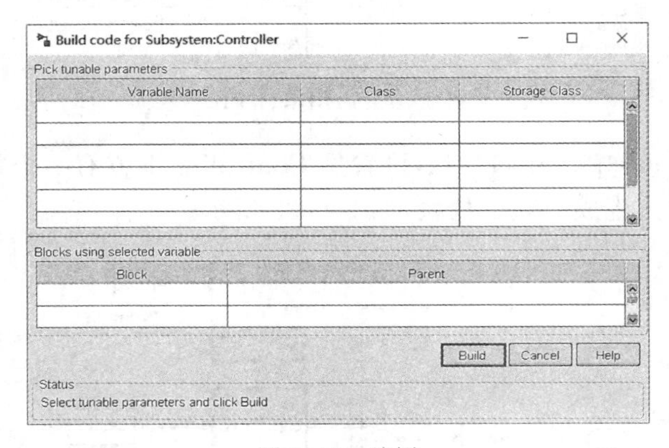

图 6.41 编译

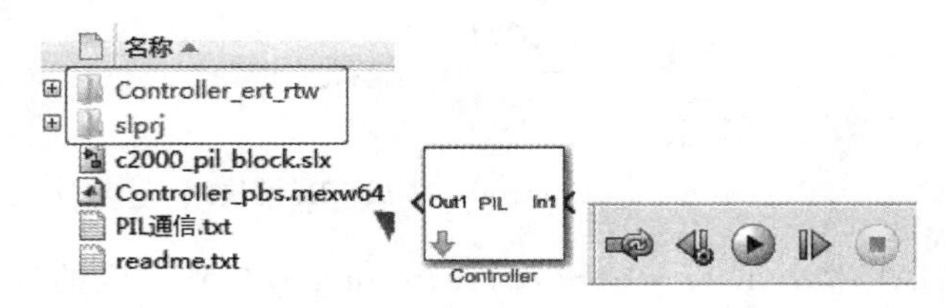

图 6.42 生成 Controller

第五步,将生成的 Controller 模块复制到 c2000_pil_block. slx 模型缺少的模块处, Manual Switch 选择与上面的子系统连接,然后再单击 Run 按钮,稍等片刻可以看见 Scope 会生成一条曲线。然后将 Manual Switch 开关选择与下面的子系统连接,可以看见 Scope 也会生成一条曲线,与之前 Scope 和 Controller 连接时生成的曲线相同。说明代码到目标处理器上的运行结果也能够和模型保持一致,如图 6.43 和图 6.44 所示。

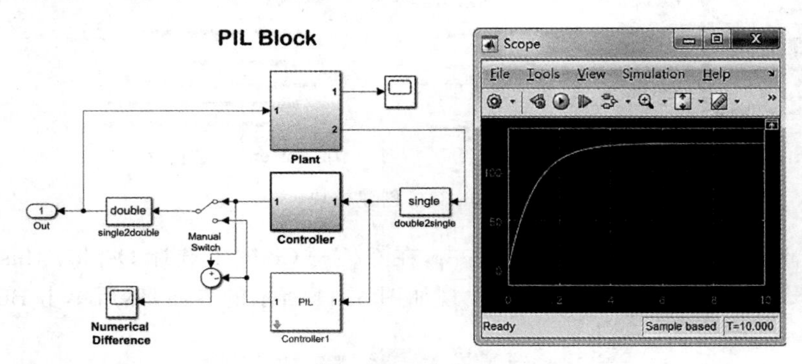

图 6.43 仿真 1

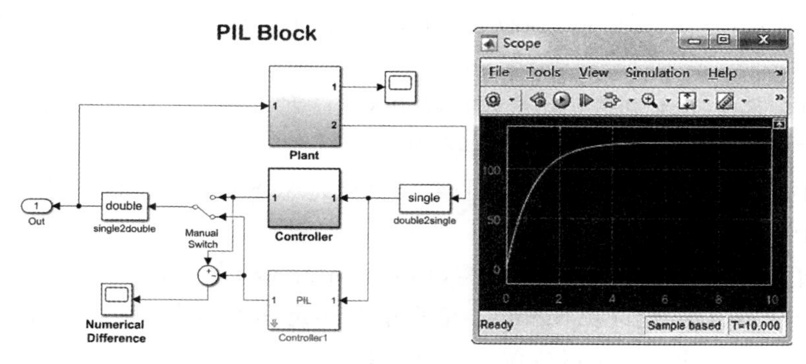

图 6.44 仿真 2

6.6 S-Function

读者可以使用 S-Function 扩展 Simulink 对仿真和代码生成的支持。例如，可以使用它们进行如下操作。

- 表示自定义算法。
- 将现有外部代码集成到 Simulink 和代码生成器中。
- 表示与硬件对接的设备驱动程序。
- 为嵌入式系统生成高度优化的代码。
- 在 Simulink 仿真过程中验证为子系统生成的代码。

通过 S-Function 的应用程序编程接口(API)可以非常灵活地在 Simulink 环境中实现通用算法。如果打算在模型中将 S-Function 用于代码生成，那么灵活度可能会有所不同。例如，需要生成代码的 S-Function 不能访问 MATLAB 工作区。本节介绍使用 S-Function 需要注意的条件。但是，利用本节介绍的技巧，可为大多数使用生成代码的应用程序创建 S-Function。

虽然 S-Function 提供了通用且灵活的解决方案，可在模型中实现复杂的算法，但基础 API 会在内存和计算资源方面产生一定的开销。通常，额外增加的资源开销对实时快速原型系统来说是可以接受的。不过，通常情况下实时嵌入式应用程序中并没有额外的可用资源。通过使用代码生成器附带的 Target Language Compiler 技术来内联 S-Function，可最大程度地降低内存和计算要求。如果为现有的外部代码生成 S-Function，那么可以考虑使用 Legacy Code Tool 生成 S-Function 和相关的 TLC 文件。

接下来的内容假设读者已理解以下概念。

- Level-2 S-Function。
- Target Language Compiler(TLC)脚本编写。
- 代码生成器如何生成和编译 C/C++代码。

以下情形适合用 S-Function 来实现仿真和代码生成。

- “我不关心效率,我只想让我的算法能够自动在 Simulink 和代码生成器产品中工作。”
- “我想在 Simulink 和代码生成器产品中实现一种高度优化的算法,它看起来就像是一个内置模块,并且能生成高效的代码。”
- “我有很多人工代码需要集成。我希望高效地从 Simulink 和代码生成器产品中调用我的函数。”

下面通过实例介绍 Simulink 中生成 S-Function 的 3 种常用手段。

C MEX S-Function 允许在 Simuink 模型中调用定制的 C 代码。例如,考虑简单的 C 函数 doubleIt. c,它输出的值是函数输入值的两倍。

```
double doubleIt(double u)
{
return(u * 2.0);
}
```

可以通过以下方式调用 doubleIt. c 生成 S-Function。

(1) 手写 wrapper S-Function。

使用这种方法,可以手动编写一个新的 C、S-Function 和相关的 TLC 文件,这种方法需要对 C、S-Function 的结构有更多的了解。

(2) 使用 S-Function Builder 块。

使用此方法,可以将 S-Function 的特征输入到块对话框中,这种方法不需要任何有关编写 S-Function 的知识。但是,对 S-Function 结构的基本理解可以使 S-Function Builder 对话框更易于使用。

(3) 使用代码继承工具(Legacy Code Tool)。

使用此命令行方法,在 MATLAB 工作区的数据结构中定义 S-Function 的特征。这种方法所需的 S-Function 知识最少。

还可以使用 MATLAB Function 块从 Simulink 模型调用外部 C 代码。更多信息请见 Integrate C Code Using the MATLAB Function Block。

下面将描述如何使用前面的 3 种方法创建 S-Function,以便使用 Simulink 仿真和使用 Simulink Coder 生成代码。

模型 modelsfcndemo_choosing_sfun 包含使用这些 S-Function 的块。如果计划逐步查看示例,那么请将此模型以及 docroot/toolbox/simulink/sfg/examples 示例文件夹中的文件 doubleIt. c 和 doubleIt. h 复制到工作文件夹中。

6.6.1 使用手写 S-Function 合并定制代码

S-Function wrapsfcn. c 在其 mdlOutputs 方法调用 legacy code:doubleIt. c。如果计划编译 S-Function 以在示例模型 sfcndemo_choosing_sfun 中运行,请将 wrapsfcn. c 文件保存

到工作文件夹中。

要将 legacy code 合并到 S-Function 中，需要在 wrapsfcn.c 开头对 doubleIt.c 进行声明。声明代码如下所示：

```
extern real_T doubleIt(real_T u);
```

具体情况如图 6.45 所示。

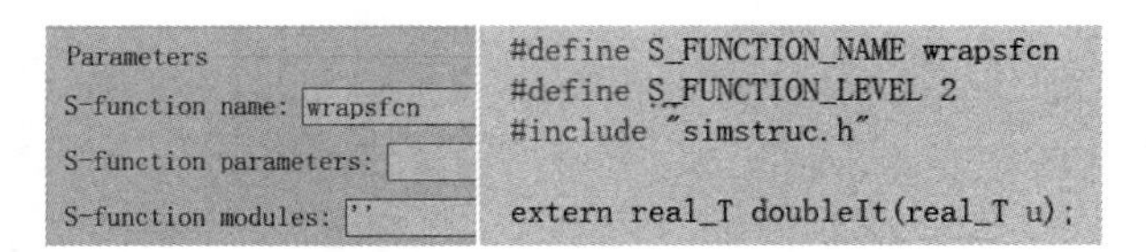

图 6.45 S-Function 函数配置及声明

一旦声明，S-Function 就可以在其 mdlOutput method 中使用 doubleIt.c，如下所示。

```
/* Function:mdlOutputs ==========================================
 * Abstract:
 * Calls the doubleIt.c function to multiple the input by 2.
 */
static void mdlOutputs(SimStruct * S, int tid)
{
     InputRealPtrsType uPtrs = ssGetInputPortRealSignalPtrs(S,0);
     real_T * y = ssGetOutputPortRealSignal(S,0);
      * y = doubleIt( * uPtrs[0]);
}
```

要编译 wrapsfcn.c S-Function，请运行如下 mex 命令，确保 doubleIt.c 文件在工作文件夹中。

```
mex wrapsfcn.c doubleIt.c
```

要使用 Simulink Coder 代码生成器为 S-Function 生成代码，需要编写一个目标语言编译器(TLC)文件。下面的 TLC 文件 wrapsfcn.tlc 使用 BlockTypeSetup 函数为 doubleIt.c 声明一个函数原型。TLC 文件的输出函数会告诉 Simulink 代码生成器如何内联对 doubleIt.c 的调用，如下所示。

```
 % implements"wrapsfcn""C"
 %% File:wrapsfcn.tlc
 %% Abstract:
 %% Example tlc file for S - function wrapsfcn.c
 %%
```

```
%% Function:BlockTypeSetup ===================================
%% Abstract:
%% Create function prototype in model.h as:
%% "extern double doubleIt(double u);"
%%
% function BlockTypeSetup(block,system)void
% openfile buffer
%% PROVIDE ONE LINE OF CODE AS A FUNCTION PROTOTYPE
extern double doubleIt(double u);
% closefile buffer
%<LibCacheFunctionPrototype(buffer)>
%% endfunction %% BlockTypeSetup
%% Function:Outputs ==========================================
%% Abstract:
%% CALL LEGACY FUNCTION:y = doubleIt(u);
%%
% function Outputs(block,system)Output
/* %<Type>Block: %<Name>*/
% assign u = LibBlockInputSignal(0,"","",0)
% assign y = LibBlockOutputSignal(0,"","",0)
%% PROVIDE THE CALLING STATEMENT FOR"doubleIt"
%<y> = doubleIt(%<u>);
% endfunction %% Outputs
```

有关 TLC 的更多信息,请参见 Target Language Compiler Basics(Simulink Coder)。

6.6.2 使用 S-Function Builder 模块合并定制代码

S-Function Builder 自动创建包含 legacy code 的 S-Function 和 TLC 文件。在本例中,除了 doubleIt.c 之外,还需要头文件 doubleIt.h 声明 doubleIt.c 函数格式,如下所示。

```
extern real_T doubleIt(real_T in1);
```

sfcndemo_choosing_sfun 中的 S-Function Builder 显示如何配置块对话框以调用 legacy 函数 doubleIt.c。

在 S-Function Builder 对话框中进行如下操作。

第一步,在 S-Function name 中输入 S-Function 的名称 builder_wrapsfcn,S-Function parameters 选项区域列出了 S-Function Builder 所包含的参数。Name/Data type 的设置将在数据属性页面中介绍,Value 标签用来指定对应的参数,用户可根据需要在此标签填入 MATLAB 表达式,执行完下面的操作后,单击 Build 按钮即可生成 C 代码与可执行的 MAX 文件,如图 6.46 所示。

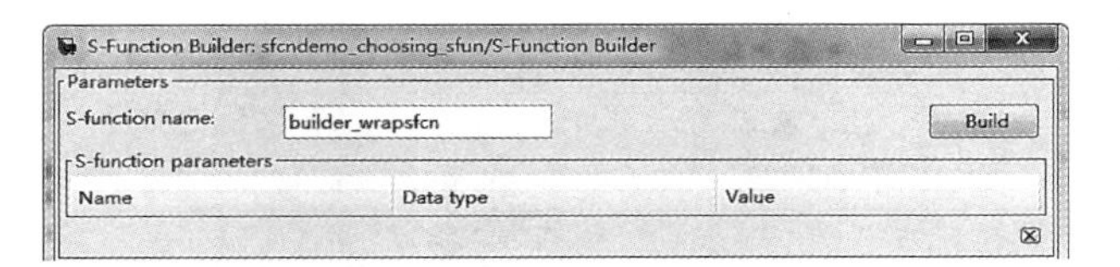

图 6.46 S-Function 函数命名

第二步，该示例跳过初始化页面的操作，在数据属性(Data Properties)页面指定输入(input)和输出(output)端口的名称分别为 in1 和 out1，如图 6.47 所示。

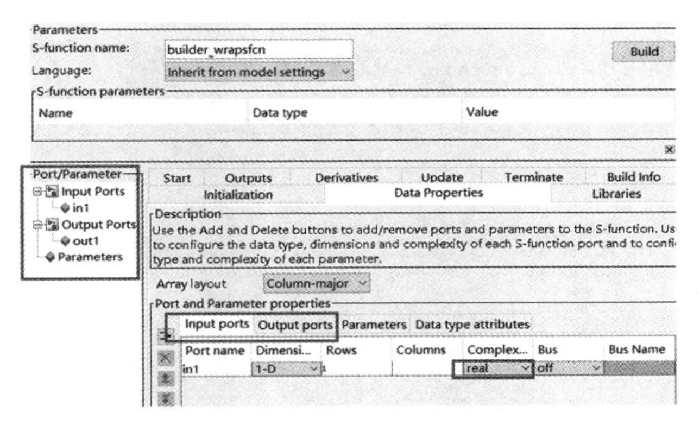

图 6.47 指定输入输出端口

库文件(Libraries)页面：提供定制代码的接口，用户可以在这里指定外部代码文件的名称和位置，外部代码是指在其他页面输入的定制代码中引用到的代码文件。

(1) Library/Object/Source files 模板用于声明在其他页面输入的定制代码中引用到的尾部库文件，对象代码以及源文件，这里添加名为 doubleIt.c 的文件。如果代码文件处在当前工作文件夹下，则用户只需声明文件名即可；如果代码文件处在其他的目录下，则用户需要输入完整的路径。

(2) Includes 模板该模板用于声明头文件，而这些头文件又声明了用户在其他页面输入的定制代码中引用到的函数。变量以及宏定义。每个头文件声明占用一行，前缀为#include。对于标准 C 头文件，需要用尖括号将文件名括起来，如#include<math.h>；对于用户自定义的头文件，则需要用半角双引号件文件名括起来，如#include"xx.h"；如果用户引用的头文件不处在当前工作目录下，则需要在前述 Library/Object/Source files 模板中，前缀为 INC_PATH，指定该头文件的目录。

该示例使用以下字段，用来包含声明定制函数的头文件。

```
#include<math.h>
#include<doubleIt.h>
```

具体配置如图 6.48 所示。

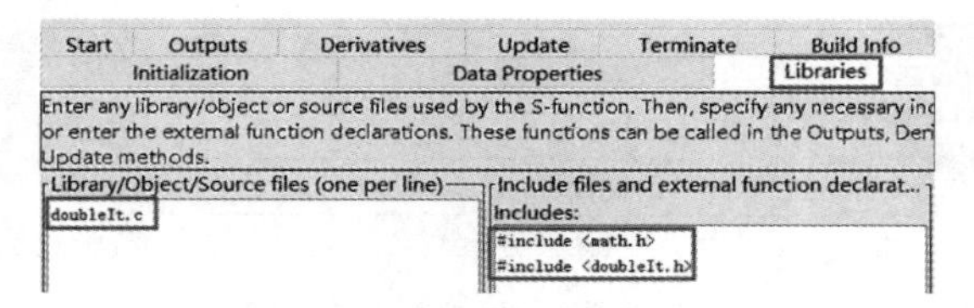

图 6.48　库文件(Libraries)配置

(1) Outputs 输出页面。

S-Function Builder 在 mdlOutputs 回调方法中加入了一条调用这个 wraper 函数的代码。

```
/* Call function that multiplies the input by 2 */
*out1 = doubleIt( *in1);
```

具体配置如图 6.49 所示。

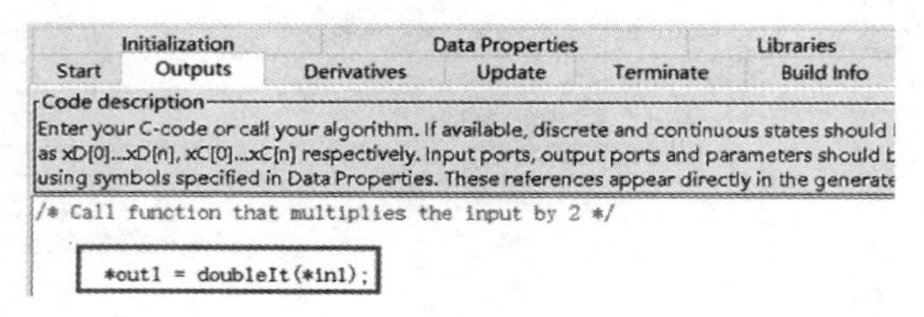

图 6.49　Output 输出界面

(2) Build Info 编译信息页面选择 Generate wrapper TLC,如图 6.50 所示。

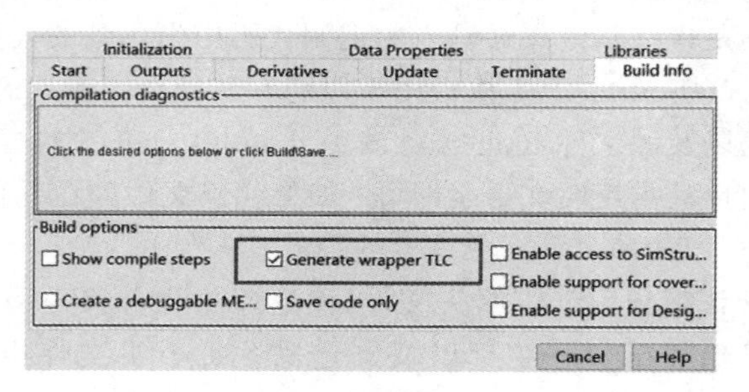

图 6.50　Build Info 编译信息页面

当完成以上操作后,单击 Build 按钮,S-Function Builder 会生成 3 个文件,如表 6.3 所示。

表 6.3　S-Function Builder 生成文件及介绍

文　件　名	描　　述
builder_wrapsfcn.c	主要 S-Function
builder_wrapsfcn_wrapper.c	包含 S-FunctionBuilder 的输出、连续导数和离散更新窗格中输入的代码的独立函数的包装文件
builder_wrapsfcn.tlc	S-Function 的 TLC 文件

builder_wrapsfcn. c 文件采用标准格式。

该文件以一组 # define 语句开始，这些语句包含来自 S-Function Builder 的信息。例如，下面的代码定义了第一个输入端。

```
#define NUM_INPUTS 1
/* Input Port 0 */
#define IN_PORT_0_NAME in1
#define INPUT_0_WIDTH 1
#define INPUT_DIMS_0_COL 1
#define INPUT_0_DTYPE real_T
#define INPUT_0_COMPLEX COMPLEX_NO
#define IN_0_FRAME_BASED FRAME_NO
#define IN_0_DIMS 1-D
#define INPUT_0_FEEDTHROUGH 1
```

(1) 接下来，该文件声明了在 builder_wrapsfcn_wrapper. c 文件中找到的所有 wrapper 函数。此示例只需要输出代码的 wrapper 函数。

```
extern void builder_wrapsfcn_Outputs_wrapper(const real_T * in1,
real_T * out1);
```

(2) 在这些定义和声明之后，文件包含 S-Function 方法，如 mdlInitializeSize，它们初始化 S-Function 的输入端口、输出端口和参数。有关在 S-Function 初始化阶段调用的方法的列表，请参见 Process View。

(3) 该文件的 mdlOutputs 方法调用 builder_wrapsfcn_wrapper. c 函数，在利用该方法在调用 wrapper 函数时使用数据属性窗格(Data Properties pane)中定义的 1 和 out 1 中的输入和输出名称，示例如下。

```
* Function:mdlOutputs ==============================================
static void mdlOutputs(SimStruct * S, int_T tid)
{
const real_T * in1 = (const real_T * )ssGetInputPortSignal(S,0);
real_T * out1 = (real_T * )ssGetOutputPortRealSignal(S,0);
builder_wrapsfcn_Outputs_wrapper(in1,out1);
}
```

(4) 文件 builder_wrapsfcn. c 需要以 mdlTerminate 方式结束。

(5) wrapper 函数 builder_wrapsfcn_wrapper. c 有 3 个部分。

(6) Include Files 部分包括 doubleIt. h 文件以及标准的 S-Function 头文件。

```
/*
 * Include Files
 */
```

```
#if defined(MATLAB_MEX_FILE)
#include"tmwtypes.h"
#include"simstruc_types.h"
#else
#include"rtwtypes.h"
#endif
/* %%% - SFUNWIZ_wrapper_includes_Changes_BEGIN --- EDIT HERE TO_END */
#include <math.h>
#include <doubleIt.h>
/* %%% - SFUNWIZ_wrapper_includes_Changes_END --- EDIT HERE TO_BEGIN */
```

(7) 外部引用部分包含信息来自 Libraries 页面的 External reference declarations,此示例不使用此部分。

(8) Output functions 部分声明函数 builder_wrapfcn_Outputs_wrapper,其中包含在 S-Function Builder 块的 Outputs 窗格中输入的代码。

```
/*
 * Output functions
 *
 */
void builder_wrapfcn_Outputs_wrapper(const real_T * in1,
real_T * out1)
{
/* %%% - SFUNWIZ_wrapper_Outputs_Changes_BEGIN --- EDIT HERE TO_END */
/* Call function that multiplies the input by 2 */
 * out1 = doubleIt( * in1);
/* %%% - SFUNWIZ_wrapper_Outputs_Changes_END --- EDIT HERE TO_BEGIN */
}
```

注意:与手写的 S-Function 相比,S-Function 生成器通过包装文件 builder_wrapsfcn_wrapper.c 将对 Legacy 函数的调用降低了一个优先级。

(9) 由 S-Function Builder 生成的 TLC 文件 builder_wrapsfcn.tlc 与以前的手写版本类似。该文件在 BlockTypeSetup 中声明 legacy 函数,并在 Output 中调用它。

```
%implements builder_wrapsfcn"C"
%%Function:BlockTypeSetup ========================================
%%
%%Purpose:
%%Set up external references for wrapper functions in the
%%generated code.
%%
%function BlockTypeSetup(block,system)Output
%openfile externs
```

```
extern void builder_wrapsfcn_Outputs_wrapper(const real_T * in1,
real_T * out1);
 %closefile externs
 %<LibCacheExtern(externs)>
 %%
 %endfunction
 %%Function:Outputs ==========================================
 %%
 %%Purpose:
 %%Code generation rules for mdlOutputs function.
 %%
 %function Outputs(block,system)Output
/* S-Function"builder_wrapsfcn_wrapper"Block: %<Name> */
 %assign pu0 = LibBlockInputSignalAddr(0,"","",0)
 %assign py0 = LibBlockOutputSignalAddr(0,"","",0)
 %assign py_width = LibBlockOutputSignalWidth(0)
 %assign pu_width = LibBlockInputSignalWidth(0)
builder_wrapsfcn_Outputs_wrapper(%<pu0>, %<py0>);
 %%
 %endfunction
```

6.6.3　使用代码继承工具合并定制代码

本节将C函数集成到Simulink模型中，并在“Writing S-Functions in C”中显示如何使用Legacy代码工具来创建包含doubleIt.c的S-Function。对于执行该示例中的步骤的脚本，请将lct_wrapsfcn.m文件复制到工作文件夹中。确保doubleIt.c和doubleIt.h文件位于工作文件夹中，然后在MATLAB命令提示符下键入lct_wrapsfcn运行脚本，或者双击打开lct_wrapsfcn.m，然后在编辑器工具栏下方单击Run按钮。脚本通过以下命令创建和编译S-Function legacy_wrapsfcn.c，并创建TLC文件Legal_Wrapsfcn.tlc。

```
 %Create the data structure
def = legacy_code('initialize');
 %Populate the data struture
def.SourceFiles = {'doubleIt.c'};
def.HeaderFiles = {'doubleIt.h'};
def.SFunctionName = 'legacy_wrapsfcn';
def.OutputFcnSpec = 'double y1 = doubleIt(double u1)';
def.SampleTime = [-1,0];
 %Generate the S-function
legacy_code('sfcn_cmex_generate',def);
 %Compile the MEX-file
legacy_code('compile',def);
 %Generate a TLC-file
legacy_code('sfcn_tlc_generate',def);
```

Legacy Code 工具生成的 S-Function legacy_wrafcnc 首先包括 doubleIt. h 头文件。然后,mdlOutput 方法直接调用 doubleIt. c 函数,如下所示。

```
static void mdlOutputs(SimStruct * S, int_T tid)
{
/ *
 * Get access to Parameter/Input/Output/DWork/size information
 * /
real_T * u1 = (real_T * )ssGetInputPortSignal(S,0);
real_T * y1 = (real_T * )ssGetOutputPortSignal(S,0);
/ *
 * Call the legacy code function
 * /
 * y1 = doubleIt( * u1);
}
```

由 Legacy Code 工具生成的 S-Function 与 S-Function Builder 生成的 S-Function 的区别如下。

(1) S-Function Builder 生成的 S-Function 通过 wrapper 函数 builder_wrapsfcn_wrapper. c 调用 legacy 函数 doubleIt. c。由代码继承工具生成的 S-Function 直接从其 mdlOutput 方法调用 doubleIt. c。

(2) S-Function Builder 使用输入和输出名称输入数据属性窗格,允许在 S-Function 中自定义这些名称。代码继承工具分别对输出和输入使用默认名称 y 和 u。当使用代码继承工具时,不能指定在生成的 S-Function 中使用的自定义名称。

(3) 默认情况下,S-Function Builder 和代码继承工具都指定了继承的采样时间。但是,S-Function Builder 使用的偏移时间为 0.0,而代码继承工具指定在较短的时间步长中固定偏移时间。

通过定义 BlockInstanceSetup 和 BlockOutputSignal 函数,TLC 文件 legacy_wrapsfcn. tlc 支持 expression folding。TLC 文件还包含一个 BlockTypeSetup 函数,用于声明 doubleIt. c 的函数原型,还有一个输出函数,用于告诉 Simulink Coder 代码生成器如何内联对 doubleIt. c 的调用。

```
%% Function:BlockTypeSetup =====================================================
%%
% function BlockTypeSetup(block, system)void
%%
%% The Target Language must be C
% if::GenCPP == 1
%<LibReportFatalError("This S - Function generated by the Legacy Code Tool
must be only used with the C Target Language")>
% endif
```

```
%<LibAddToCommonIncludes("doubleIt.h")>
%<LibAddToModelSources("doubleIt")>
%%
%endfunction
%%Function:BlockInstanceSetup ==========================================
%%
%function BlockInstanceSetup(block,system)void
%%
%<LibBlockSetIsExpressionCompliant(block)>
%%
%endfunction
%%Function:Outputs ====================================================
%%
%function Outputs(block,system)Output
%%

%if!LibBlockOutputSignalIsExpr(0)
%assign u1_val = LibBlockInputSignal(0,"","",0)
%assign y1_val = LibBlockOutputSignal(0,"","",0)
%%
%<y1_val = doubleIt( %<u1_val>);
%endif
%%
%endfunction
%%Function:BlockOutputSignal ===========================================
%%
%function BlockOutputSignal(block,system,portIdx,ucv,lcv,idx,retType)void
%%
%assign u1_val = LibBlockInputSignal(0,"","",0)
%assign y1_val = LibBlockOutputSignal(0,"","",0)
%%
%switch retType
%case"Signal"
%if portIdx == 0
%return"doubleIt( %<u1_val>)"
%else
%assign errTxt = "Block output port index not supported: %<portIdx>"
%endif
%default
%assign errTxt = "Unsupported return type: %<retType>"
%<LibBlockReportError(block,errTxt)>
%endswitch
%%
%endfunction
```

6.7 OLED12864 显示

OLED 屏幕作为一种新型的显示技术,其自身可以发光,亮度、对比度高,功耗低,在当下备受追捧。而在正常的显示调整参数过程中,越来越多的人使用这种屏幕。使用的一般是分辨率为 128×64 像素,屏幕尺寸为 0.96 寸。由于其较小的尺寸和比较高的分辨率,让它有着很好的显示效果和便携性,具体参数如表 6.4 所示。

表 6.4 OLED12864 屏幕参数配置

基本信息	参数
分辨率	128×64 像素
电压	3.3~5V
协议	IIC/SPI

目前经常使用的 OLED 屏幕一般有两种接口:IIC 或者 SPI,两者使用的通信协议稍有不同,这里以 SPI 协议的 OLED 屏幕为例,介绍其使用方法,其模块接口定义如表 6.5 所示。

表 6.5 模块接口定义

名称	用途	TMS320F28069 引脚
GND	电源地	GND
VCC	电源正(3.3~5.5V)	3.3V
SCL	在 SPI 和 IIC 通信中为时钟引脚	GPIO50
SDA	在 SPI 和 IIC 通信中为数据引脚	GPIO43
RES	用来复位(低电平复位)	GPIO12
DC	数据和命令控制引脚	GPIO23

具体使用方法如下:

一般 OLED 屏幕都会有一套相配套的程序库,OLED 屏幕接口引脚的定义如图 6.51 所示。对接口引脚进行了一次统一的定义,从而提高了程序的可移植性。

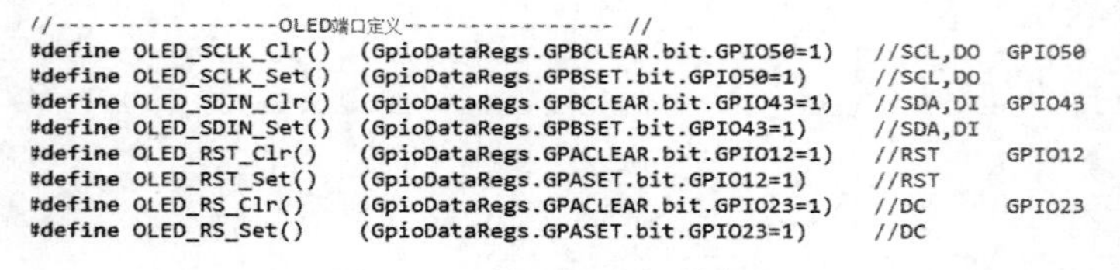

```
//------------------OLED端口定义---------------- //
#define OLED_SCLK_Clr()  (GpioDataRegs.GPBCLEAR.bit.GPIO50=1)   //SCL,DO  GPIO50
#define OLED_SCLK_Set()  (GpioDataRegs.GPBSET.bit.GPIO50=1)     //SCL,DO
#define OLED_SDIN_Clr()  (GpioDataRegs.GPBCLEAR.bit.GPIO43=1)   //SDA,DI  GPIO43
#define OLED_SDIN_Set()  (GpioDataRegs.GPBSET.bit.GPIO43=1)     //SDA,DI
#define OLED_RST_Clr()   (GpioDataRegs.GPACLEAR.bit.GPIO12=1)   //RST     GPIO12
#define OLED_RST_Set()   (GpioDataRegs.GPASET.bit.GPIO12=1)     //RST
#define OLED_RS_Clr()    (GpioDataRegs.GPACLEAR.bit.GPIO23=1)   //DC      GPIO23
#define OLED_RS_Set()    (GpioDataRegs.GPASET.bit.GPIO23=1)     //DC
```

图 6.51 接口引脚相关定义

还需要在 Initial_OLED()函数中加入对 I/O 口初始化以及端口时钟初始化的相关代码,配置为自己将要使用的 I/O 口,因为采用的是模拟 SPI,对 I/O 口并没有太多的要求,只要不与其他 I/O 口使用复用即可。

在 TMS320F28069 中，对 I/O 口、输出模式、端口时钟等进行配置，如图 6.52 所示。

```
void OLED_Init(void)
{
    EALLOW;
    GpioCtrlRegs.GPBMUX2.bit.GPIO50=0;  //SCL对应 DO
    GpioCtrlRegs.GPBMUX1.bit.GPIO43=0;  //SDA对应 DI
    GpioCtrlRegs.GPAMUX1.bit.GPIO12=0;  //RES对应 RST
    GpioCtrlRegs.GPAMUX2.bit.GPIO23=0;  //DC对应 DC
    GpioCtrlRegs.GPBDIR.bit.GPIO50 =1;  //SCL
    GpioCtrlRegs.GPBDIR.bit.GPIO43 =1;   //SDA
    GpioCtrlRegs.GPADIR.bit.GPIO12 =1;    //RES
    GpioCtrlRegs.GPADIR.bit.GPIO23 =1;    //DC
    EDIS;
    GpioDataRegs.GPASET.bit.GPIO23=1;
    GpioDataRegs.GPBSET.bit.GPIO43=1;
    GpioDataRegs.GPASET.bit.GPIO12=1;
    GpioDataRegs.GPBSET.bit.GPIO50=1;

    OLED_RST_Clr();
    DELAY_US(10000);
    OLED_RST_Set();
```

图 6.52 I/O 口配置相关程序

之后是硬件接线，SPI 协议的屏幕有 7 根线，其中包括 2 根电源线，另外 5 根线则需要和程序定义的 SPI 端口一一对应，连接到单片机或者树莓派等设备上。完成以上工作之后，就可以调用相关函数进行显示了。

这里已经将 OLED12864 的相关函数通过代码继承工具封装成 S-Function，只需在 Simulink 中调用相关模块即可实现液晶显示数据的功能。

这里以显示字符型、浮点型、整数型数据为例，来演示如何通过封装好的模块来显示对应的数据。

实例目标

第一行显示：AnHui Hopemotion；第二行显示：Balance Car；第三行显示：56.62；第四行显示：120。

操作过程

第一步，新建模型，完成系统时钟、步长为 0.005s 等相关参数的配置。

第二步，从外设驱动工具箱选择初始化函数模块 Initial_OLED 完成 I/O 的初始化，然后在主函数的 While 循环中完成液晶的显示，最后通过两个 LED 灯的亮灭验证程序是否在正常运行，模型搭建如图 6.53～图 6.55 所示。

每个模块都有详细说明，双击即可查看，此处不再赘述。左边的 display_string_8×16 模块将 X、Y 的参数都设为 1(X 表示可以显示 1、3、5、7 行的内容，Y 表示可以显示 1～120 列的内容)；右边的 display_string_8×16 模块将 X、Y 的参数分别设为 3、24；OLED_show_float 模块将 X、Y 的参数分别设为 5、24，Len(数据长度)为 4，Dot(小数点位数)为 2，这里为了验证能否输出为 56.62；OLED_show_numbe 模块将 X、Y 的参数分别设为 7、24，Len(数据长度)为 3。

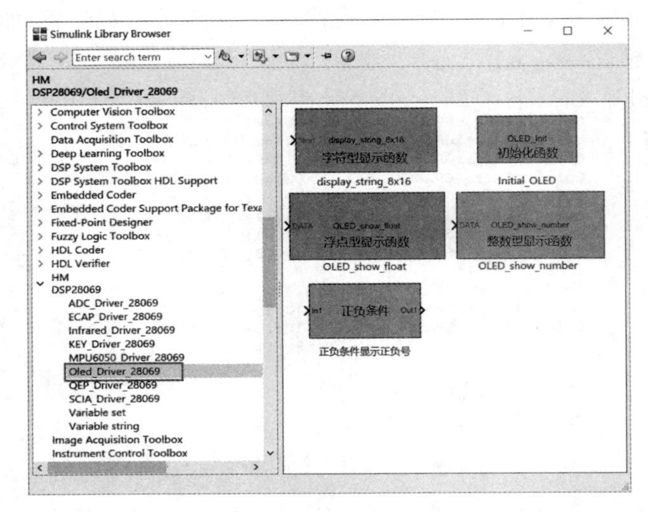

图 6.53 Library 库文件

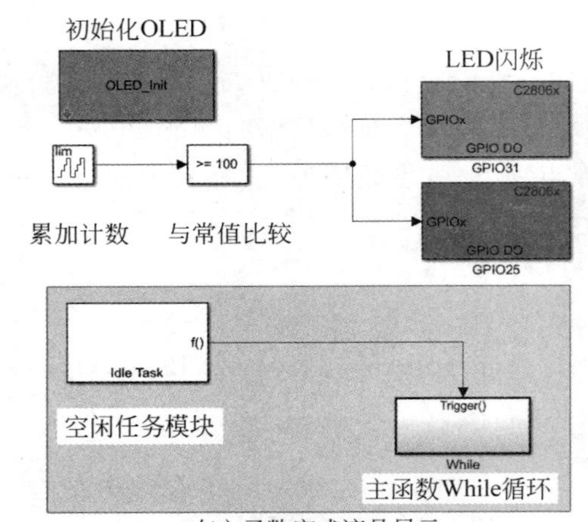

图 6.54 模型搭建

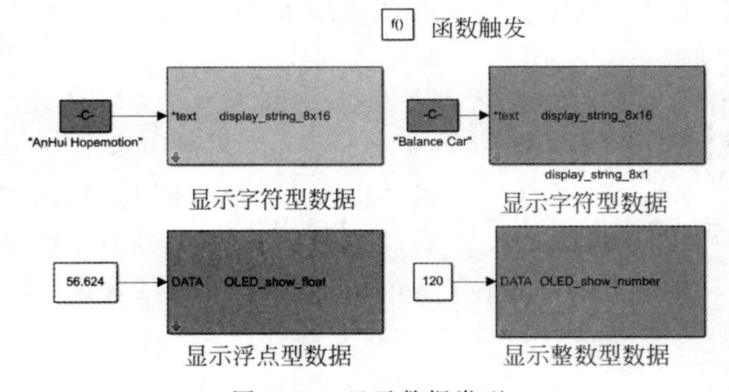

图 6.55 显示数据类型

在这里一定要注意数据的数据类型，不然在编译模型的时候会报错，其中，* text 输入可以通过 Constant 模块给定，abs('T')代表将字符转换为 ASCII 值，外设工具箱已经将字符变量集成到 Variable string 中，只需直接调用即可，如图 6.56 所示。Y 的值根据字符长度设置，每个字符占 8 列，总共 128 列。

在完成上述配置，并完成模型的搭建后，将液晶显示模块插在主控板上，然后将模型编译下载到主控板，观察 OLED 是否能够正常显示想要的数据。模型烧写到 DSP 中显示的结果如图 6.57 所示。

HM
DSP28069
28069 Common blocks
ADC_Driver_28069
Commonly used bolcks
ECAP_Driver_28069
Infrared_Driver_28069
KEY_Driver_28069
MPU6050_Driver_28069
Oled_Driver_28069
QEP_Driver_28069
SCIA_Driver_28069
Variable set
Variable string

图 6.56　Variable string 中字符变量

图 6.57　运行结果

6.8　MPU6050 数据读取

视频讲解

为了完成平衡移动机器人的直立控制，需要测量平衡移动机器人的倾角和角速度。InvenSense 公司推出的 MPU6050 集成了三轴加速度计，可以通过 IIC 接口同时输出 3 个方向上的加速度信号，同时，MPU6050 中也集成了三轴陀螺仪，可以同时输出 3 个方向的陀螺仪信号，MPU6050 内部也置入了一个温度传感器。MPU6050 是全球首例九轴运动处理传感器。它集成了二轴 MEMS 陀螺仪，二轴 MEMS 加速度计，以及一个可扩展的数字运动处理器(Digital Motion Processor，DMP)，可用 IIC 接口连接一个第三方的数字传感器，比如磁力计。扩展之后就可以通过其 IIC 或 SPI 接口输出一个九轴的信号(SPI 接口仅在 MPU6000 可用)。MPU6050 也可以通过其 IIC 接口连接非惯性的数字传感器，比如压力传感器。

本实例利用 TMS320F28069 的 IIC 模块，通过配置其相关寄存器实现与 MPU6050 的通信，获取陀螺仪的温度，MPU6050 模块如图 6.58 所示，左图为正面图，右图为反面图。

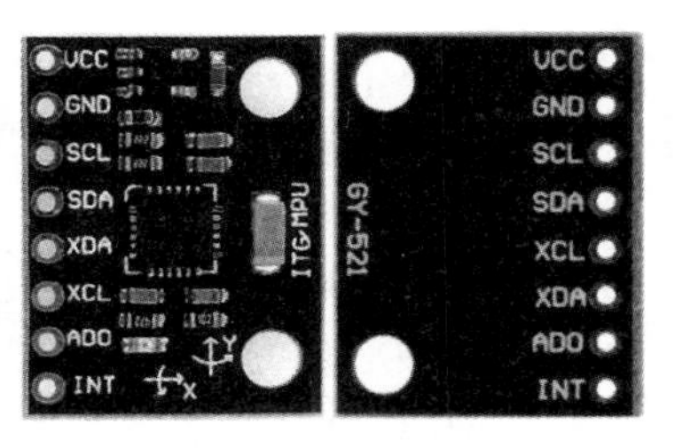

图 6.58　MPU6050 模块正面图及反面图

MPU6050 模块引脚说明如表 6.6 所示。

表 6.6 MPU6050 模块引脚说明

引脚名称	说 明	TMS320F28069
VCC	3.3～5V(内部有稳压芯片)	5V
GND	地线	GND
SCL	MPU6050 作为从机的 IIC 时钟线	SCLA
SDA	MPU6050 作为从机的 IIC 数据线	SDAA
XCL	MPU6050 作为主机的 IIC 时钟线	
XDA	MPU6050 作为主机的 IIC 数据线	
ADO	地址引脚,该引脚决定了 IIC 地址的最低位	GND
INT	中断	

这里重点讲解 ADO 的作用,在 IIC 通信中从机是要有地址的,以区别多个从机。当 ADO 引脚接低电平的时候,从机地址是 0xD0。从 MPU6050 的寄存器中可以得到数据,当 MPU6050 作为一个 IIC 从机设备的时候,有 8 位地址,高 7 位的地址是固定的,就是 WHOAMI 寄存器的默认地址 0x68,最低的一位是由 ADO 的连线决定的。

在读取原始数据这个过程中,一个很重要的思路就是一步一步进行,确保每步都对,之后就很容易读出正确的数据。对 MPU6050 进行读写传感器数据就是对 MPU6050 的寄存器用 IIC 进行读写。还应了解 MPU6050 的寄存器,这个过程与单片机的学习没有什么区别,重点也是配置寄存器,读取数据。通过查阅其数据手册可知,对 MPU6050 的初始化只需要对 MPU6050 的 0x6B、0x6A、0x37、0x1A、0x1B 和 0x1C 寄存器通过 IIC 通信修改其数据即可完成配置。

- 0x6B:该寄存器允许用户配置电源模式和时钟源,一般配置为 0x00 即可。
- 0x6A:用户配置寄存器。
- 0x37:INT 引脚配置寄存器。
- 0x1A:该寄存器有两个功能,本程序只配置了数字低通滤波器。
- 0x1B:这里设置了陀螺仪的量程为±2000°/s。
- 0x1C:本程序只是选择加速度计量程±4g。

MPU6050 与控制板的连接图如图 6.59 所示。

下面介绍陀螺仪与加速度计。

1) 陀螺仪

陀螺仪相关参数如图 6.60 所示。

陀螺仪的范围有±250、±500、±1000、±2000 可选,而对应的精度分别是 131LSB/(°/s)、65.5LSB/(°/s)、32.8LSB/(°/s)、16.4LSB/(°/s)。

(1) 这个精度和范围的关系是什么?

首先 MPU6050 数据寄存器是一个 16 位的,由于最高位是符号位,故数据寄存器的输出范围是－7FFF～7FFF,也是－32767～32767。

(2) 如果选择陀螺仪范围是±2000,那么意味着－32767 对应的是－2000(°/s),32767

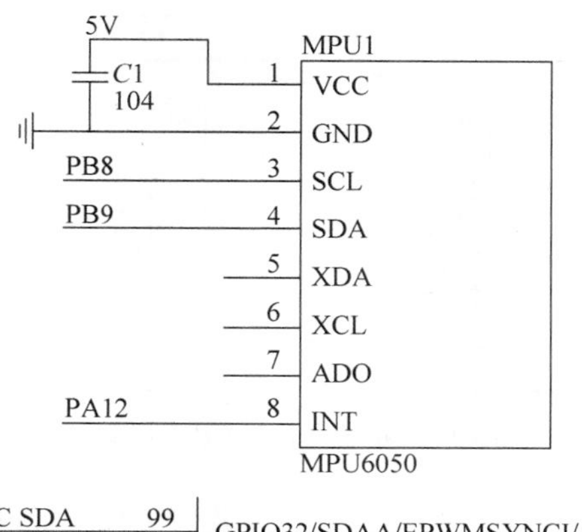

图 6.59 MPU6050 与控制板的连接图

Register (Hex)	Register (Decimal)	Bit7	Bit6	Bit5	Bit4	Bit3	Bit2	Bit1	Bit0
1B	27	XG_ST	YG_ST	ZG_ST	FS_SEL[1:0]		-	-	-

PARAMETER	CONDITIONS	MIN	TYP	MAX	UNITS
GYROSCOPE SENSITIVITY					
Full-Scale Range	FS_SEL=0		±250		°/s
	FS_SEL=1		±500		°/s
	FS_SEL=2		±1000		°/s
	FS_SEL=3		±2000		°/s
Gyroscope ADC Word Length			16		bits
Sensitivity Scale Factor	FS_SEL=0		131		LSB/(°/s)
	FS_SEL=1		65.5		LSB/(°/s)
	FS_SEL=2		32.8		LSB/(°/s)
	FS_SEL=3		16.4		LSB/(°/s)
Sensitivity Scale Factor Tolerance	25°C	-3		+3	%
Sensitivity Scale Factor Variation Over Temperature			±2		%
Nonlinearity	Best fit straight line; 25°C		0.2		%
Cross-Axis Sensitivity			±2		%

图 6.60 陀螺仪相关参数(数据手册截图)

对应的是 2000(°/s),当读取陀螺仪的值是 1000 的,对应的角速度计算如下:32767/2000=1000/x;即 x = 1000/16.4(°/s),可以看出,32767/2000 = 16.4,对应手册中的精度 16.4LSB/(°/s),其他范围的也是如此。

(3) 在四轴姿态计算中,通常要把角度换算成弧度。转换公式如式(6.4)所示。

$$2\mathrm{Pi}/360 = (2 \times 3.1415926)/360 = 0.0174532 = 1/57.30 \tag{6.4}$$

(4) 总结:当量程范围为-2000~+2000,把陀螺仪获取的数据转换为真正的弧度每秒的公式(gyro_x 来代表从陀螺仪读到的数据):gyro_x/(16.40 * 57.30)=gyro_x * 0.001064,单位为弧度每秒。

2) 加速度计

加速度计相关参数如图 6.61 所示。

采用和陀螺仪同样的计算方法,当 AFS_SEL=3 时,数字-32767 对应-16g,32767 对应 16g。把 32767 除以 16,就可以得到 2048,所得数值对应加速度计的灵敏度大小。把从加速度计读出的数字除以 2048,就可以换算成加速度的数值。举个例子,如果从加速度计

Register (Hex)	Register (Decimal)	Bit7	Bit6	Bit5	Bit4	Bit3	Bit2	Bit1	Bit0
1C	28	XA_ST	YA_ST	ZA_ST	AFS_SEL[1:0]		-		

PARAMETER	CONDITIONS	MIN	TYP	MAX	UNITS
ACCELEROMETER SENSITIVITY					
Full-Scale Range	AFS_SEL=0		±2		*g*
	AFS_SEL=1		±4		*g*
	AFS_SEL=2		±8		*g*
	AFS_SEL=3		±16		*g*
ADC Word Length	Output in two's complement format		16		bits
Sensitivity Scale Factor	AFS_SEL=0		16,384		LSB/*g*
	AFS_SEL=1		8,192		LSB/*g*
	AFS_SEL=2		4,096		LSB/*g*
	AFS_SEL=3		2,048		LSB/*g*
Initial Calibration Tolerance			±3		%
Sensitivity Change vs. Temperature	AFS_SEL=0, -40°C to +85°C		±0.02		%/°C
Nonlinearity	Best Fit Straight Line		0.5		%
Cross-Axis Sensitivity			±2		%

图 6.61 加速度计相关参数(数据手册截图)

读到的数字是1000,那么对应的加速度数据是 $1000/2048=0.49g$。g 为加速度的单位,重力加速度定义为 $1g$,等于 $9.8\text{m}^2/\text{s}$。

更多关于MPU6050数据的获取以及滤波算法请查阅如下链接:

https://blog.csdn.net/qq_29350001/article/category/7303760

在对MPU6050操作之前首先要初始化TMS320F28069的IIC功能引脚,本实例选取GPIO32和GPIO33分别作为IIC模块的SDA功能引脚和SCL功能引脚。

```
void Init_I2CA(void)
{
    I2caRegs.I2CMDR.all = 0x0000;               //复位 IIC
    EALLOW;
    GpioCtrlRegs.GPBPUD.bit.GPIO32 = 0;         //使能(SDAA)上拉
    GpioCtrlRegs.GPBPUD.bit.GPIO33 = 0;         //使能(SCLA)上拉
    GpioCtrlRegs.GPBQSEL1.bit.GPIO32 = 3;       //同步(SDAA)
    GpioCtrlRegs.GPBQSEL1.bit.GPIO33 = 3;       //同步(SCLA)
    GpioCtrlRegs.GPBMUX1.bit.GPIO32 = 1;        //配置 GPIO32 为 SDAA
    GpioCtrlRegs.GPBMUX1.bit.GPIO33 = 1;        //配置 GPIO33 为 SCLA
    EDIS;
    //预分频——时钟模块的频率
    I2caRegs.I2CPSC.all = 7; //预分频 IIC 模块时钟需设置 7~12MHz,本实例设置为(80/8 = 10MHz)
    I2caRegs.I2CCLKL = 10;                      //时钟低电平时间值
    I2caRegs.I2CCLKH = 5;                       //时钟高电平时间值
    I2caRegs.I2CMDR.all = 0x0020;               //IIC 准备就绪
}
```

通过查阅其数据手册可知,对于MPU6050的初始化只需要对MPU6050的0x6B、0x6A、0x37、0x1A、0x1B和0x1C寄存器通过IIC通信修改其数据即可完成配置。

```
void MPU6050_Init(void)
{
    MPU6050_setSleepEnabled(0);
    DELAY_US(50);
```

```
    MPU6050_setClockSource(MPU6050_CLOCK_PLL_XGYRO);      //设置时钟源
    DELAY_US(50);
    MPU6050_setFullScaleGyroRange(MPU6050_GYRO_FS_2000); //设置角速度量程范围
    DELAY_US(50);
    MPU6050_setFullScaleAccelRange(MPU6050_ACCEL_FS_4);  //设置加速度量程范围
    DELAY_US(50);
    MPU6050_setDLPF(MPU6050_DLPF_BW_42);       //设置 MPU6050 的陀螺仪和加速度计的数字低通
                                               //滤波器
    DELAY_US(50);
    MPU6050_setI2CMasterModeEnabled(0);        //设置 MPU6050 IIC 总线模式
    DELAY_US(50);
    MPU6050_setI2CBypassEnabled(1);            //设置 MPU6050 IIC 旁路有效
    DELAY_US(50);
}
```

基于前面的函数，本实例对于读取 MPU6050 数据也封装了一个函数。

```
Uint16 MPU6050_Read(void)
{
    return ReadData(devAddr,MPU6050_RA_ACCEL_XOUT_H,14,mpu6050_buffer);
}
```

通过调用 ReadData()函数并给出相应的参数，便可以得到 MPU6050 的原始数据。然后通过 Get_Angle()进行对 MPU6050 的原始数据进行处理，函数如下。

```
void Get_Angle(void)
{
    float Accel_Y,Accel_Angle,Accel_Z,Gyro_X,Temp;
    MPU6050_ACC_LAST.X = ((int16)(mpu6050_buffer[0]<< 8)|mpu6050_buffer[1]); //X 轴加速度
    MPU6050_ACC_LAST.Y = ((int16)(mpu6050_buffer[2]<< 8)|mpu6050_buffer[3]); //Y 轴加速度
    MPU6050_ACC_LAST.Z = ((int16)(mpu6050_buffer[4]<< 8)|mpu6050_buffer[5]); //Z 轴加速度
void Get_Angle(void)
{
    float Accel_Y,Accel_Angle,Accel_Z,Gyro_X,Temp;
    MPU6050_ACC_LAST.X = ((int16)(mpu6050_buffer[0]<< 8)|mpu6050_buffer[1]); //X 轴加速度
    MPU6050_ACC_LAST.Y = ((int16)(mpu6050_buffer[2]<< 8)|mpu6050_buffer[3]); //Y 轴加速度
    MPU6050_ACC_LAST.Z = ((int16)(mpu6050_buffer[4]<< 8)|mpu6050_buffer[5]); //Z 轴加速度
    MPU6050_GYRO_LAST.X = ((int16)(mpu6050_buffer[8]<< 8)|mpu6050_buffer[9]); //X 轴陀螺仪数据
    MPU6050_GYRO_LAST.Y = ((int16)(mpu6050_buffer[10]<< 8)|mpu6050_buffer[11]); //Y 轴陀螺仪数据
    MPU6050_GYRO_LAST.Z = ((int16)(mpu6050_buffer[12]<< 8)|mpu6050_buffer[13]); //Z 轴陀螺仪数据
    Temp = ((int16)(mpu6050_buffer[6]<< 8)|mpu6050_buffer[7]); //MPU6050 温度
    Temp = (36.53 + Temp/340) * 10;
    Temperature = (int)Temp;                                         //更新温度
    Gyro_X = MPU6050_GYRO_LAST.X;
    Gyro_Y = MPU6050_GYRO_LAST.Y;
```

```
    Gyro_Z = MPU6050_GYRO_LAST.Z;
    Accel_Y = MPU6050_ACC_LAST.Y;
    Accel_Z = MPU6050_ACC_LAST.Z;
    Gyro_Balance = Gyro_X;                           //计算平衡角速度
    Accel_Angle = atan2(Accel_Y,Accel_Z) * 180/PI;   //计算倾角
    Gyro_X = Gyro_X/16.4;                            //陀螺仪量程转换
Kalman_Filter(Accel_Angle,Gyro_X);                   //卡尔曼滤波
    Angle_Balance = angle;                           //更新平衡倾角
}
```

注意：理想情况下，只需测量其中一个方向上的加速度值，就可以计算出平衡移动机器人的倾角。比如使用 Y 轴或者 X 轴。平衡移动机器人静止的时候，只存在重力加速度，没有运动加速度，此时 X 轴和 Y 轴都输出零。当平衡移动机器人有一定的倾角之后，会在 X 轴或 Y 轴有重力加速度分量，而且该轴倾斜的角度和重力分量的大小相关。因为使用的是三轴的加速度计，所以可以使用 atan2(y,x)函数进行更科学的计算。

$$\mathrm{Angle}_Y = \mathrm{atan2}(\mathrm{Accel}_Y, \mathrm{Accel}_Z) \times \frac{180}{\mathrm{PI}} \tag{6.5}$$

$$\mathrm{Angle}_X = \mathrm{atan2}(\mathrm{Accel}_X, \mathrm{Accel}_Z) \times \frac{180}{\mathrm{PI}} \tag{6.6}$$

atan2(y,x)是表示 X-Y 平面上所对应的(x,y)坐标的角度，返回的是原点到点(x,y)的方位角，即与坐标系的 X 轴的夹角，它的值域范围是(−Pi,Pi)，也就输出值要通过180/PI 转化为角度。

由于使用陀螺仪积分得到的角度因为自身的零点漂移，误差随着时间变化逐步增大，误差越来越大。加速度计测量的角度信号在受外界干扰的情况下，也会很不稳定。而通过融合算法一阶滤波或者更为复杂的卡尔曼滤波得到的角度值则很稳定，这里选择卡尔曼滤波算法。

```
void Kalman_Filter(float Accel,float Gyro)
{
angle += (Gyro - Q_bias) * dt;                  //先验估计
Pdot[0] = Q_angle - PP[0][1] - PP[1][0];        //Pk - 先验估计误差协方差的微分
Pdot[1] = - PP[1][1];
Pdot[2] = - PP[1][1];
Pdot[3] = Q_gyro;
PP[0][0] += Pdot[0] * dt;                       //Pk - 先验估计误差协方差微分的积分
PP[0][1] += Pdot[1] * dt;                       //先验估计误差协方差
PP[1][0] += Pdot[2] * dt;
PP[1][1] += Pdot[3] * dt;
Angle_err = Accel - angle;                      //zk - 先验估计
PCt_0 = C_0 * PP[0][0];
```

```
    PCt_1 = C_0 * PP[1][0];
    E = R_angle + C_0 * PCt_0;
    K_0 = PCt_0/E;
    K_1 = PCt_1/E;
    t_0 = PCt_0;
    t_1 = C_0 * PP[0][1];
    PP[0][0] -= K_0 * t_0;                    //后验估计误差协方差
    PP[0][1] -= K_0 * t_1;
    PP[1][0] -= K_1 * t_0;
    PP[1][1] -= K_1 * t_1;
    angle += K_0 * Angle_err;                 //后验估计
    Q_bias += K_1 * Angle_err;                //后验估计
    angle_dot = Gyro - Q_bias;                //输出值(后验估计)的微分 = 角速度
    }
```

如果想了解更多 TMS320F28069 的 IIC 原理及应用，请参考其相关数据手册，同样如果想知道更多关于 MPU6050 的知识，请参考其 DataSheet，里面会有详细说明。为了方便快速实现控制算法的验证，将上述函数都封装为 S-Function 模块，如图 6.62 所示。

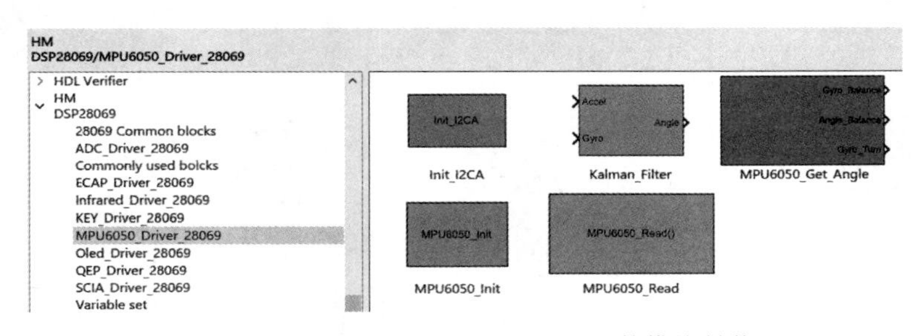

图 6.62　MPU6050_Driver_28069 函数模块封装

这里想要将 MPU6050_Get_Angle 模块得到的平衡角度值在 OLED 上显示，执行如下操作即可实现。

第一步，完成系统时钟等相关配置。

第二步，首先完成初始化函数的搭建，然后将 MPU6050 的数据读取出来以及将角度值提取到存储模块中，通过 LED1 灯的亮灭来验证模式有没有烧写到主控板中，然后将读取的角度值通过 OLED 模块实现数据显示。

注意：因为角度值有正有负，所以加了一个正负条件判断，特别要注意数据类型应一致，部分模型搭建如图 6.63 所示。

第三步，通过以上步骤完成整个模型搭建，如图 6.64 所示。

第四步，将模型烧写到主控板，将液晶显示模块插在主控板上，将车子平衡放置、往前倾、往后倾，查看 OLED 显示的数据，分别如图 6.65 所示。

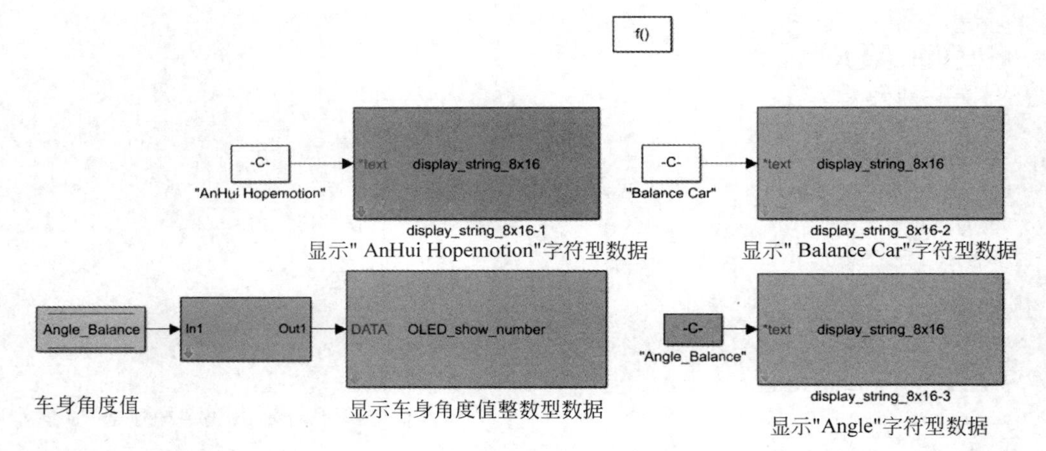

图 6.63　显示平衡角度值的部分模型搭建

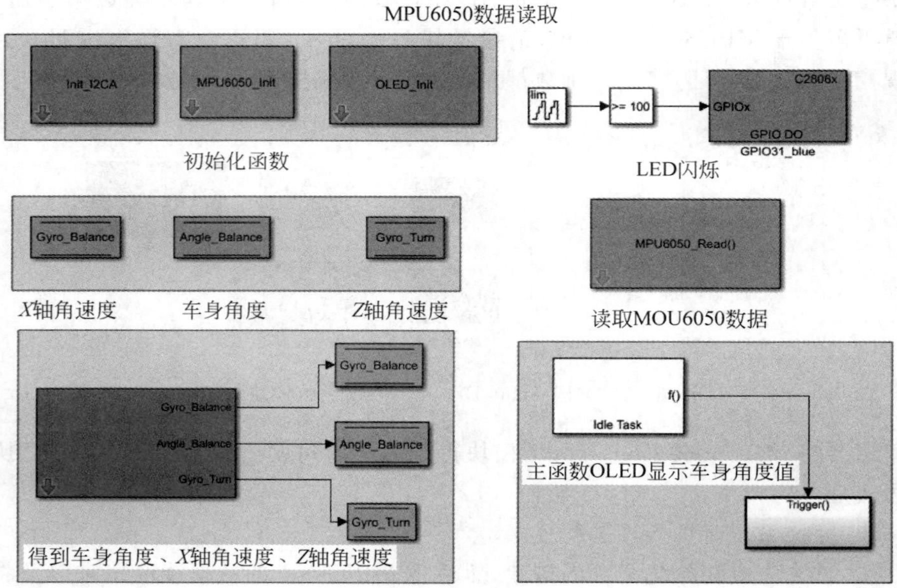

MPU6050数据读取

Init_I2CA　MPU6050_Init　OLED_Init

初始化函数

lim　>= 100　GPIOx　C2806x　GPIO DO　GPIO31_blue

LED闪烁

Gyro_Balance　Angle_Balance　Gyro_Turn

X轴角速度　车身角度　Z轴角速度

MPU6050_Read()

读取MOU6050数据

Gyro_Balance　Angle_Balance　Gyro_Turn

得到车身角度、X轴角速度、Z轴角速度

f()　Idle Task　Trigger()

主函数OLED显示车身角度值

图 6.64　整体模型的搭建

(a) 平衡放置　(b) 往前倾　(c) 往后倾

图 6.65　数据显示结果

6.9 ADC 电压采集

本实例使用电阻分压的方式对电池电压进行测量，根据经验，一般航模电池的电量是和电压相关的，例如，满电的时候是 12.6V，过放（电压低于 9.6V）必然导致电池永久过放，所以有必要通过监控电池电压的变化，近似表示电池的电量，在电池电量比较低的情况下，提醒充电，电压检测模块的原理图如图 6.66 所示。

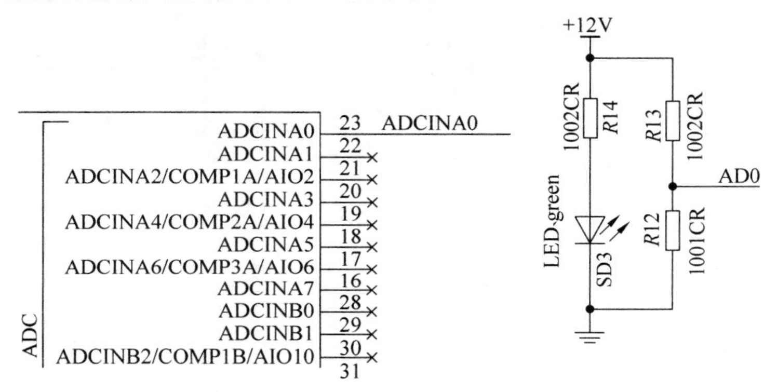

图 6.66 电压检测模块的原理图

简单分析可知，电池电压经过电阻分压，衰竭为原来的 1/11 之后，送至单片机 ADC 检测，以 12 位 ADC 的 TMS320F28069 举例，temp 为 ADC 采集的变量，那么很容易计算得到电池的电量：

$$\text{Volt} = \text{temp} \times 3.3 \times 11/4096(\text{V}) \tag{6.7}$$

关于 ADC 的介绍前面已经介绍过了，为了简便已将电压检测封装成 S-Function，只需直接将电压值读取出来即可。下面通过具体实例操作来演示如何通过 Simulink 搭建读取电池电压值的模型。

第一步，完成系统时钟等相关配置。

第二步，从外设工具箱找到 ADC 初始化函数模块、电压检测函数模块，如图 6.67 所示，要想了解模块的具体函数，只需打开对应模型的 help 文档。

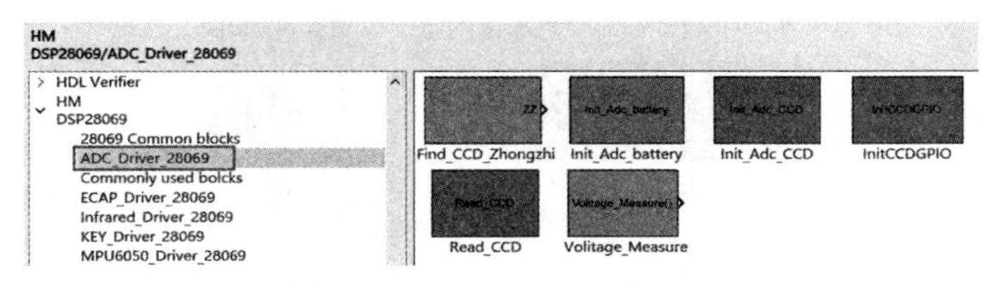

图 6.67 工具箱 ADC Drive 28069 模块

第三步，从外设工具箱找到电压数据存储模块、电压数据写入模块、电压数据读取模块，如图 6.68 所示。

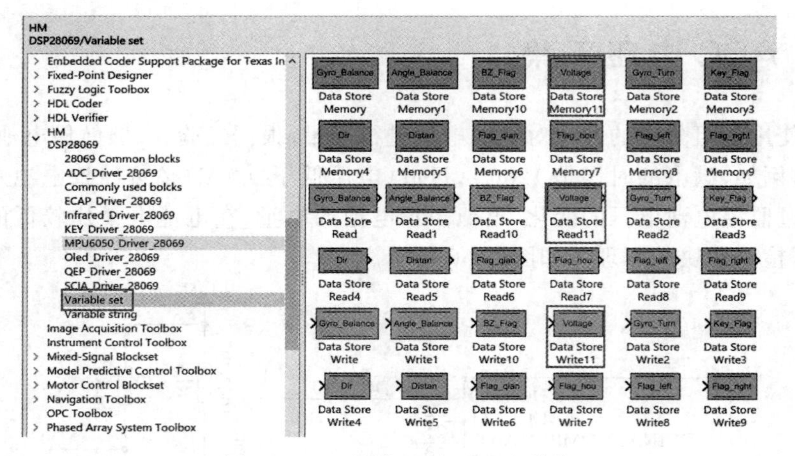

图 6.68　工具箱 Variable set 模块

第四步，利用液晶在 While 循环显示电压值，display_string_8x16 显示“Volt：”字符型数据，X=3、Y=24(X/Y 可自行设定)，OLED_show_float 读取电压值，X=3、Y=64、Len=4、Dot=2，模型搭建如图 6.69 所示。

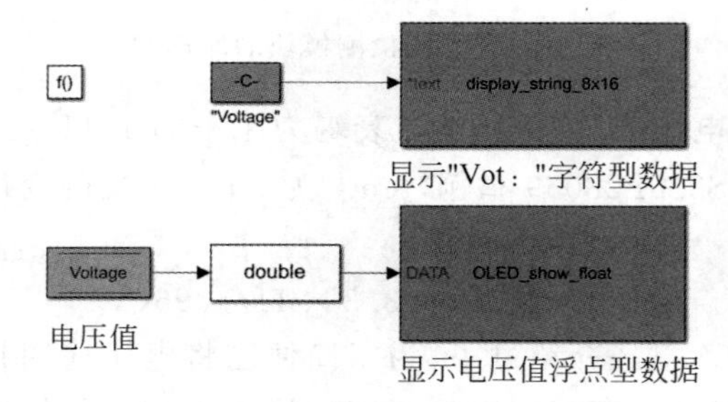

图 6.69　电压值显示模型

第五步，完成以上配置，搭建模型如图 6.70 所示。

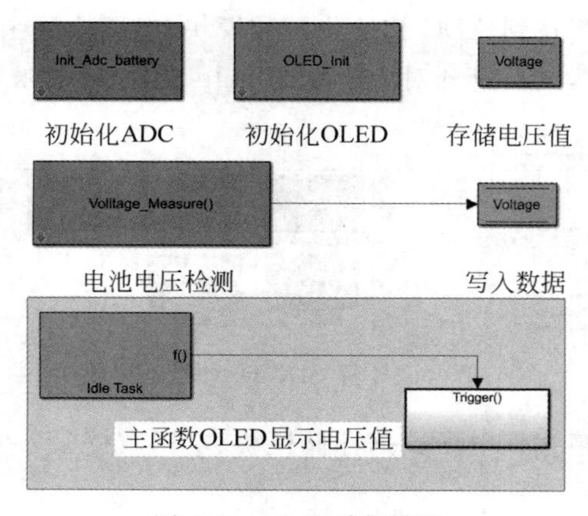

图 6.70　电压采集模型

第六步，将模型烧写到主控板，将液晶显示模块插在主控板上，然后打开带有电压检测电路的电源板供电开关，查看 OLED 显示的数据，结果如图 6.71 所示。

图 6.71　电压采集结果

6.10　本章小结

本章主要介绍了智能平衡移动机器人的进阶应用，包括 eCAP 超声波测距、ePWM 电动机调速、eQEP 正交解码、SIL 软件在环测试、PIL 处理器在环测试、S-Function、OLED12864 显示、MPU6050 数据读取、ADC 电压采集以及相关 MATLAB/Simulink 的搭建与仿真实验。通过本章的学习，接下来可以利用平衡移动机器人完成更为综合的应用。

第7章
CHAPTER 7

综合应用

7.1 平衡控制——直立环

7.1.1 平衡控制原理

根据第4章的内容可知,智能平衡移动机器人的平衡控制原理如下所述。

- 要有回复力,使得模型可以到达平衡位置。
- 要有阻尼力,使得模型可以更快地到达平衡位置。

根据上面两个条件,可以搭建如式(7.1)所示的数学模型。

$$a = k_1\theta + k_2\theta' \tag{7.1}$$

式中,a 代表加速度,k_1 代表控制器的回复力系数($k_1 > g$,g 为重力加速度),k_2 代表控制器的阻尼力系数($k_2 > 0$)。因此,可以从理论上说明平衡移动机器人的平衡控制是可以通过搭建上述的数学模型实现的。

数学模型的控制框图如图7.1所示。

设定值
PD控制器
轮式机器人
角度与角速度反馈

图7.1 平衡移动机器人控制框图

7.1.2 平衡控制模型

本书重点在于介绍基于MATLAB/Simulink的模型开发方法,因此本节将以智能平衡移动机器人的平衡控制为例介绍这种开发方法,平衡控制模型如图7.2所示。

陀螺仪加速度计传感器MPU6050获取平衡移动机器人的角度信号Angle_Balance、平衡移动机器人的角速度信号Gyro_Balance,通过IIC接口输出3个方向的信号,在本例中输出 X 轴角速度信号和车身绕 X 轴的角度信号作为直立环平衡控制器的输入,经过平衡控制器后的输出信号控制智能平衡移动机器人两轮电动机,控制电动机的平衡。下面具体介绍各个环节的作用。

1. MPU6050数据输出模块

打开MPU6050数据输出模块子系统,如图7.3所示。

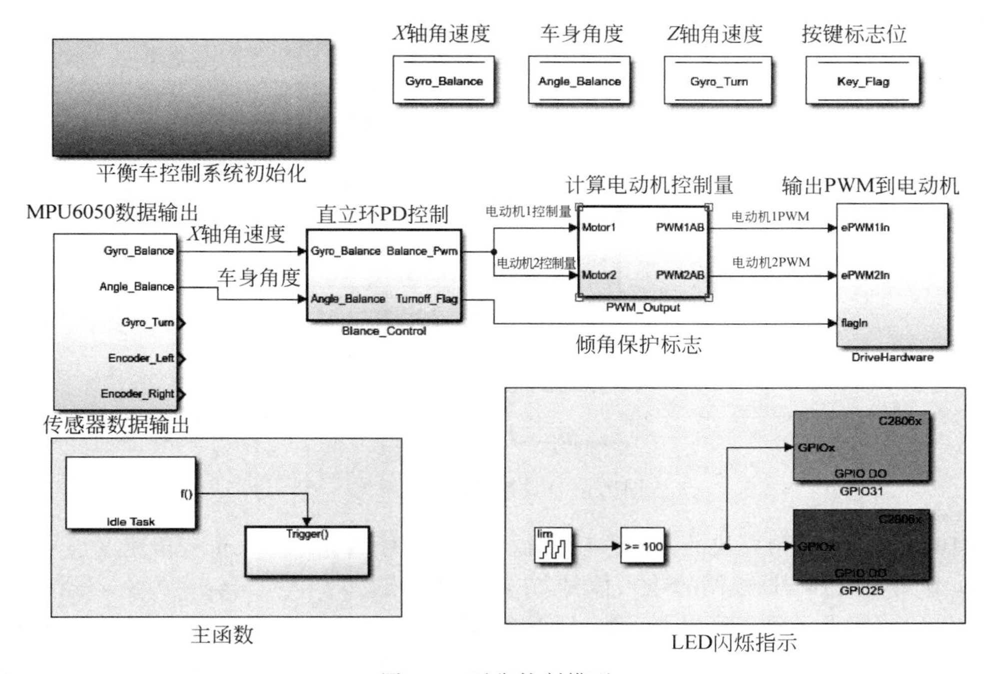

图 7.2　平衡控制模型

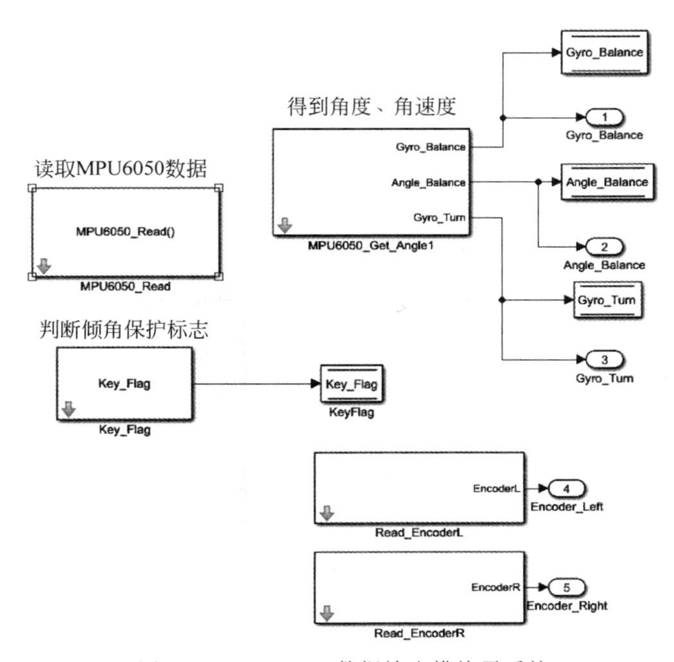

图 7.3　MPU6050 数据输出模块子系统

通过 MPU6050_Read()模块,实时读取平衡移动机器人的角度、角速度信号,再通过图中的 Gyro_Balance 模块、Angle_Balance 模块将两信号输出作为直立环 PD 控制器的输入。

2. 直立环 PD 控制模块

打开直立环 PD 控制模块子系统,如图 7.4 所示。

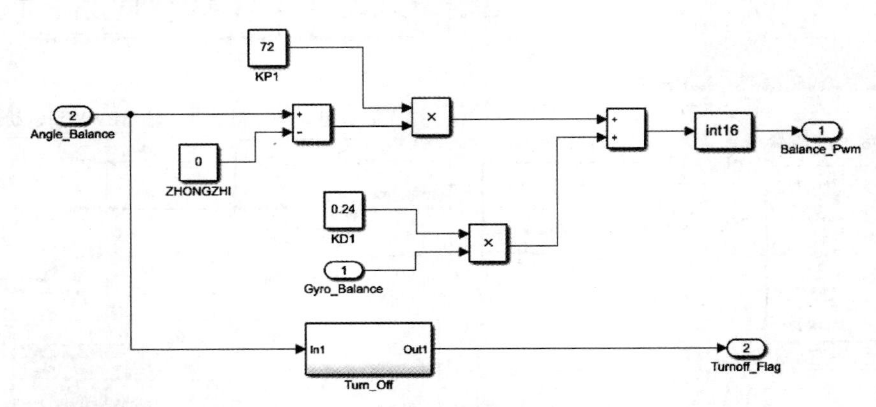

图 7.4　PD 控制模块子系统

MPU6050_Read()模块的平衡移动机器人角度信号 Angle_Balance、角速度信号 Gyro_Balance 作为直立环 PD 控制的输入信号,在本模块中选择 $k_1=72$、$k_2=0.24$,是符合平衡控制条件的回复力系数和阻尼力系数,且该控制模型完全符合设计的数学模型,最后的控制信号以 int16 型数据输出。除此之外,该系统引入标志位,是为了防止角度偏差过大而设置保护标志位,如图 7.5 所示,其值设置为 15,意味着当实际的角度偏差大于 15°时,该标志位就会产生作用。

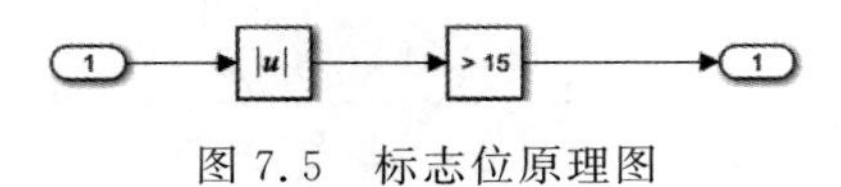

图 7.5　标志位原理图

3. 计算电动机控制量模块

打开计算电动机控制量模块子系统,如图 7.6 所示。

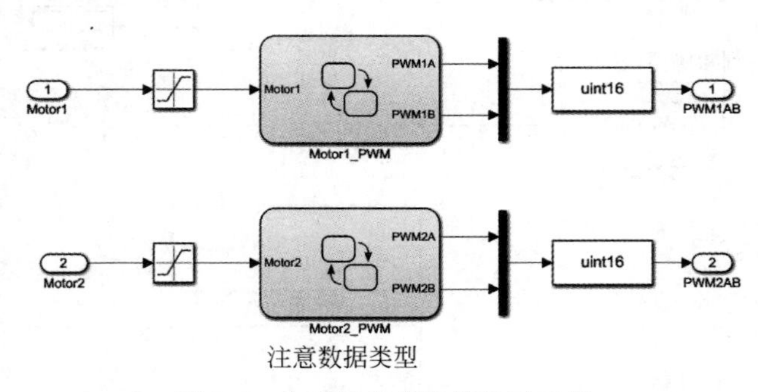

图 7.6　电动机控制量模块子系统

来自直立环 PD 的控制信号作为该模块的输入，先经过一个饱和模块，将转速限制为 −2000～2000，再通过 Motor_PWM，如果 Motor>0，则此时有 PWMA=2000，PWMB=2000−myabs(Motor)；反之，则有 PWMB=2000，PWMA=2000−myabs(Motor)，再将两值作为一个维数为 2 的行向量以 uint16 型数据输出 PWM 到电动机模块，对电动机进行控制。

4. 输出 PWM 到电动机模块

打开输出 PWM 到电动机模块子系统，如图 7.7 所示。

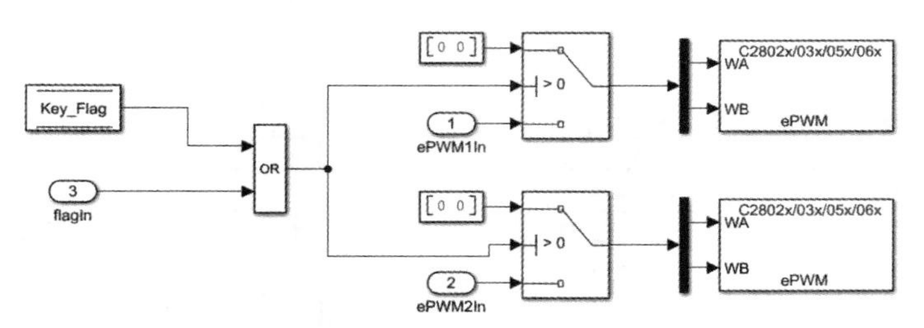

图 7.7 电动机模块子系统

Key_Flag 是 MPU6050 数据输出模块的判断倾角保护标志，和直立环 PD 控制模块的第二个输出 flagIn 通过一个与门对电动机进行控制，当两者中有一个为高电平时，就会使得电动机停转。当两者都为低电平时，就会将从计算电动机控制量模块得到的电动机控制信号作为输入，从而控制智能平衡移动机器人两轮电动机的工作。

5. 初始化模块

打开初始化模块子系统，如图 7.8 所示。

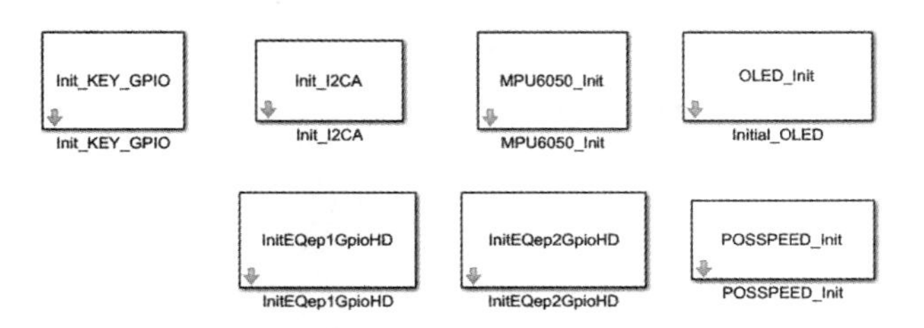

图 7.8 初始化模块子系统

初始化模块的作用在于对一些驱动和外设模块进行初始化操作，例如，设置 GPIO 的输出方向、是不是通用 GPIO 等。这些在前面的章节中都有介绍，读者可参考前面的内容。

6. 记忆功能模块

如图 7.9 所示，对于从 MPU6050 中获取的数据，记忆功能模块会将 Angle_Balance、Gyro_Balance、Gyro_Turn、Key_Flag 等数据存储到工作空间中。

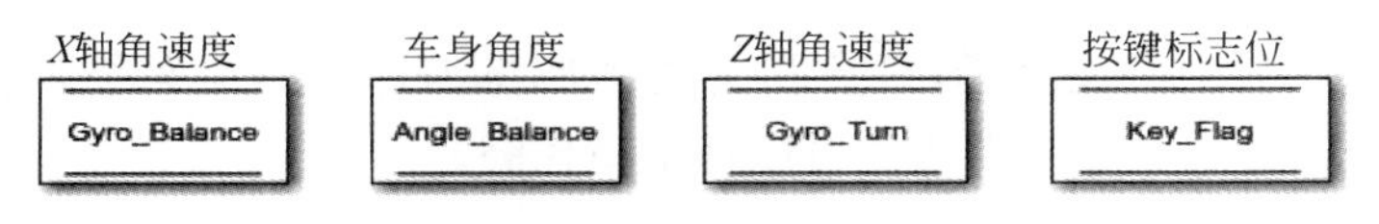

图 7.9 记忆功能模块

7.1.3 平衡控制中基于模型设计与自动代码生成技术

平衡控制中基于模型设计与自动代码生成的具体过程前面已有介绍，在此简单回顾一下。在模型中打开 Configuration Parameters 参数设置对话框，在 Solver 解算器中设置相关参数，在 Hardware Implementation 中设置芯片类型等相关参数，在 Code Generation 中设置 Simulink Coder 等相关参数。具体配置过程见图 7.10～图 7.12。

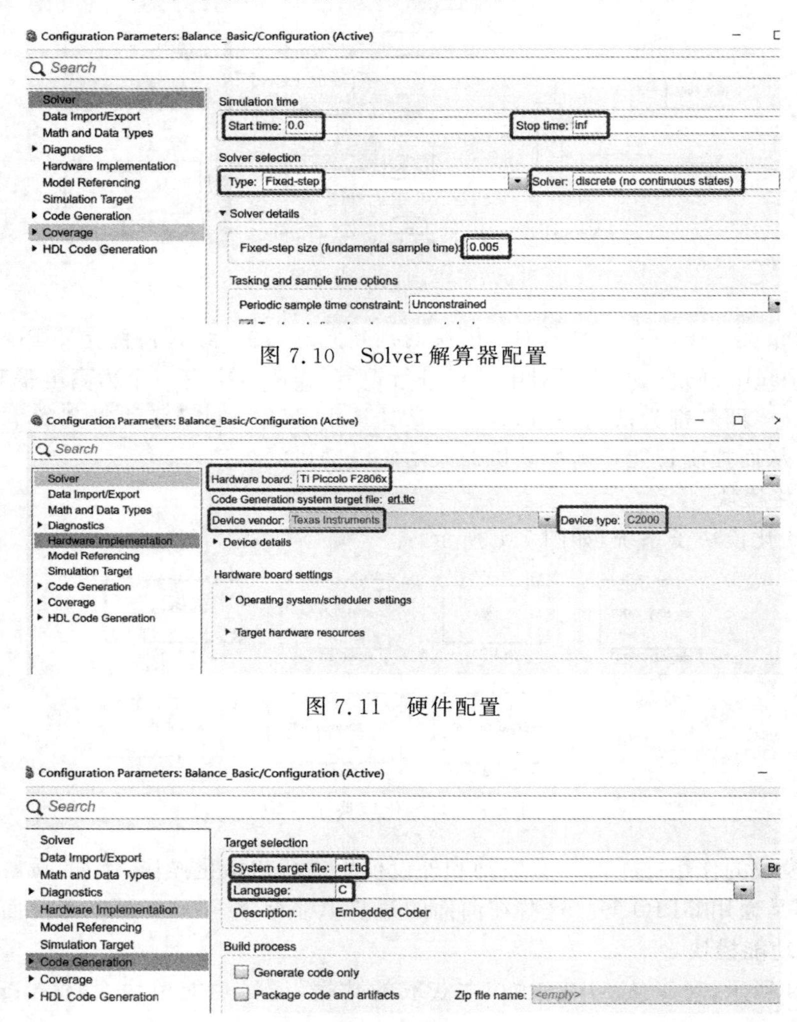

图 7.10　Solver 解算器配置

图 7.11　硬件配置

图 7.12　系统.tlc 文件

参数配置完后，启动模型编译，进行相关处理后将编译好的代码烧入 TMS320F28069 芯片中，从而实现对平衡移动机器人的直立环平衡控制。

7.1.4 平衡控制应用现象

图 7.13 所示为智能平衡移动机器人的平衡控制现象。

图 7.13 平衡控制应用图

当向前倾斜平衡移动机器人时，车轮会加速往前转动；当向后倾斜平衡移动机器人时，车轮会加速向后转动。当尽量水平放置平衡移动机器人时，车轮转速很慢，说明足以实现平衡移动机器人的平衡控制。

7.2 平衡控制——速度环

视频讲解

7.2.1 应用原理

车模的速度是通过调节车模倾角来完成的。车模不同的倾角会引起车模的加减速，从而达到对于速度的控制。实际上，最后还是演变成通过控制电动机的转速来实现车轮速度的控制。

- 当需要提高平衡移动机器人向前的行驶速度时，就需要增加平衡移动机器人的倾角，倾角增大后，车轮在直立控制作用下需要向前运动保持平衡移动机器人平衡，速度增大。
- 当需要降低平衡移动机器人向前行驶速度，就需要减小平衡移动机器人的倾角，倾角减小以后，车轮在直立控制作用下运行速度减小，以保持平衡移动机器人的平衡。

由上述可知，可搭建数学模型如式(7.2)和式(7.3)所示。

$$a = k_{\mathrm{p}}(\theta - x_1) + k_{\mathrm{d}}\theta' \tag{7.2}$$

$$x_1 = k_{\mathrm{p1}} e(k) + k_{\mathrm{i1}} \sum e(k) \tag{7.3}$$

式中，θ 代表角度，θ' 代表角速度，$e(k)$ 是实际速度与设定速度的偏差，$\sum e(k)$ 偏差求和代表积分。因此，可以从理论上说明平衡移动机器人的速度控制可以通过搭建上述数学模型来实现。

数学模型的控制框图如图 7.14 所示。

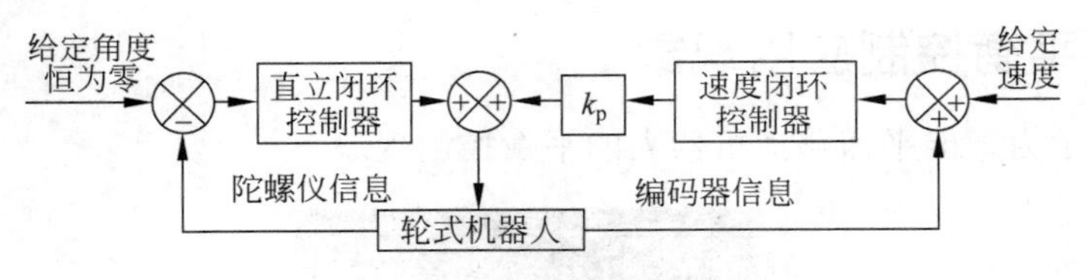

图 7.14 速度控制数学模型

7.2.2 速度控制模型

本书重点在于介绍基于 MATLAB/Simulink 的模型开发方法,因此本节将以智能平衡移动机器人的速度控制为例介绍这种开发方法,速度控制模型如图 7.15 所示。

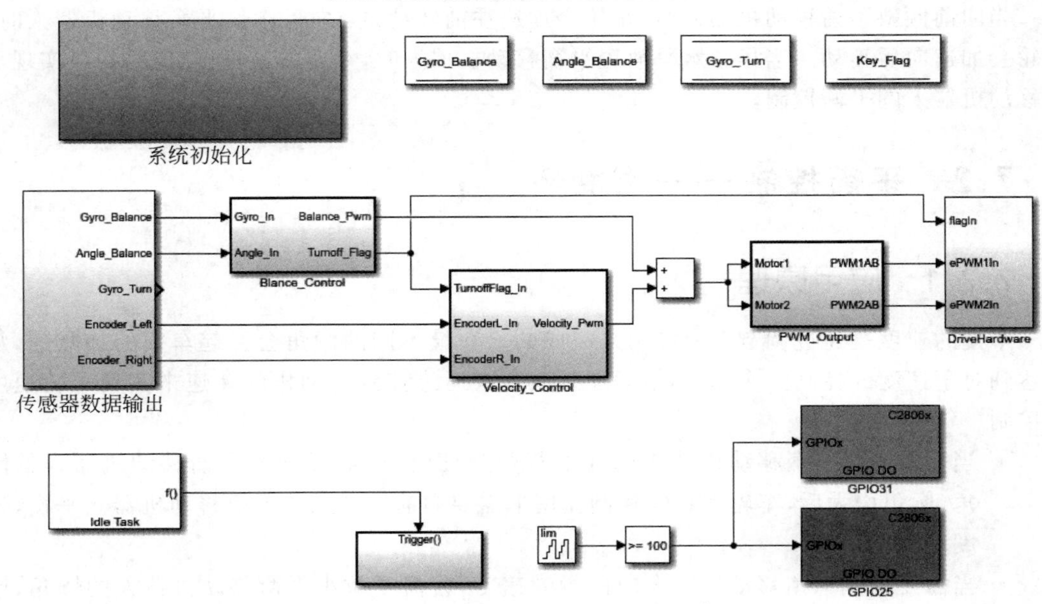

图 7.15 速度控制模型

陀螺仪加速度计传感器 MPU6050 获取平衡移动机器人的角度信号 Angle_Balance、平衡移动机器人的角速度信号 Gyro_Balance,在本例中,输出 X 轴角速度信号和车身绕 X 轴的角度信号作为直立环平衡控制器的输入,同时,平衡移动机器人左右轮上的编码器获取实际的速度作为速度环平衡控制器的输入,经过两个平衡控制器后的输出信号(Balance_Pwm+Velocity_Pwm)叠加,从而控制智能平衡移动机器人两轮电动机,控制电动机的平衡和速度。由于有关平衡控制的模型在 7.1 节中有详细的介绍,下面具体介绍其余各个环节的作用。

1. MPU6050数据输出模块

打开MPU6050数据输出模块子系统,如图7.16所示。

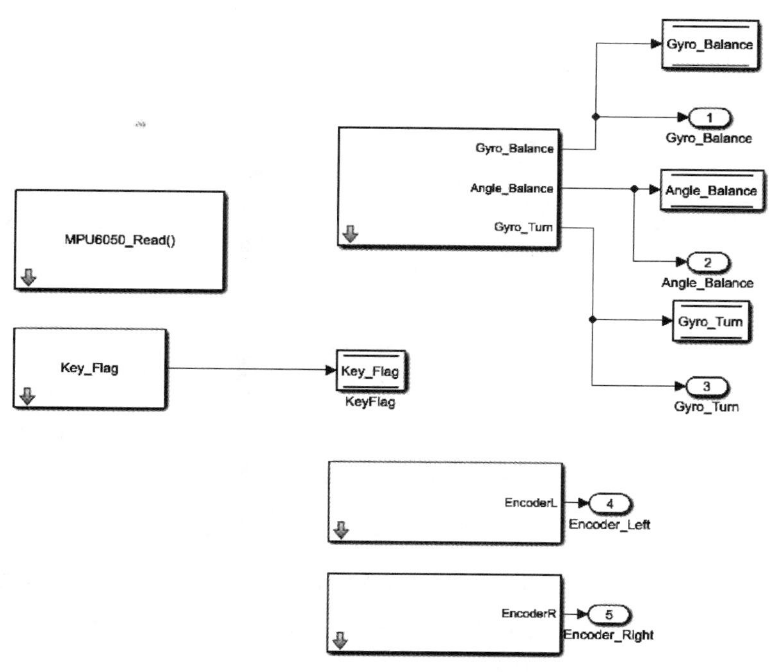

图7.16　输出模块子系统

编码器可以实时采集平衡移动机器人的速度,作为MPU6050数据输出模块的输出,会输入到速度环PI控制中去。

2. 速度环平衡控制模块

打开速度环平衡控制模块子系统,如图7.17所示。

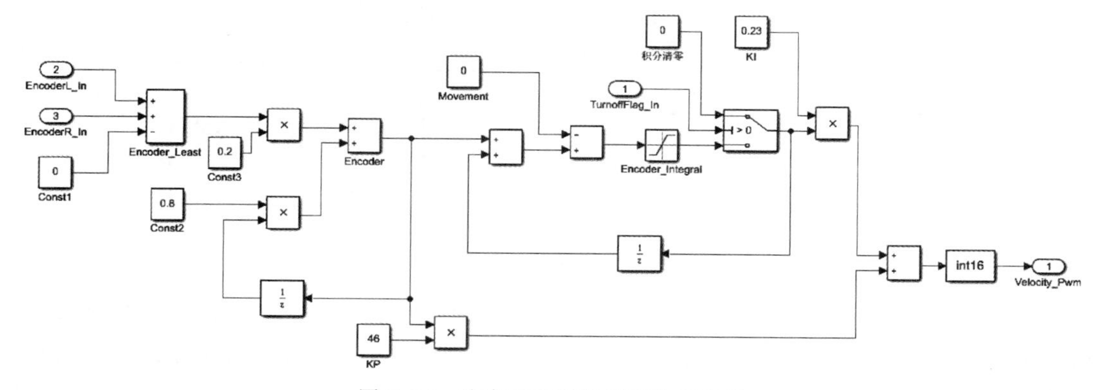

图7.17　速度环平衡控制模块子系统

编码器采集实际速度和给定速度的偏差经过低通滤波器处理，然后分两路：一路向下，进行P控制，此处KP1=46；另一路经过离散积分进行D控制(当中断标志位偏差超过40时，会将积分清零)，两路控制信号叠加，以int16型数据输出。

3. 计算电动机控制量模块

打开计算电动机控制量模块子系统，如图7.18所示。

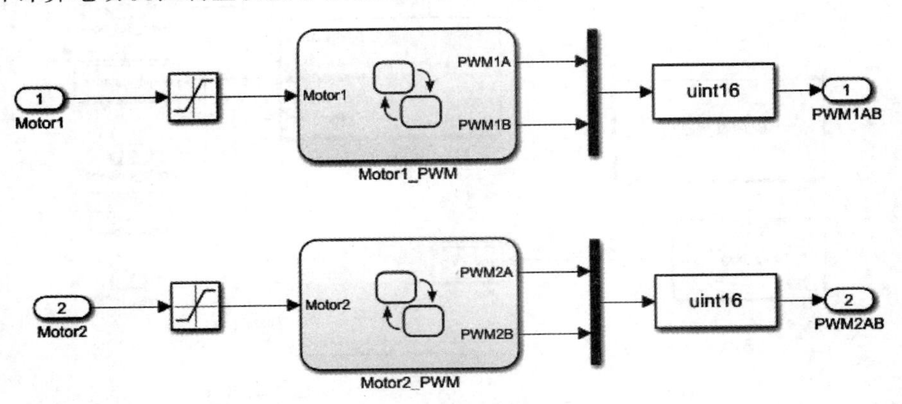

图7.18 电动机控制量模块子系统

来自直立环PD(Balance_Pwm)和速度环PI(Velocity_Pwm)的控制信号作为该模块的输入，先经过一个饱和模块，将转速限制在−2000～2000，再通过Motor_PWM，如果Motor>0，则此PWMA=2000，PWMB=2000−myabs(Motor)；反之，PWMB=2000，PWMA=2000−myabs(Motor)，再将两值作为一个维数为2的行向量以uint16型数据输出PWM到电动机模块，对电动机进行控制。

4. 输出PWM到电动机模块

打开输出PWM到电动机模块子系统，如图7.19所示。

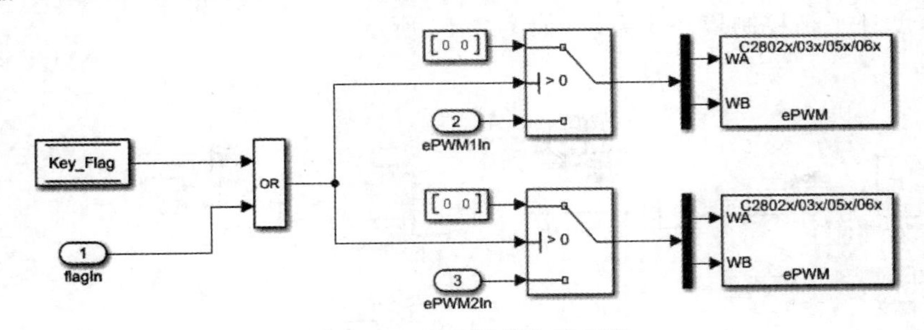

图7.19 电动机模块子系统

Key_Flag是MPU6050数据输出模块的判断倾角保护标志，和直立环PD控制模块的第二个输出flagIn通过一个与门对电动机进行控制，当两者中有一个为高电平时，就会使得电动机停转。当两者都为低电平时，就会将从计算电动机控制量模块得到的电动机控制信号作为输入，从而控制智能平衡移动机器人两轮电动机的工作。

7.2.3 速度控制应用现象

速度控制中基于模型设计与自动代码生成的具体过程与7.1.3节类似，此处不再赘述。

如图7.20所示，为智能平衡移动机器人速度控制的应用现象，将平衡移动机器人放在水平桌面上，上电，会发现平衡移动机器人基本稳定在一个位置。

图7.20　速度控制应用图

7.3 APP 控制

7.3.1 应用原理

APP是以平衡控制进阶应用为基础，利用不同的通信模块来实现与平衡移动机器人无线通信。本应用可以支持基于CC2541芯片的蓝牙模块、型号为ATK-ESP8266的WiFi模块、EC200T系列的4G通信模块，这3种方式都可以通过手机APP或者计算机端软件对平衡移动机器人进行平衡控制，而无须额外的串口线，避免了烦琐的线缆连接。如图7.21所示为3种通信模块实物图。

(a) 蓝牙模块

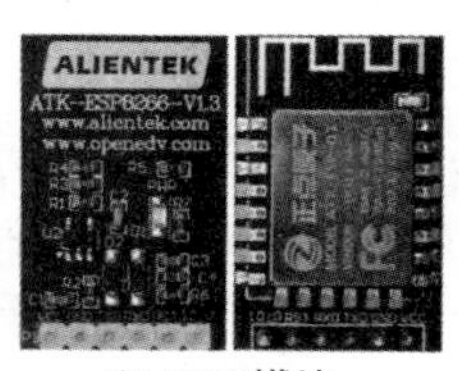

(b) WiFi模块

(c) 4G通信模块

图7.21　通信模块实物图

- 平衡移动机器人速度：通过调节平衡移动机器人的倾角来实现平衡移动机器人速度控制。
- 控制平衡移动机器人方向：通过控制两个电动机之间的转动差速实现平衡移动机器人转向控制。

7.3.2 APP 控制模型

本书重点在于介绍基于 MATLAB/Simulink 的模型开发方法,因此本节将以智能平衡移动机器人的 APP 控制为例介绍这种开发方法。模型如图 7.22 所示。

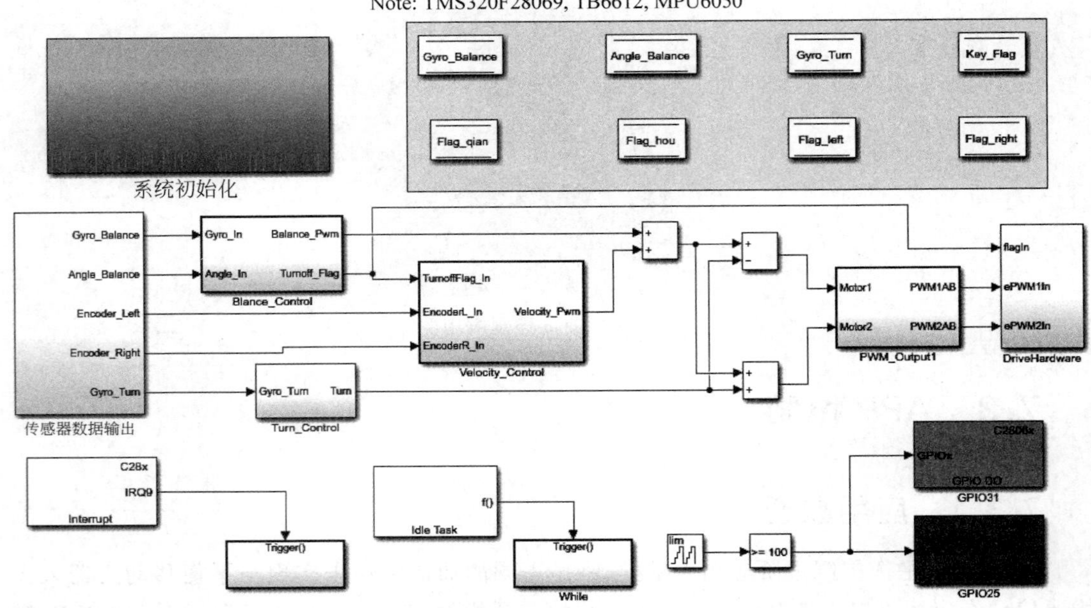

图 7.22 APP 控制模型

陀螺仪加速度计传感器 MPU6050 获取平衡移动机器人的角度信号 Angle_Balance、平衡移动机器人的角速度信号 Gyro_Balance,平衡移动机器人 X 轴角速度信号和车身绕 X 轴的角度信号作为直立环平衡控制器的输入,经过平衡控制器后的输出信号控制智能平衡移动机器人两轮电动机,控制电动机的平衡。

平衡移动机器人左右轮上的编码器获取实际的速度作为速度环平衡控制器的输入,同时加上从串口发来的 Flag_qian、Flag_hou 作为输入控制平衡移动机器人的速度。Flag_qian、Flag_hou、Flag_left、Flag_right 作为转向环输入信号,经过 PD 控制后控制平衡移动机器人的转向。

下面具体介绍 7.1 节和 7.2 节未介绍到的其余模块。

1. MPU6050 数据输出模块

打开 MPU6050 数据输出模块子系统,如图 7.23 所示。

从 MPU6050 数据输出模块中可以获取平衡移动机器人绕 Z 轴的角度信号 Gyro_Turn,作为转向环 PD 控制的输入。

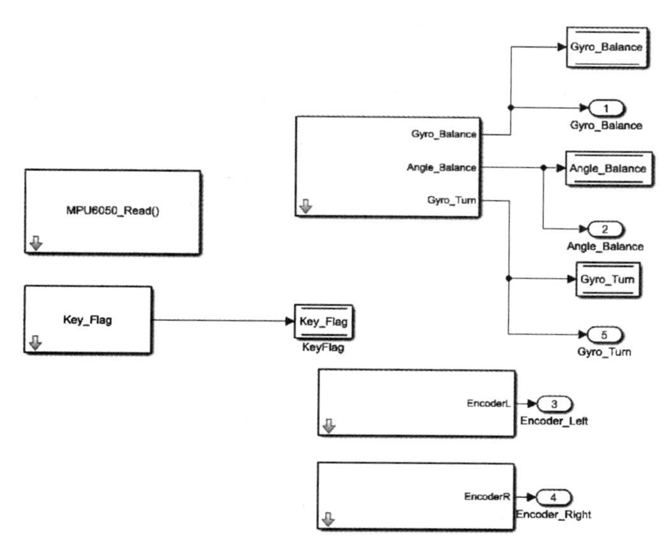

图 7.23 MPU6050 数据输出模块子系统

2. APP 控制信号输入模块

打开 APP 控制信号输入模块子系统，如图 7.24 所示。

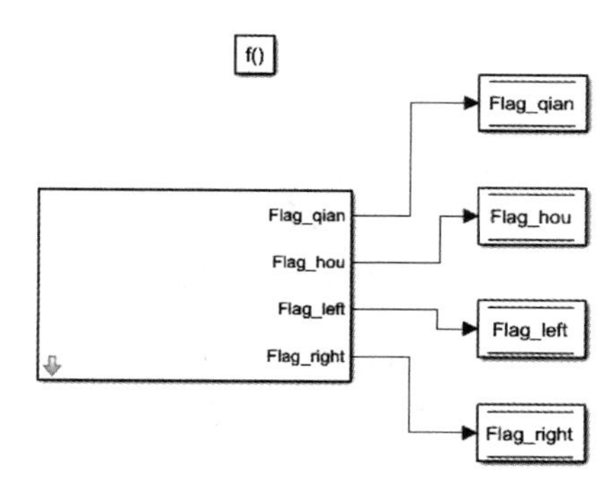

图 7.24 信号输入模块子系统

通过串口接收外部中断信号，随后将 Flag_qian、Flag_hou 作为速度环 PI 控制的输入，对平衡移动机器人速度产生作用。Flag_qian、Flag_hou、Flag_left、Flag_right 作为转向环 PD 控制的输入对平衡移动机器人转向产生作用。

3. 速度环平衡控制模块

打开速度环平衡控制模块子系统，如图 7.25 所示。

与 7.2 节中提到的速度环平衡控制模块相比，APP 控制中的速度环平衡控制模块在原来基础上加入了 Flag_qian、Flag_hou 信号，从而实现手机对平衡移动机器人的速度控制。

4. 转向环平衡控制

打开转向环平衡控制模块子系统，如图 7.26 所示。

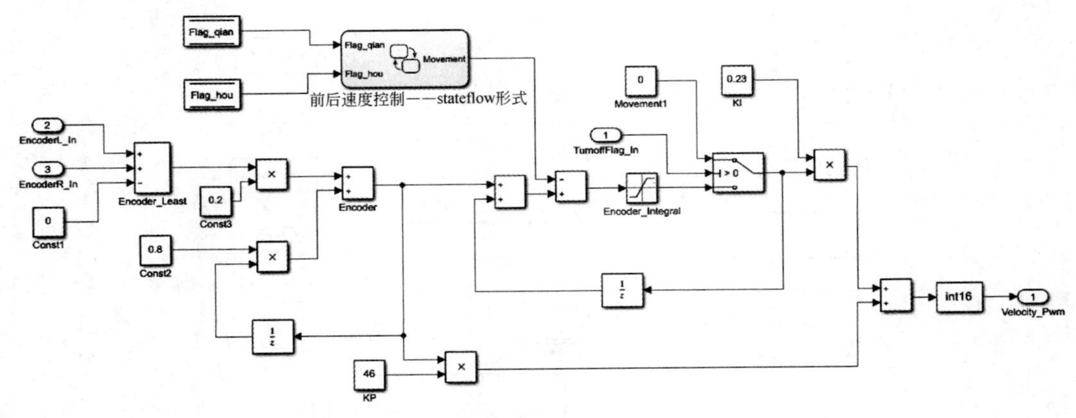

图 7.25 速度环平衡控制模块子系统

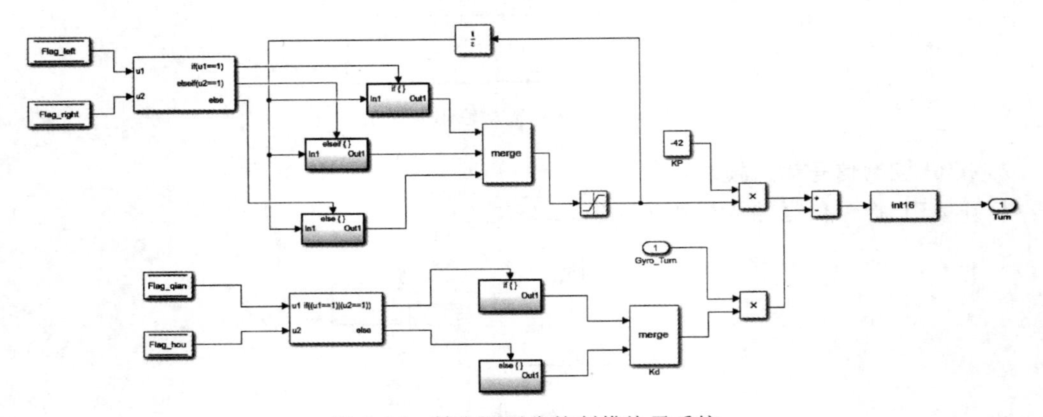

图 7.26 转向环平衡控制模块子系统

转向环平衡控制对 Flag_left、Flag_right 信号进行条件判断,进行 P 控制,和 Flag_qian、Flag_hou 和 Gyro_Turn 进行叠加以 int16 型数据输出,从而对平衡移动机器人的转向进行控制。

如图 7.27 所示,对于从 MPU6050 和 APP 中获取的数据,记忆功能模块会将 Angle_Balance、Gyro_Banlace、Gyro_Turn、Key_Flag、Flag_qian、Flag_hou、Flag_left、Flag_right 等数据存储进工作空间中以备随时调用。

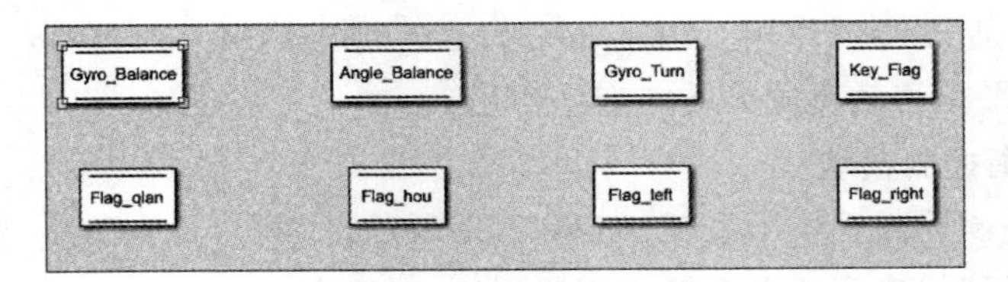

图 7.27 记忆功能模块

初始化模块、计算电动机控制量模块、输出 PWM 到电动机模块在 7.1 节中已经介绍完毕,此处不再赘述。

7.3.3 APP控制应用现象

APP控制中基于模型设计与自动代码生成的具体过程与7.1.3节类似，此处不再赘述。图7.28所示为智能平衡移动机器人APP控制的应用现象。

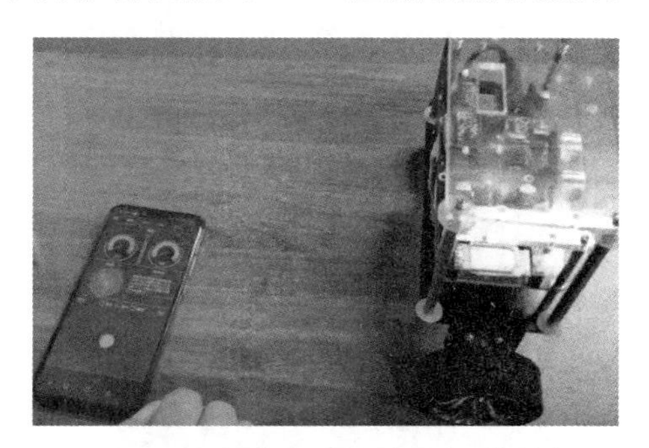

图7.28 平衡移动机器人APP控制应用

对平衡移动机器人进行应用控制，操作方式如下：

- 单击APP前进区域，平衡移动机器人向前运动。
- 单击APP后退区域，平衡移动机器人向后运动。
- 单击APP左转区域，平衡移动机器人向左运动。
- 单击APP右转区域，平衡移动机器人向右运动。
- 不单击任何区域，平衡移动机器人停止运动。

7.4 红外循迹应用

7.4.1 模块介绍

如图7.29所示是套件中的红外循迹模块，该模块是为智能平衡移动机器人、机器人等自动化机械装置提供一种多用途的红外线探测系统的解决方案。

图7.29 红外循迹模块

该传感器模块对环境光线适应能力强，其具有一对红外线发射与接收管，发射管发射出一定频率的红外线，当检测方向遇到障碍物(反射面)时，红外线反射回来被接收管接收，经过比较器电路处理之后，同时信号输出接口输出数字信号(一个低电平信号)，可通过电位器旋钮调节检测距离，有效距离范围 2～60cm，工作电压为 3.3～5V。

该传感器的探测距离可以通过电位器调节、具有干扰小、便于装配、使用方便等特点，可以广泛应用于机器人避障、避障平衡移动机器人、流水线计数及黑白线循迹等众多场合。

模块安装效果如图 7.30 所示。

图 7.30　红外循迹模块安装效果图

7.4.2　使用原理

当模块检测到前方障碍物信号时，电路板上红色指示灯点亮，同时 OUT 端口持续输出低电平信号，该模块检测距离为 2～60cm，检测角度为 35°，检测距离可以通过电位器进行调节，顺时针调电位器，检测距离增加；逆时针调电位器，检测距离减少。

传感器属于红外线反射探测，因此目标反射率和形状是探测距离的关键。其中黑色探测距离最小，白色最大；小面积物体距离小，大面积物体距离大。传感器模块输出端口 OUT 可直接与单片机 I/O 口连接即可，也可以直接驱动一个 5V 继电器模块或者蜂鸣器模块连接方式：VCC-VCC；GND-GND；OUT-IO。

比较器采用 TI 公司的 LM339，工作稳定。模块电位器在出厂前已经根据安装位置调整好，但用户需要根据环境光亮进行微调，调节标准为黑线在探头正下方时，蓝色 LED 灯灭，移开时蓝色 LED 灯亮。

如图 7.31 所示为调节方式。按照要求将探头与红外中控板连接好，移开探头前面所有物体，且探头不要指向有阳光的地方(光线对探头有较大干扰)，调节每一路的电位器，直到灯刚好灭掉，然后探头移向白纸空白处，会发现蓝色 LED 灯会点亮，这样就算测试成功了，然后我们就可以将中控板的输出信号传入主控板进行高低电平检测了。

LM339 的工作原理如图 7.32 所示，我们以第一路指示灯来简单说明一下：IN1－为定位器调节的电压输入端，IN＋为探头输出的电压(就是探头 OUT 与 GND 的电压)，当 IN1－电压＞IN1＋电压时，对应的 OU1 输出的电平电压接近 0V，此时，对应的 LED 灯会

图 7.31　红外循迹模块调试

亮；当 IN1－电压＜IN1＋电压时，对应的 OU1 输出的电平电压接近 5V，此时对应的 LED 灯会点亮，此处也即整个电路工作的核心。根据这个原理，就可以简单地进行一个测试了，调节第一路的电位器，使 IN－的电压为 2.5V 左右，然后分别对 IN1 接 0V 和 5V 电压，可以发现，接 0V 时，LED 灯亮；接 5V 时，LED 灯灭。联机测试：按照要求将探头与中控板连接好，移开探头前面所有物体，且探头不要指向有阳光的地方（光线对探头有较大干扰），调节每一路的电位器，直到灯刚灭掉，然后用白纸遮挡探头，会发现 LED 灯会点亮，这样就算测试成功了。然后我们就可以将中控板的输出信号传入单片机进行高低电平检测了。

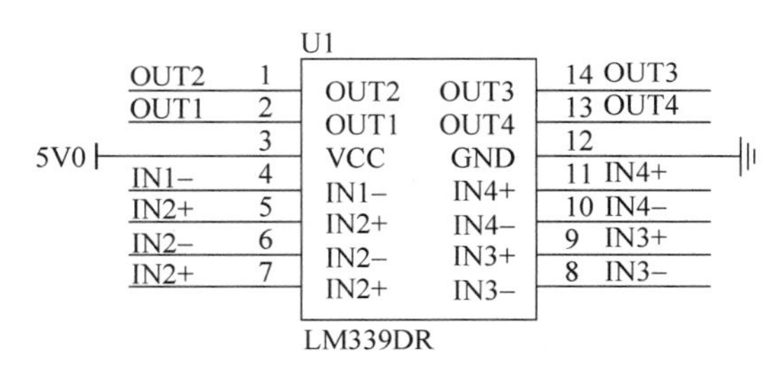

图 7.32　控制原理图

实际测试如图 7.33 所示。

图 7.33　实际测试

7.4.3 模型搭建

完整控制框图如图 7.34 所示。

平衡车控制系统——红外循迹

Note: TMS320F28069, TB6612, MPU6050

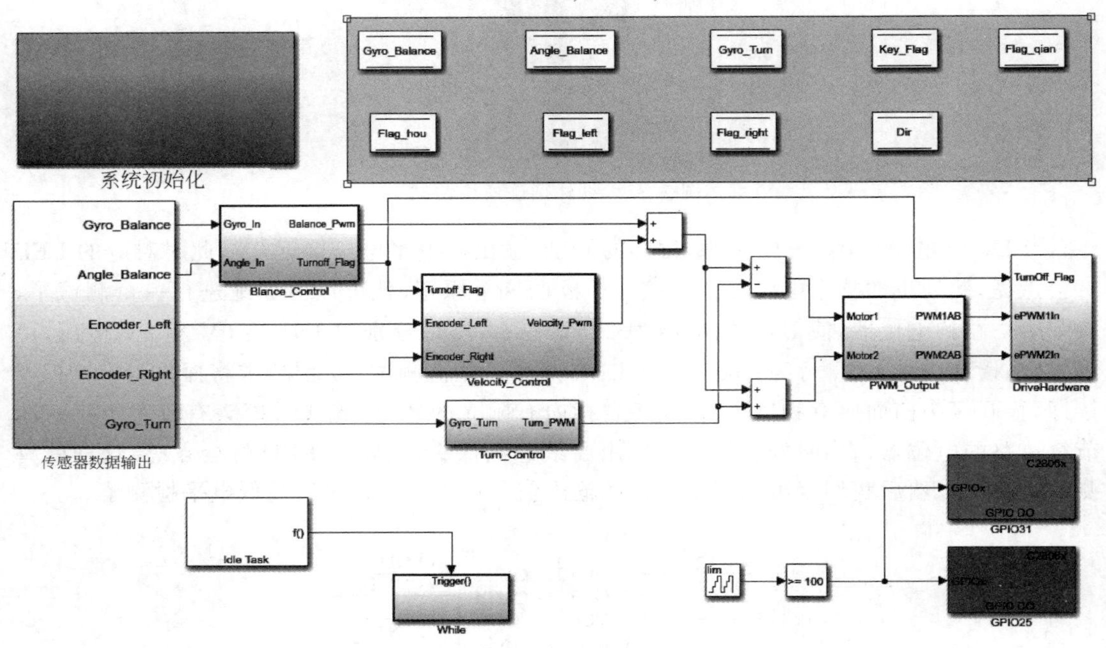

图 7.34　完整控制框图

程序设计思路如下所述。

首先设置系统时钟为 80MHz,Timer0 为 5ms 执行一次中断,接着初始化本次实验需要的各个模块,包含按键的 GPIO 模块、EQep1 和 EQep2 模块、IIC 模块以及 MPU6050 模块,红外探头传感器 GPIO 的初始化,然后完成传感器数据采集,最后根据采集到数据完成控制。

(1) 模块初始化如图 7.35 所示。

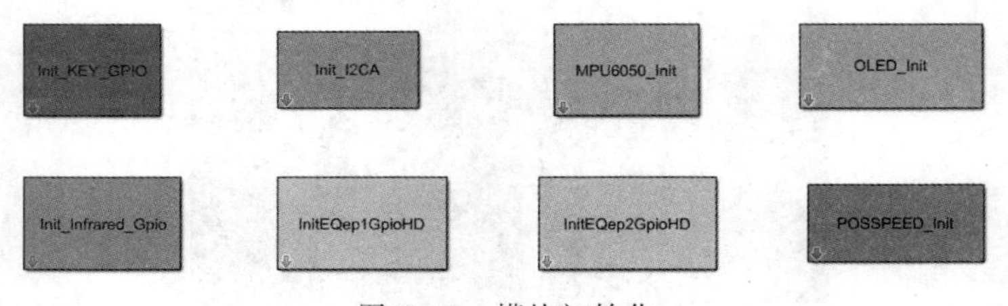

图 7.35　模块初始化

（2）全局变量定义如图 7.36 所示。

初始化好九个全局变量，Gyro_Balance 表示陀螺仪 x 的角速度的值，Angle_Balance 表示车身相对于 Z 轴的角度，Gyro_Turn 表示陀螺仪 z 的角速度的值，Key_Flag 表示按键电平检测标志值，Flag_qian、Flag_hou、Flag_left、Flag_right 分别为前、后、左、右标志位，Dir 表示方向偏转标志。

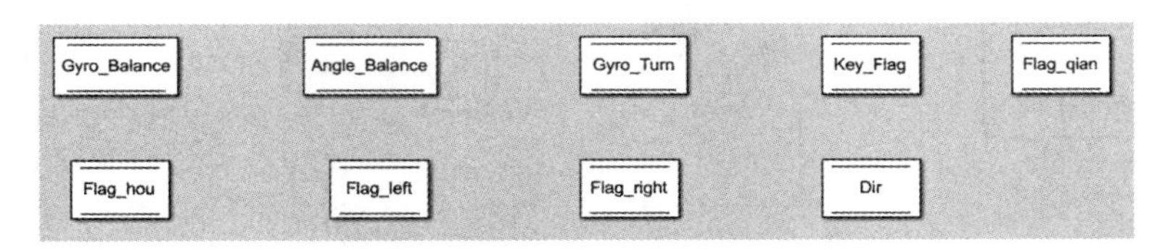

图 7.36　全局变量定义

（3）传感器数据采集如图 7.37 所示。

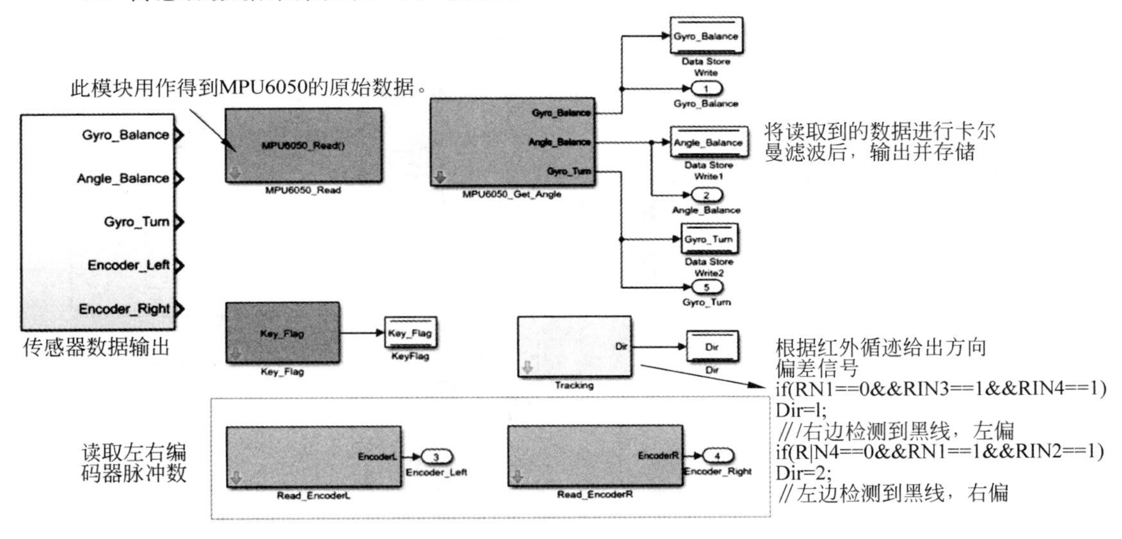

图 7.37　传感器数据采集

（4）直立环 PD 控制模块如图 7.38 所示。

由于红外循迹模块的安装导致平衡移动机器人的平衡位置发生改变，经调试当平衡移动机器人的中值角度在 3°左右，所以将直立环的 ZHONGZHI 设为 3。

（5）速度环控制模块如图 7.39 所示。

速度环给定一个前进的速度，即将 Movement 设为小于 0 的数，这里设为－7。

（6）红外循迹算法模块如图 7.40 所示。

根据 Dir 值给定转向值：

- Dir＝1 表示平衡移动机器人相对黑线右偏，给一个向左转的量。
- Dir＝2 表示平衡移动机器人相对黑线左偏，给一个向右转的量。
- Dir＝0 直行。

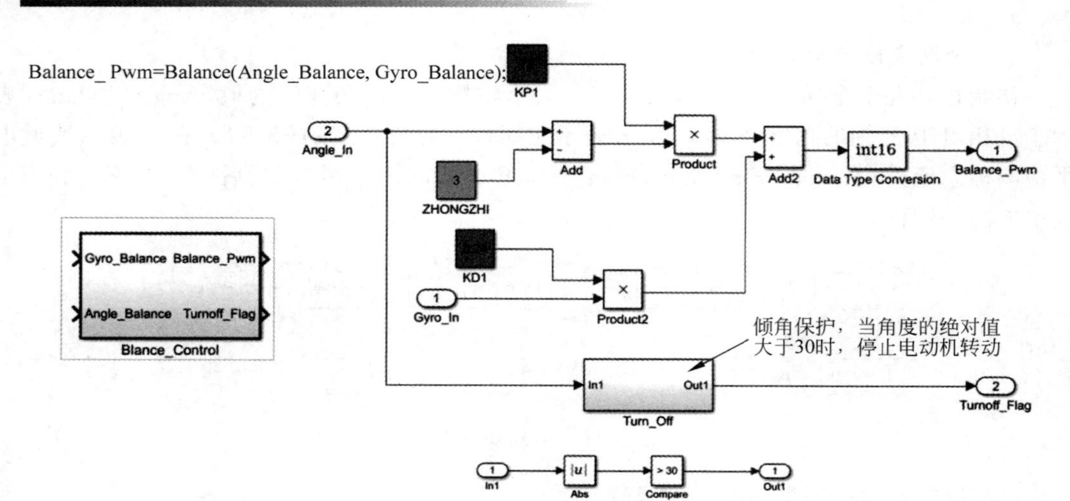

图 7.38 直立环控制

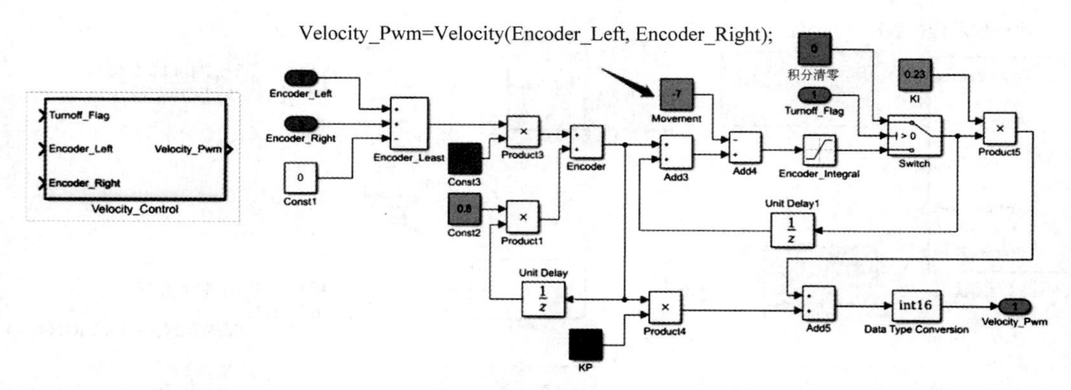

图 7.39 速度环控制模型搭建

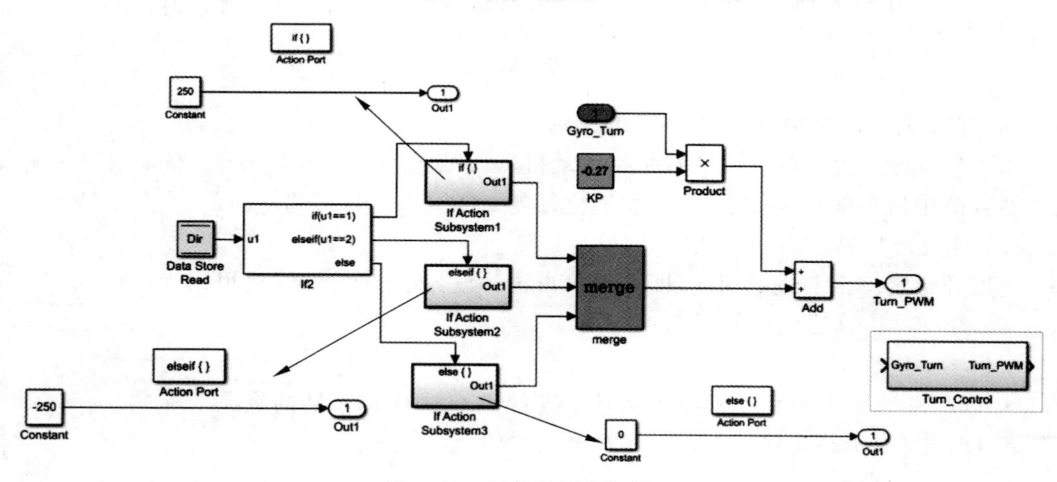

图 7.40 红外循迹算法搭建

7.5 本章小结

本章主要介绍了智能平衡移动机器人的综合实验，包括平衡控制、APP控制、避障/跟随、红外循迹及MATLAB/Simulink的仿真实验，结合平衡控制原理及红外循迹模块的工作原理，利用Simulink进行仿真模型搭建。

参考文献

[1] 赵冬斌,易建强. 全方位移动机器人导论[M]. 北京：科学出版社,2010.

[2] 陈恳,杨向东,刘莉. 机器人技术与应用[M]. 北京：清华大学出版社,2009.

[3] 刘杰. 基于模型的设计及其嵌入式实现[M]. 北京：北京航空航天大学出版社,2010.

[4] 张卿杰,徐友,左楠,等. 手把手教你学 DSP——基于 TMS320F28335[M]. 北京：北京航空航天大学出版社,2015.

[5] Sen M. Kuo,Bob H. Lee. 实时数字信号处理——基于 TMS320C55X 的实现应用和实验[M]. 北京：清华大学出版社,2003.

[6] Takei T,Imamura R. Baggage transportation and navigation by a wheeled inverted pendulum mobile robot[J]. IEEE Transactions on Industrial Electronics,2009,56(10)：3985-3994.

[7] Karam L J, Alkamal I, Gatherer A, et al. Trends in multicore DSP platforms: Examining architectures,programming models,software tools,emerging applications,and challenges[J]. IEEE Signal Processing Magazine,2015,26(6)：38-49.

[8] 王巧明,李中健,姜达育. MATLAB 平台 DSP 自动代码生成技术研究[J]. 现代电子技术,2012,7(14)：11-13.

[9] 雷叶红,张记华,张春明. 基于 dSPACE/MATLAB/Simulink 平台的实时仿真技术研究[J]. 系统仿真技术,2005,1(3)：131-135.

[10] 王启源,阮晓钢. 独轮自平衡机器人双闭环非线性 PID 控制[J]. 控制与决策,2012,27(4)：593-597.

图书资源支持

感谢您一直以来对清华大学出版社图书的支持和爱护。为了配合本书的使用，本书提供配套的资源，有需求的读者请扫描下方的“书圈”微信公众号二维码，在图书专区下载，也可以拨打电话或发送电子邮件咨询。

如果您在使用本书的过程中遇到了什么问题，或者有相关图书出版计划，也请您发邮件告诉我们，以便我们更好地为您服务。

我们的联系方式：

地　　址：北京市海淀区双清路学研大厦 A 座 714

邮　　编：100084

电　　话：010-83470236　010-83470237

资源下载：http://www.tup.com.cn

客服邮箱：tupjsj@vip.163.com

QQ：2301891038（请写明您的单位和姓名）

教学资源・教学样书・新书信息

人工智能科学与技术
人工智能|电子通信|自动控制

资料下载・样书申请

书圈

用微信扫一扫右边的二维码，即可关注清华大学出版社公众号。